# 서 문

GPS라는 용어를 모르는 사람이 거의 없을 정도로 GPS는 우리 생활의 한 부분이 되었다. 그 이면에는 스마트폰에서 우리가 사용하고 있는 길 찾기, 배달 서비스, 카카오 택시 등 수많은 위치기반 서비스에 GPS가 사용되고 있기 때문일 것이다. 하지만, GPS의 용어가 무엇을 말하는지, GPS가 어떠한 원리로 작동되는지 왜 정확도가 이정도 나오는지 아는 사람은 많지 않다.

측량분야에 국한하여 말해보면 최근 GPS측량이 그 놀라운 편리성으로 인해 기존 측량을 대체하여 널리 사용되고 있으나 측량업종에 종사하는 사람조차도 그 원리에 대해 제대로 아는 사람이 생각보다 많지 않은 것을 알 수 있다. GPS 측량을 위한 수신기 및 SW 등이 개발되어 많이 개발되고 있고 무엇보다 쉽게 측량할 수 있게끔 사용성 측면에서도 친숙하게 제작되어 판매되고 있어 GPS에 대한 이론적인 이해의 필요성에 무감각해지기 때문이라 생각된다. 따라서 혹자는 GPS 측량을 우스개 소리로 '아줌마 측량 시스템'이라 부르기도 하였다. 즉, 아줌마도 반나절만 교육시키면 측량을 할 수 있다는 말이다. 사용성 측면에서는 어느 정도 맞는 말일 수 있지만, GPS측량에 대한 이해가 있는 사람의 측량 결과와 그렇지 못한 사람의 결과는 신뢰성이라는 측면에서 큰 차이를 보일 수밖에 없다. 원하는 정확도 및 주어진 환경에서 GPS 측량을 해도 되는지 그렇지 못한지 등을 판단해야할 경우도 많기 때문이다. 즉, GPS측량은 사용하기는 쉽지만 이해하기는 쉽지 않기 때문이다!

처음에 GPS시스템에 대한 이해 없이 GPS측량을 시작했다 하더라도, 업무를 진행하다 보면 여러 부딪히는 용어들이 궁금해지기 시작하고, 왜 고가의 장비와 저가의 장비가 차이가 있는지를 이해하고 싶어질 것이며, 정확도가 왜 이렇게 나올 수밖에 없는지에 대한 의문이 생겨 관련 서적을 찾아보게 된다. 하지만 생각보다 교재의 선택이 쉽지 않음을 알게 된다. 많은 GPS 교재들은 어느 정도 초급자와 고급자를 위한 것들로 나뉘어져 있는데, 초급자용 책을 보면 설명이 너무 간략하여 제대로 된 이해가 쉽지 않고, 고급자 용 책을 보게 되면 GPS 시스템의 개발자를 위한 많은 수식이 제공되고 단어 또한 어려워서 사용자 측면에서 이해에 어려움을 겪게 된다.

저자 또한 GPS 수신기나 SW 개발자가 아닌 GPS 사용자를 위한 초중급 정도 레벨의 한글 GPS 교재가 필요함을 느꼈고, 이에 몇 년간의 대학 강의 경험을 바탕으로 본 서적을 집필하였다. 외국 교재의 글을 번역하지 않고 저자가 직접 글을 써서(딱딱한 문어체보다 편안함을 주는 구어체를 많이 썼다) 교재를 읽기 편하도록 하였고, 그림을 최대한 많이 활용하여 시각적으로 개념적으로 이해를 도우려 힘썼다. 하지만 GPS를 이해하는데 수식이 완전히 배제될 수는 없기 때문에, 가급적 쉽게 수식을 설명하여 독자를 이해하고자 노력하였다. 교재 분량의 경우에는 너무 많지도, 너무 적지도 않게 약 200페이지 정도로 구성하여 공부하거나 참고하는데 부담이 없도록 하였다.

바라건데 독자는 본 교재에서 제시한 그림과 설명(그림 또한 대부분 저자가 직접 그렸다)을 하나하나 이해해 나가길 바라며, 가끔 등장하는 예제 등을 꼭 따라 해보고 GPS 시스템에 대한 이해에 도움이 되길 바란다.

2017년 말에 초판을 발행한 이래, 1년 반정도만에 2판을 발행하게 되었다. 이번 2판에서는 초판에 있던 오탈자들을 검수하여 수정하였고, 최근 GPS측량과 관련하여 업데이트된 정보 등을 반영하였다. 또한, 실시간 GPS 수신기 정보 처리를 위한 NMEA 포맷 정보에 대한 내용을 추가하고, GPS측량과 관련한 기출문제를 보강하였다.

마지막으로 본 교재를 검토해주신 경일대학교 홍창기 교수님, 서울과학기술대 이창노 교수님께 감사의 말씀을 올린다.

알기 쉬운

**제2판**

# GPS 측량

오재홍 저

도서출판
구미서관

# 차 례



## 1. GPS 개요



## 2. 좌표계 및 시간

## 8. 관측치 결합



## 9. 부 록

CHAPTER

# 01 GPS 개요

CHAPTER

# 01 GPS 개요

## 가. GPS란

GPS(Global Positioning System)는 위성에 기반한 측위(위치를 측정하는)시스템이다. 즉, 인공위성으로부터 송신되는 신호를 수신하여 수신된 위치의 3차원 좌표를 결정하는 **위성 기반 3차원 측량 방법**이다. 비가 오든지, 눈이 오든지 안개가 끼든 **날씨에 관계없고, 주야관측 가능**하고, **기준점간의 시통에 관계없이** 측정이 가능한 장점이 있다.

GPS가 없다고 가정하고 내 위치의 좌표값을 어떻게 결정해야 할 지 생각해보자. 전통적인 방법으로 내 위치의 좌표를 계산하기 위해서는 우선 주변에 **기준점**(이미 알고 있다고 하여 기지점이라고도 함)을 2개 찾아내고 해당 위치에서 측량기기를 설치한 후 내 위치(모르는 위치여서 **미지점**이라고 함)까지의 **거리 또는 각을 측정**하여 좌표값을 계산해야 한다(측량 책 등에 나오는 다각, 삼각, 삼변 측량 기법). 이와 같은 지상 측량의 번거로운 점은 아래와 같이 정리할 수 있겠다.

- 주변의 기준점을 찾아야 한다.
- 기준점을 방문하여 측량기기(토탈스테이션, 반사경 등)를 설치하고 측량을 수행해야 한다.
- 장애물에 의해 시야가 확보되지 않으면 측량이 힘들다.
- 날씨가 좋지 않거나 저녁에는 측량이 불가능하다.

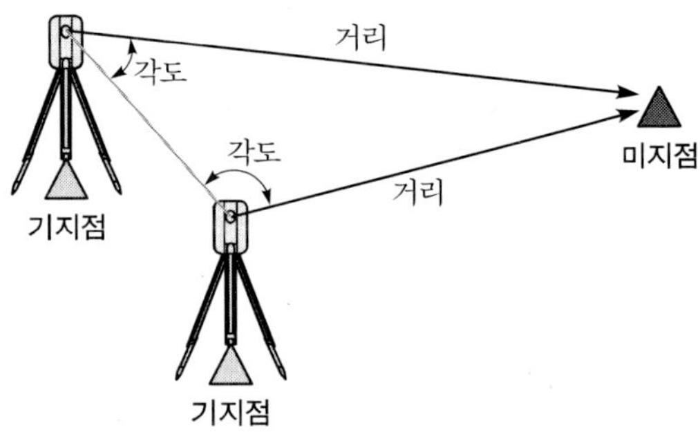


그림 1-1. 일반적인 미지점 좌표 측정 방법

그러나 GPS 측량의 경우에는 **GPS위성이 기준점 역할**을 해주게 되는 것이다. 그런데 위성은 아주 빠른 속도로 지구 주위를 회전할 것인데 어떻게 기준점이 된다는 말인가? 거의 진공상태의 우주에 위치한 위성의 궤도는 아주 안정적이어서 위성의 위치를 추적하여 위치를 정밀하게 계산해내는 것이 가능하고 이로 인해 기준점으로서의 역할을 할 수 있다. 또한 최소 24개 이상의 위성을 쏘아 올려 전 세계 어디서나 위성 신호를 받을 수 있도록 하여 편리성을 확보해 두었다.

그림 1-2. 전세계 어디서나 기준점으로서의 역할을 하는 GPS 위성들

따라서 전통적인 측량방식이 갖고 있던 다음과 같은 번거로움을 해결해 주었다. 첫 번째 GPS위성이 기준점이므로 기준점을 찾아다닐 필요가 없다. 두 번째, 측량기기를 기준점에 설치할 필요가 없어졌다. 왜냐하면 수신기에서는 GPS위성에서 송신하는 신호를 받아서 처리만 하면 되기 때문이다. 세 번째, 나무나 건물 등 지상의 장애물에 의한 시야 가림에 대한 걱정이 덜하다. 즉, GPS위성이 기준점이므로 하늘만 보이면 된다. 네 번째, 기존 측량의 경우 우천 시나 일몰 후에는 측량이 불가능했으나, GPS는 전파신호를 사용하므로 날씨에 관계가 없고, 조명 등을 필요로 하지 않아 24시간 언제든지 수행할 수 있다.

표 1-1 기존 측량 방식 vs. GPS 측량

| 기존 측량 방식의 번거로움 | GPS 측량 |
|---|---|
| 주변의 기준점을 찾아야 한다 | GPS위성이 기준점을 대신해줌 |
| 기준점을 방문하여 측량기기를 설치하고 측량을 수행한다 | GPS 위성에서 송신하는 신호를 수신기가 받기만 하면 된다 |
| 장애물에 의해 시야가 확보되지 않으면 측량이 힘들다 | 하늘만 보이면 된다 |
| 날씨가 좋지 않거나 저녁에는 측량이 불가능하다 | 전파신호를 쓰기 때문에 날씨에 관계없고 조명을 필요로 하지 않는다 |

## 나. 기본원리

GPS 측량은 위성에서 GPS수신기까지의 전파도달거리를 측정하여 수신기의 위치를 결정하는 방법으로 **거리를 측정하여 위치를 계산**하는 일종의 **삼변측량** 기법을 기반으로 한다. 또한 수신기를 세운 내 위치가 미지수인 **후방교회법**이다[1].

그림 1-3은 위성-수신기간의 거리 측정의 예를 보여주고 있다. 시간 $t_1$일 때 위성은 신호를 송신하였으며 해당 전파를 수신기에서 수신해보니 시간이 $t_2$였다. 따라서 $t_2$에서 위성에서 전파를 발사한 시각 $t_1$을 빼면 신호가 걸린 시간이 계산되고 거기에 빛의 속도 c를 곱하면 위성-수신기 간의 거리를 계산할 수 있다. 참고로 실제 GPS신호가 수신기까지 전달되는 데 걸리는 시간은 약 0.07초이다.

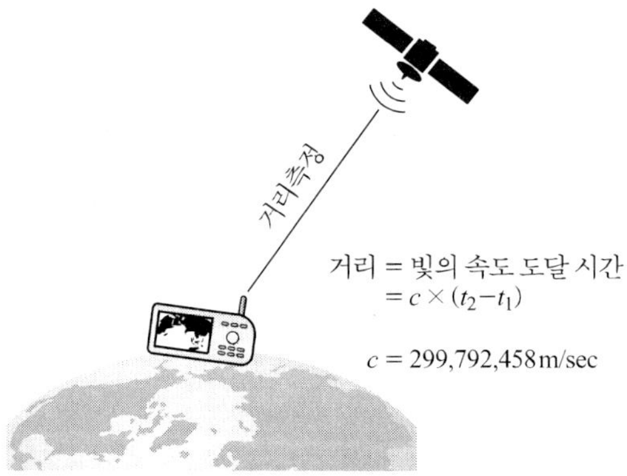


그림 1-3. 위성과 수신기간의 거리 측정 방법 (거리=속도×시간)

그렇다면, 어떻게 거리를 측정하여 수신기의 위치를 결정할 수 있을지에 대해 그림 1-4를 보며 개념을 이해해보도록 하자.

먼저 3차원 위치를 알고 있는(기준점이 되는) 하나의 위성이 있고 해당 위성에서 수신기까지의 거리를 측정하니 측정값이 17,000km였다고 가정하자. 이때, 수신기의 위치는 해당 위성을 중심으로 반지름이 17,000km인 구(sphere) 표면 위 어딘가에 위치한다고 볼 수 있다. 그러나 위치를 특정할 수는 없다. 그래서 두 번째 위성에서 거리를 측정하니 측정값이 19,000km로 파악되었다. 이 경우에도 수신기의 위치는 두 번째 위성을 중심으로 반경 19,000km인 구 표면위에 있다고 볼 수 있기 때문에, 첫 번째 구와 두 번째 구가 겹칠 경우

1) 반대로 좌표값을 알고 있는 기지국에 측량기를 세운 후 미지점을 시준하여 좌표를 측정하게 되면, 이를 **전방교회법**이라고 한다.

만들어지는 원의 원호 위(주의: 원의 표면은 아님) 어딘가에 수신기가 위치한다고 볼 수 있다. 그러나 여전히 위치를 특정할 수가 없다. 그래서 세 번째 위성에서 거리를 측정해본 결과 21,000km가 나왔다. 따라서 앞서 만들어졌던 원호와 세 번째 위성을 중심으로 반경 21,000km인 구가 만나서 생기는 두 점 중에 한 점으로 수신기 위치를 특정할 수가 있다. 마지막으로 네 번째 위성에서 거리를 측정하게 되면 그 중 한 점으로 수신기 위치를 특정할 수가 있게 된다.

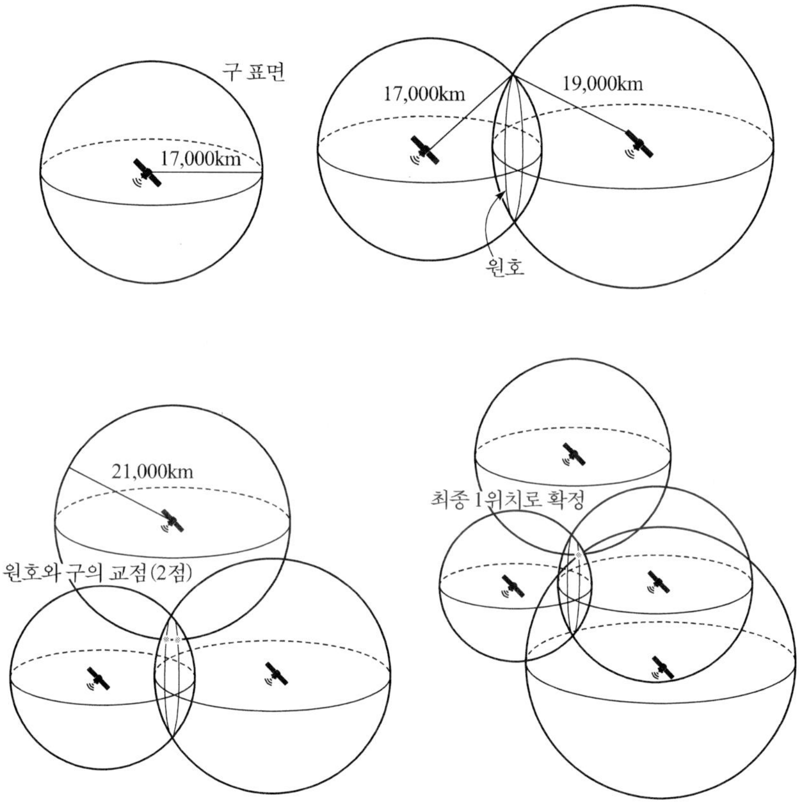


그림 1-4. GPS위성을 기준점으로 한 수신기 위치 결정 개념

위 예의 경우 거리측정값에 오차가 전혀 없다고 가정했을 경우에 한 점(영어로 pin point)으로 수신기 위치를 특정할 수 있는 것이다. 그러나 실제 거리 측정값에는 여러 가지 오차 요인으로 인해 오차값이 포함되어 있다. 이후 배울 예정이지만, 위성 및 수신기 시계 자체에 오차가 있을 수 있고, 위성에서 발신된 전파가 전리층, 대기층 등을 통과하며 생기는 신호 지연 오차 등도 있다. 따라서 위성을 중심으로 측정된 반경 r을 반지름으로 하는 구를 생각할 때 그림 1-5와 같이 거리 오차의 범위를 두께로 나타내는 것이 더 사실적일 것이다.

따라서 각각 오차범위의 두께를 갖는 4개 이상의 구의 교집합 영역을 구해볼 경우, 앞서 위치결정 시 결과로 나온 하나의 점이 아닌 그림 1-6과 같이 3차원의 공간영역이 만들어질 것이며, 이 범위 내의 한 곳이 수신기의 위치가 될 것이다. 즉, 교집합의 영역은 오차의 범위이며, 우리가 사용하는 GPS에 오차가 발생하는 근본적인 이유이다. 오차에 대한 내용은 향후 자세히 배울 것이므로 여기서는 개념을 이해해두도록 하자.

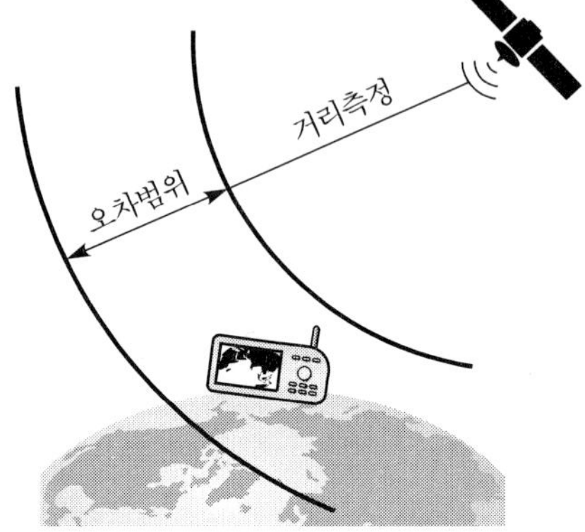

그림 1-5. 거리측정에 존재하는 오차

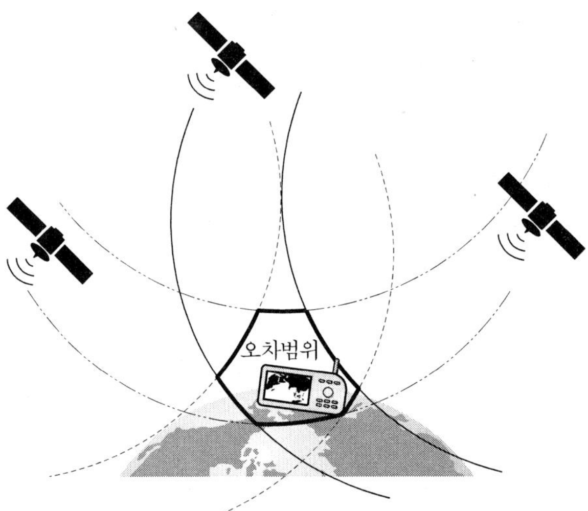

그림 1-6. 거리 측정 오차로 인한 GPS 수신기 위치 결정 오차 범위 발생

## 다. GPS 구성 체계

GPS를 생각할 때, GPS위성과 수신기만을 생각하기 쉬운데, 전체 GPS 시스템은 **우주 부문**(space segment), **관제 부문**(ground segment), 그리고 **사용자 부문**(user segment)의 3가지 부문으로 구성된다. 각각에 대해 간략하게만 살펴보자.

**우주 부문(Space segment)** – 위성 개발, 제조, 발사를 담당하는 부문을 말한다.

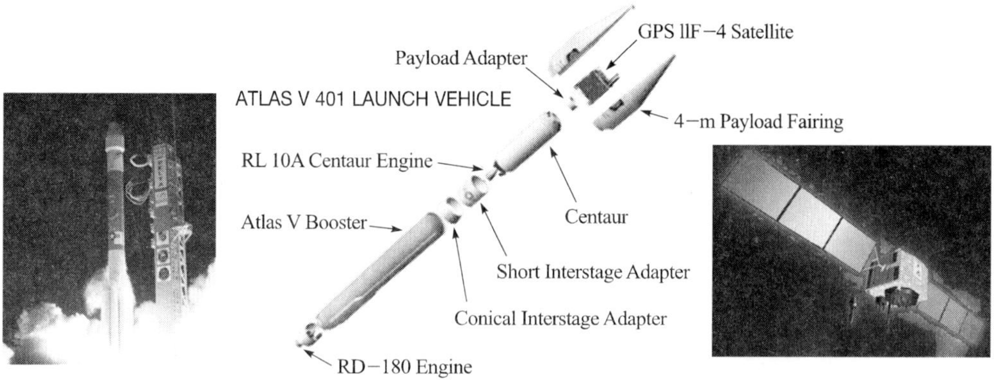


그림 1-7. GPS 위성 발사 및 GPS 위성 분리

**관제 부문(Ground segment)** – 시스템을 모니터링 및 제어, GPS 시간을 결정, 각 위성의 위성 궤도를 예측하여 항법 메시지를 갱신한다. 미국 국방부는 GPS위성을 모니터링하고 교신할 수 있도록 전 세계에 관제소를 운영하고 있다.

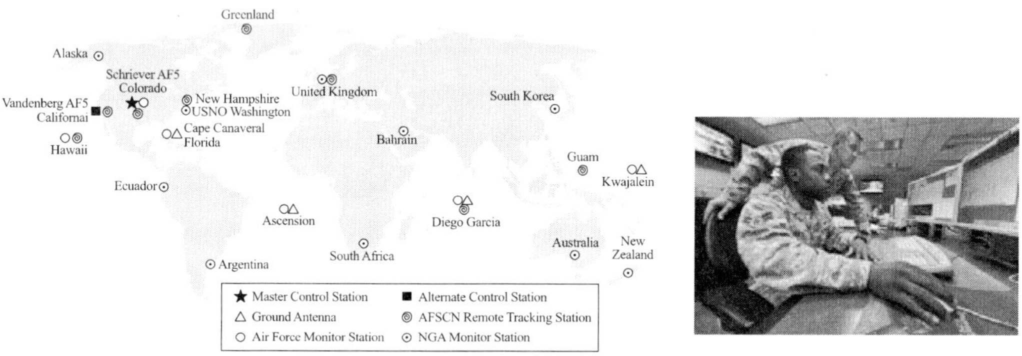


그림 1-8. 전세계 GPS 관제소 및 중앙 제어국(미국 콜로라도 스프링스)

**사용자 부문(User segment)** – 스마트폰, 내비게이션, 각종 군용 장비, 측량 장비 등 사용자들에게 정밀한 위치와 시간 데이터를 제공하는 다양한 GPS 수신기 부문을 의미한다.

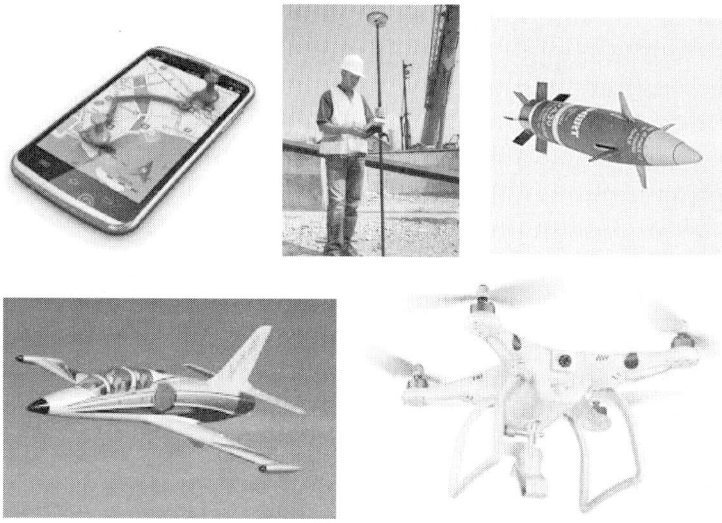

그림 1-9. 사용자 부문의 다양한 GPS 활용

일반적으로 측량 기사나 GPS관련 어플리케이션을 만드는 사람들 뿐만 아니라 스마트폰의 위치 서비스를 이용하는 일반인의 경우에도 GPS를 사용하는 사용자 부분으로 보면 된다. 하지만 우리가 활용하고 있는 GPS 시스템의 이면에는 우주부문과 관제 부분의 사람들이 시스템의 유지 관리 운영을 하고 있고 이러한 사람들 덕분에 우리가 편리하게 GPS 시스템을 사용 가능하다는 것을 기억해두자.

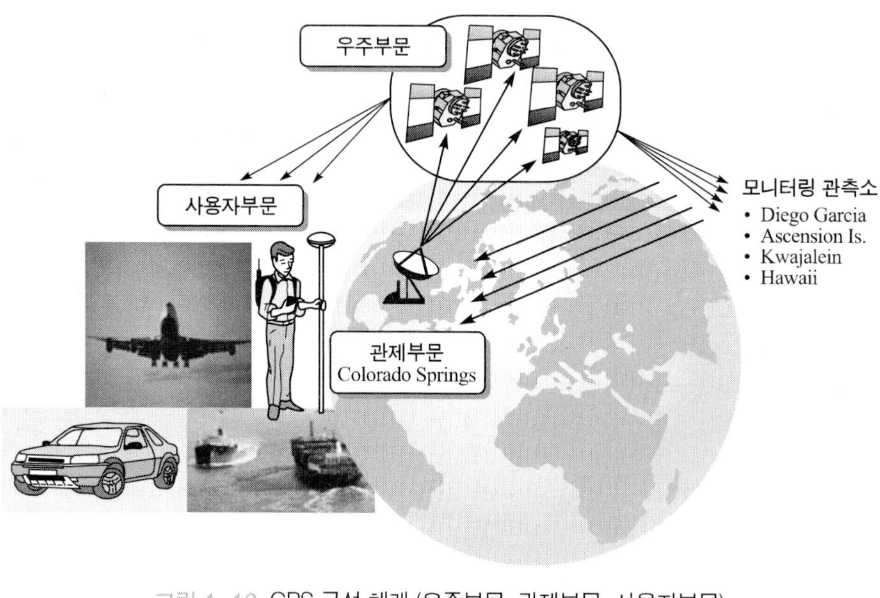


그림 1-10. GPS 구성 체계 (우주부문, 관제부문, 사용자부문)

## 라. GPS 역사

GPS역사는 **1957년** 10월 4일 **구소련이 발사한 인류 최초의 인공위성인** Sputnik(**스푸트닉**)[2] 위성(그림 1-11)으로 거슬러 올라간다. MIT의 과학자들은 이 작은 위성에서 전송되는 라디오 신호의 주파수가 가까워질수록 높아지고 멀어질수록 낮아지는 것을 발견하였는데 이 현상이 곧 도플러 효과(그림 1-12)이다. 이 발견은 아주 중대한 아이디어를 안겨 주었는데, 이 도플러 효과를 관찰하면 신호를 전송하는 위성을 추적할 수 있고, 신호를 수신하는 수신기까지의 거리 또한 관측할 수 있다는 것이었다.

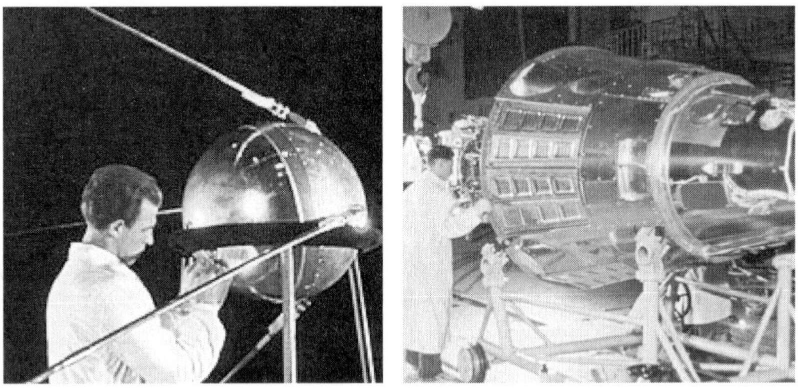

그림 1-11. Sputnik-1 및 Sputnik-3 위성

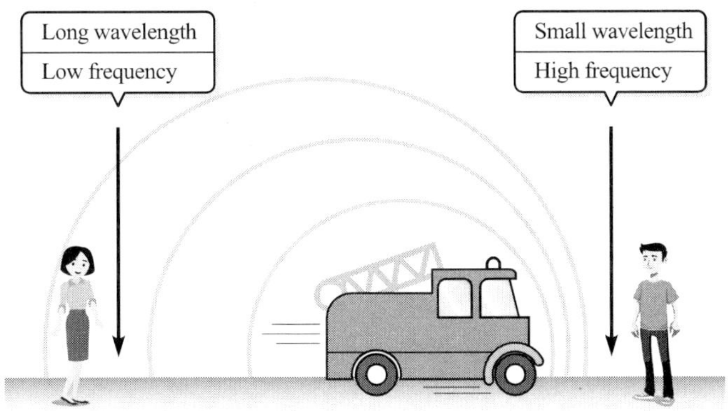


그림 1-12. 도플러 효과

2) 여담으로, 1999년 개봉한 옥토버스카이(October Sky)라는 영화에 소련 인공위성 스푸트닉에 대한 내용이 나오고 이에 자극받은 호머(제이크 질렌할)은 로켓과학자가 된다. 또한, 1999년 토이스토리2 등에서도 언급이 나오는 등 종종 나오므로 이름을 상식선에서 알아두면 좋을 듯 싶다.

이러한 아이디어가 처음 실현된 것은 1959년에 미 해군에서 만든 **트랜싯(TRANSIT)**이라는 시스템이다. 트랜싯은 GPS의 모체가 되는 시스템인데, 고도 약 1,100km에 떠 있는 총 6~10개의 위성으로 잠수함의 위치를 추적하기 위해 개발되었다. 전 세계 어디서나 일반적으로 한 개의 트랜싯 위성을 관측할 수 있도록 설계되었고, 수신기는 약 2분간의 위성 관측을 통해 100m 가량의 위치 정확도를 확보할 수 있었다. 이 시스템은 1964년부터 본격적으로 운용되고 1967년부터 민간목적으로 사용되었으나 **정확도가 낮고 무엇보다 실시간으로 위치결정이 불가**하다는 단점이 있었다.

따라서 1963년부터는 실시간으로 수신기의 위치를 결정할 수 있는 시스템의 개발에 착수하였고 이것이 곧 현재 우리가 사용 중인 GPS 시스템의 토대가 되었다. 11년간의 연구 개발 끝에 1974년에 처음으로 **NAVSTAR**라고 불리는 GPS 시스템의 첫 위성을 발사하게 되었고, 1978년부터 1985년까지 총 11개의 위성을 더 발사하였다. 특히 위성에는 원자시계를 장착하여 보다 정밀성을 향상시켰다. GPS 시스템은 표 1-2와 같은 요구사항을 목표로 잡고 연구 개발되어 만들어졌다. 이 요구사항은 곧 GPS의 장점과 직결되므로, 잘 읽어보도록 하자.

그림 1-13. GPS위성의 부모인 TRANSIT-1 위성

표 1-2. GPS 시스템 개발 시 요구 사항

- 모든 종류의 플랫폼에 적합한 항법 시스템이어야 한다. 즉, 항공기, 선박, 육지 및 우주에서(미사일과 인공위성 등) 모두 사용 가능해야 한다.
- 전 세계의 움직이는 물체에 대해 적용할 수 있어야 한다.
- 좌표 측정 결과는 전 세계에서 통일된 좌표계로 이용할 수 있어야 한다.
- 실시간으로 위치, 속도와 시간을 결정할 수 있어야 한다.
- 가장 높은 정확도는 특정 사용자만 사용할 수 있어야 한다(군용).
- 전파방해에 대한 저항력이 있어야 한다.
- 시스템의 존속성을 확보하기 위한 여분의 위성을 운용해야 한다.
- 수신기는 위성으로 신호를 수신받기만하는 수동적인 위치결정 시스템이어야 한다(수신기는 신호를 전혀 발신하지 않아도 되도록).
- 사용자 수에 제한 없는 서비스를 제공할 수 있어야 한다.
- 수신기는 적은 비용, 작은 전력으로 운용가능 해야 한다.

1983년에는 **대한항공 007기 격추 사건** 이후 미국 레이건 대통령이 GPS시스템을 민간에서도 사용할 수 있도록 제안하였고, 이후 1989년 마젤란(기업)에서 처음으로 GPS기반 민간 수신기를 출시하였다. 1990년대에 들어서도 GPS시스템의 정밀도 향상을 위한 연구는 계속 진행되어 현재와 같은 시스템이 구축되었다. 또한 1998년에는 앨고어 부통령이 **GPS III**라고 불리는 **GPS 현대화 계획**(GPS Modernization)을 발표하여 2000년에 의회에서 승인되어 2018년 12월에 첫 GPS III가 발사되었다.

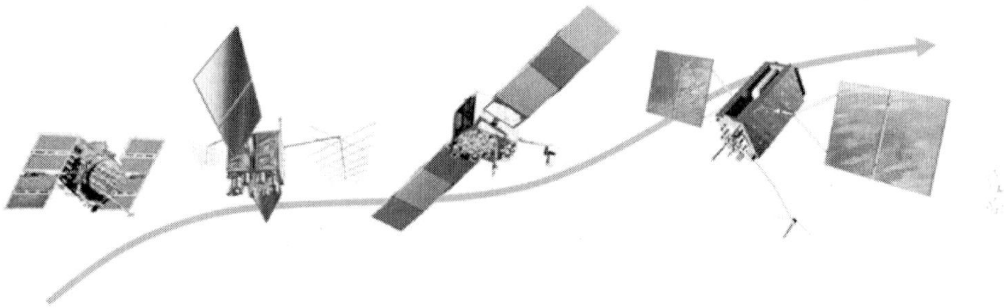

그림 1-14. GPS 현대화 계획

## 마. GPS 위성

이제 기준점 역할을 대신 해주는 GPS위성에 대해 간략하게 알아보자. GPS위성의 궤도는 표 1-3과 같은 특성을 갖는다. GPS위성의 **고도는 약 20,000km이며, 지구 반지름이 약 6,371km**[3]이므로 지구 반지름의 약 3배에 해당하는 고도이다. 따라서 빛의 속도를 이용하여 계산해보면 GPS신호가 송신되어 수신기까지 도달하기 까지는 약 0.07초가 소요된다. **공전주기는 12시간**으로 하루에 지구를 2번 공전하며 따라서 24시간 수신하는 수신기는 동일 위성을 하루에 두 번 관측할 수 있게 된다. 궤도면은 적도면과 약 55도의 각을 갖는 거의 원궤도이며 하나의 궤도면 당 최소 4개의 위성이 등간격으로 배치되어 최소 24개 이상의 위성으로 구성된다.

3) 측량 관련한 전공자가 아니더라도 지구 반지름 정도는 상식으로 알아두자. 에베레스트 산맥이 8.8km, 마리아나 해구가 11km정도 되는데, 지구 반지름 6371km에 비하면 아무것도 아니다. 10원짜리 동전을 6370원치 쌓아놓았는데, 거기에 10원을 더 얹는 것은 큰 차이가 아닌 것처럼...

표 1-3. GPS 위성 궤도 정보

| 항목 | 수치 | 비고 |
|---|---|---|
| 고도 | 약 20,000km | 지구 반지름이 약 6,400km이므로 약 3배 정도의 값 |
| 주기 | 12시간 | 하루에 2번 지구 회전<br>하루에 동일 위성 2번 볼 수 있음 |
| 궤도면 | 거의 원궤도<br>6개 궤도<br>적도면과 55도 | 각 궤도면 당 최소 4개의 위성 위치<br>전 세계에 대한 서비스를 하기 위해서는 최소 24개의 위성이 필요 (6개 궤도 x 4개 위성=24)<br>2016년 현재 총 31개 운용 중임 |

궤도 경사각이란 그림 1-15와 같이 적도면과 궤도면이 이루는 각을 가리키며, 위성 고도와 지구반지름을 합치면 대략 26,000km가량 되는 궤도 반지름이 계산될 수 있다.

참고로 GPS위성은 전파를 송신할 때 지구를 향해서만 약 28도 범위(지구를 감싸는 고깔 형태로 생각하면 됨)에 대해서만 신호를 송신한다.

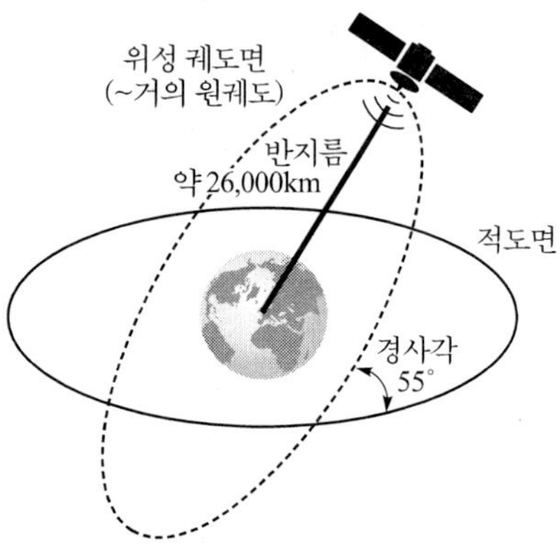


그림 1-15. GPS 위성 궤도 경사각

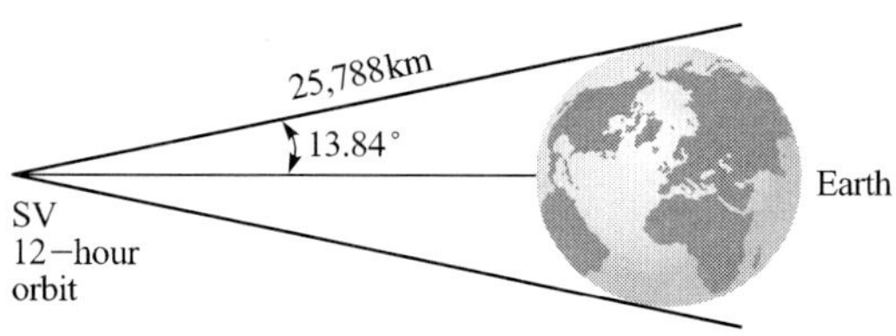


그림 1-16. GPS 안테나 시야각: 28°

위성 궤도 정보 사이트(http://www.n2yo.com/)에서 검색창에 'GPS'라고 치면 그림 1-17과 같은 검색결과가 나오며 해당 위성을 선택해 보면 위성의 현재 위치 및 정보 등을 확인할 수 있다. 재미삼아 한번 접속해보고 GPS위성 고도 등을 한번 확인해보기 바란다. 그림 1-17에서 검색된 GPS위성은 57번이며, 고도 약 20053km, 초당 3.88km의 속도로 움직이고 있는 것을 확인해볼 수 있다.

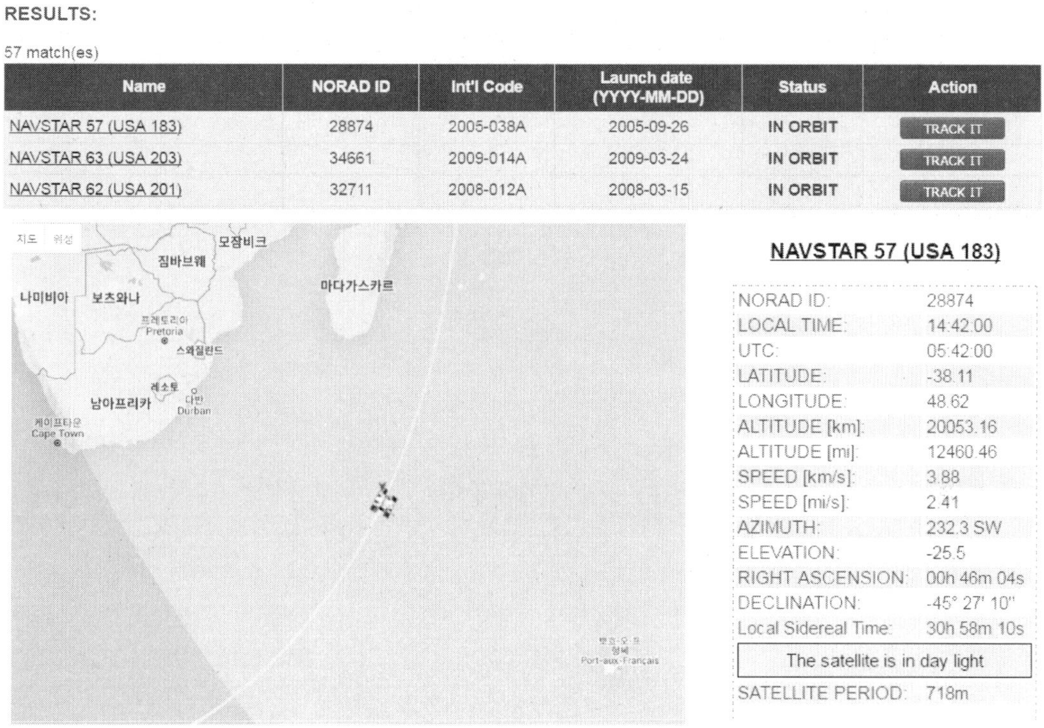


그림 1-17. GPS위성 궤도 검색 결과 예 (http://www.n2yo.com/)

우리가 사용하는 컴퓨터 프로그램이나 스마트폰도 버전이 업그레이드되듯이, GPS위성 또한 버전이 업그레이드된다. 그림 1-18은 GPS 버전별로 현재 몇 개의 위성이 운용되고 있는지를 보여주는 그림이다. 1997년 이전에 발사되어 운용되었던 Block I, II, 그리고 Block IIA(A는 Augmentation)는 모두 퇴역하였고, 1997년부터 2004년까지 발사된 Block IIR(R은 Replacement)이 총 12기가 운용 중에 있는 것을 볼 수 있다. 2005년부터 2009년까지 발사된 Block IIR(M)이 7기, 2010년부터 2016년까지 발사된 Block IIF가 총 12기가 운용 중에 있다. 따라서 **총 31기(12+7+12=31)**의 GPS 위성이 운용되고 있으며, 향후 GPS 현대화 계획에 따른 Block III가 발사되며 기존의 위성을 대체해 나갈 것이다. 버전별로 스펙 등이 달라지는데 이는 이후 GPS신호구조 등을 배우고 나면 이해가 될 것이다.

| LEGACY SATELLITES | | MODERNIZED SATELLITES | | |
|---|---|---|---|---|
| BLOCK IIA | BLOCK IIR | BLOCK IIR-M | BLOCK IIF | GPS III/IIIF |
| 1 operational | 11 operational | 7 operational | 12 operational | 1 in checkout |
| • Coarse Acquisition (C/A) code on L1 frequency for civil users<br>• Precise P(Y) code on L1 & L2 frequencies for military users<br>• 7.5-year design lifespan<br>• Launched in 1990-1997 | • C/A code on L1<br>• P(Y) code on L1 & L2<br>• On-board clock monitiring<br>• 7.5-year design lifespan<br>• Launched in 1997-2004<br>LEARN MORE ABOUT GPS IIR AT AF.MIL → | • All legacy signals<br>• 2nd civil signal on L2 (L2C)<br>LEARN MORE →<br>• New military M code signals for enhanced jam resistance<br>• Flexible power levels for military signals<br>• 7.5-year design lifespan<br>• Launched in 2005-2009<br>LEARN MORE ABOUT GPS IIR AT AF.MIL → | • All Block IIR-M signals<br>• 3rd civil signal on L5 frequency (L5)<br>LEARN MORE →<br>• Advanced atomic clocks<br>• Improved accuracy, signal strength, and quality<br>• 12-year design lifespan<br>• Launched in 2010-2016<br>LEARN MORE ABOUT GPS IIR AT AF.MIL → | • All Block IIF signals<br>• 4th civil signal on L1 (L1C)<br>LEARN MORE →<br>• Enhanced signal reliability, accuracy, and integrity<br>• No Selective Availability<br>LEARN MORE →<br>• 15-year design lifespan<br>• IIIF: laser reflectors; search & rescue payload<br>• First launch in 2018<br>LEARN MORE ABOUT GPS IIR AT AF.MIL → |

그림 1-18. 2019년 현재 운용 중인 GPS위성 정보

## 바. GPS 위성 시계

GPS를 이용하여 수신기까지 거리 측정이 가능한 이유는 GPS 위성에 매우 정확한 **원자시계**(Atomic Clock)가 장착되어 있어 정밀한 시간 측정이 가능하기 때문이다. 원자시계의 안정성은 하루당 $10^{-13}$~$10^{-14}$초가 달라지는 정도인데, 이는 원자시계가 3백 만년(3,000,000년)에 1초 느려진다는 것을 의미한다(자동태엽 손목시계의 경우 하루에 1~2분씩 느려지기도 한다).

여기서 많이 오해하고 있는 것 중에 하나가 원자시계는 원자에너지로 움직인다고 생각하는데 그건 틀린 생각이다. 그렇다면 왜 원자시계라고 하냐면 메트로놈처럼 규칙적으로 움직이는 특정 원자(루비듐, 세슘 등)의 진동을 사용하기 때문에 이렇게 이름 지어진 것이다.

원자시계에 의한 시간측정 방법은 현재까지 인류가 발명한 방법 중 가장 안정되고 정확하며, 이러한 원자시계의 발달로 정확한 시간을 결정할 수 있는 새로운 시대가 시작되었고, GPS 또한 가능하게 되었다고 이해하면 된다. 다시 말해, 신뢰성이 높고, 안정적이고 경제적이며 우주에 적합한 진동원자(루비듐, 세슘)등이 개발되면서 GPS가 가능하게 되었다.

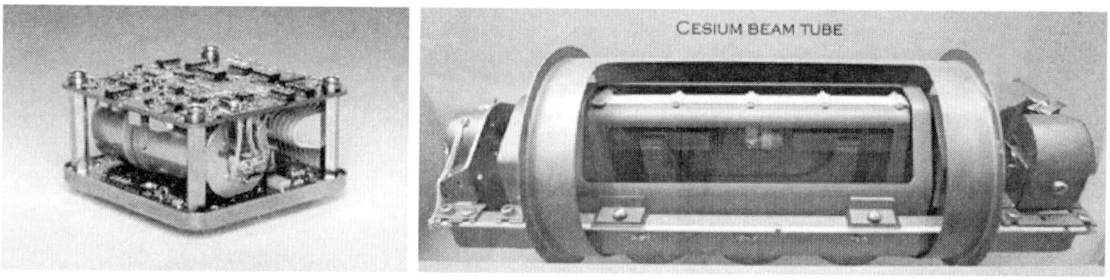


그림 1-19. 원자 시계: 루비듐 시계, 세슘 시계

하지만 원자시계는 GPS 위성에 탑재되어 발사되기 전에는 우주에서 검증되지 않았었다. 그래서 이러한 원자시계를 우주에서 검증해볼 필요가 있었으며, 테스트 결과 **아인슈타인의 일반상대성/특수상대성 원리**로 인해 원자시계가 느려지거나 빨라지는 것을 알 수 있었다. 따라서 이에 대한 정확한 보정을 통해 GPS측량이 가능하게 되었다. 즉 책에서만 보고 멀게만 느껴졌던 아인슈타인의 상대성 원리를 우리는 스마트폰의 GPS기반 위치서비스를 통해 매일 이용하고 있는 셈이다.

그렇다면 수신기에도 원자시계를 사용하나? 어떤지 살펴보자. 만약 수신기에도 원자시계를 쓰게 된다면 원자시계의 엄청난 가격(대략 오천만원~억 단위 정도의 가격)으로 인해 GPS는 경제성이 없어져 쓸모없는 기술이 될 것이다. 그래서 GPS를 설계했던 사람들은 사용자의 수신기에 덜 정확한 시계를 사용할 수 있도록 제안했고, GPS 사용자 장비의 낮은 가격을 유지하기 위해, 쿼츠와 같은 시계(디지털시계에 사용된 것과 같음)를 쓰도록 했다. 그런데 수신기 시계는 정확성이 아주 낮으므로 시계 오차를 보정하여 사용하게 하였다. 즉, 수신기 시계 오차를 계산해 낸다는 것인데, 이에 대해서는 이후 배울 예정이다.

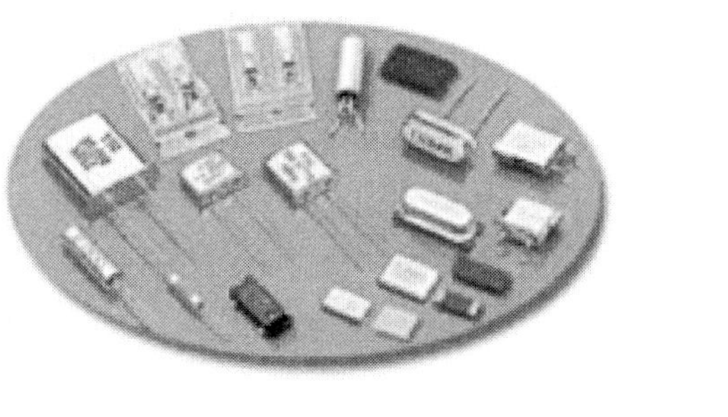

그림 1-20. GPS 수신기에 사용되는 쿼츠 모듈 (직경 1cm미만)

## 사. 각국의 GPS 시스템

GPS는 미국이 돈을 대어 개발하고 운영하는 시스템이다. 그런데 미국 뿐 아니라 다른 나라들에서도 GPS와 동일한 개념의 시스템을 구축 완료했거나 구축 중에 있다. **러시아의 경우 GLONASS**(GLObal NAvigation Satellite System)라는 이름으로 1976년부터 개발을 시작하여 1982년부터 시스템 구축을 시작하여 1995년에 완료되었다. 그러나 1990년대 말에 중단되었다가, 2011년에 다시 전 세계 서비스가 재개되었다. 여담으로 GLONASS는 러시아 우주청 역사상 가장 많은 예산이 투입되었으며 2010년을 기준으로 총 예산의 1/3을 차지하였다. **EU의 Galileo**는 2020년까지 총 30개의 위성을 발사하는 것을 목표로 현재 구축 단계에 있는 시스템이다. 2011년에 첫 위성이 발사되어 2016년 현재 12개가 운용 중에 있다. **중국의 Beidou(Compass)**의 경우 2000년 10월에 첫 위성을 발사하여 현재 20기의 위성이 운용 중에 있는 시스템이다. 2020년까지 전 세계를 대상으로 운용되는 총 35개의 위성 시스템 구축을 목표로 진행되고 있다. **인도의 IRNSS**(Indian Regional Navigation Satellite System)는 인도를 중심으로 주변 국가까지의 범위만 서비스하는 시스템으로서 2013년 7월부터 시작하여 2016년까지 총 7개의 위성이 발사되어 운용되고 있다. **일본의 QZSS**(Quasi-Zenith Satellite System)는 총 4개의 위성으로 운용되는 시스템으로서, 2010년 9월 첫 위성이 발사되었고 2018년부터 총 4기를 운용 중이다.

표 1-4. 세계 각국의 GNSS 시스템

| GNSS 명칭 | 국가 | 현황 |
|---|---|---|
| NAVSTAR GPS | 미국 | 1970년대 구상, 1980년대 초반 시작,<br>2000부터 위성, 신호 등 현대화 중<br>http://www.gps.gov |
| GLONASS(글로나스) | 러시아 | 2008년부터 현대화 중, 2011년 24개 위성 구성 완료<br>https://www.glonass-iac.ru/en |
| Galileo(갈릴레오) | 유럽연합<br>EU | 2019(2006년에 한국 참여)<br>http://www.gsc-europa.eu |
| QZSS | 일본 | 2018년 총 4 기 위성 운용 (일본 및 주변 지역만).<br>향후 7개 목표(2023년~).<br>http://qzss.go.jp/en |
| Beidou(바이두, 베이더우)<br>/COMPASS(컴파스) | 중국 | 2000년부터 시작하여 2007년 중국 커버, 2012년 아시아 커버,<br>2020년 전세계 커버<br>http://www.gsc-europa.eu |
| IRNSS | 인도 | 2013부터 시작. 총 9 기 지역 위성 운용 목표 (인도 및 주변 지역만)<br>http://www.isro.gov.in/irnss-programme |

GNSS(Global Navigation Satellite System)라는 것은 미국의 GPS, 러시아의 GLONASS, EU의 Galileo, 중국의 Beidou 등을 모두 통칭하여 부르는 위성 기반 위치 결정 시스템을 의미한다. GNSS라는 용어가 GPS보다 보다 상위의 개념으로서 GPS측량이라고 부르지 않고 **GNSS측량**이라고 부르는 것이 더 맞다. 하지만 본 교재에서는 이에 너무 국한하지 않고 초/중급자의 이해를 위해 GPS측량이라는 용어를 주로 사용하겠다.

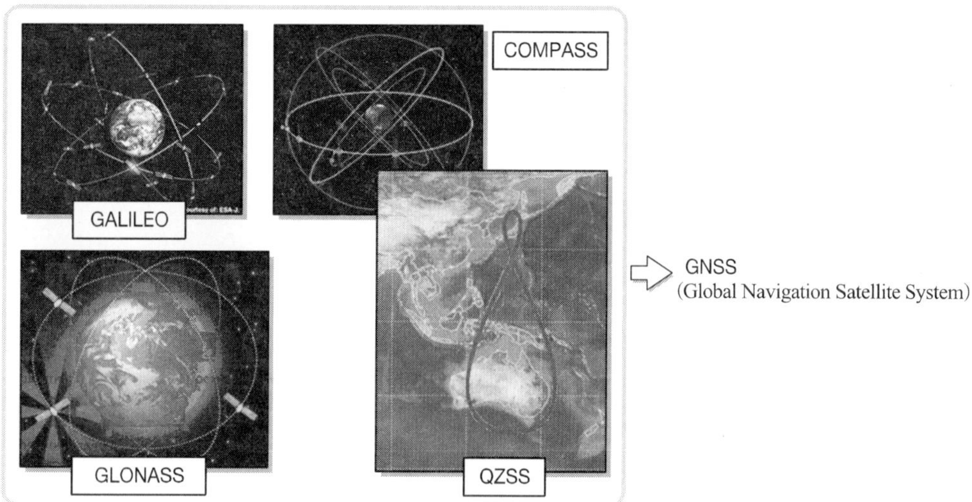


그림 1-21. 세계 각국의 GNSS 시스템

GPS만 이용하는 경우와 GPS와 GLONASS를 동시에 활용하는 경우를 비교해보면 동시에 활용하는 경우가 위치 정밀도가 좋다. 그림 1-22에서 살펴보면 GPS나 GLONASS 한 가지만 활용하는 경우에 비해 두 가지 모두 활용하는 경우 오차 수치가 낮게 나오는 것을 볼 수 있다. 여담으로 예전 애플사의 아이폰3의 경우 GPS만을 수신했으나, 아이폰4가 되면서 GLONASS까지 수신하게 되었고 그 이후로 위치기반 서비스의 정밀도가 향상되었다.

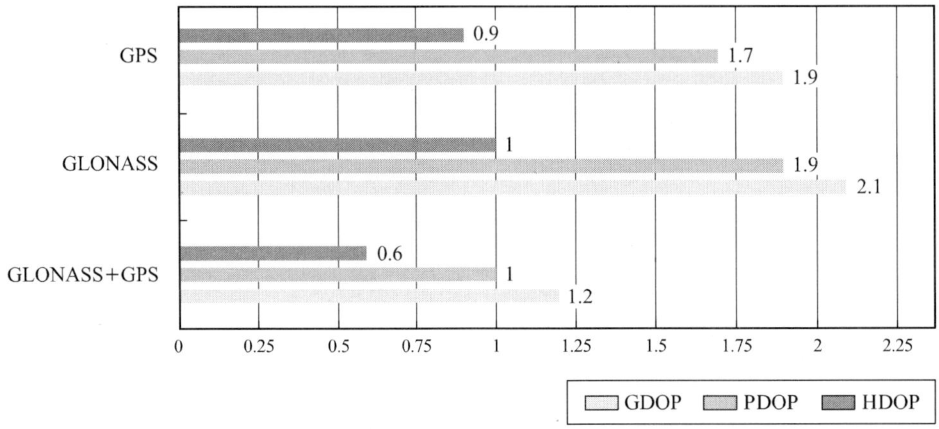


그림 1-22. 정밀도 비교 (GPS만, GLONASS만 사용 vs. GPS+GLONASS 모두 사용)

## 아. GPS 측량의 정확도

GPS 측량의 정확도는 하나의 값으로 특정하여 말하기는 어렵다. 왜냐하면 위성의 개수, 위성의 기하학적 상태, 주변 환경 상태, 대기 상태, 수신기의 차이 등의 여러 가지 요인이 직/간접으로 영향을 미치기 때문에 큰 차이를 보일 수 있기 때문이다. 그러나 대략적인 값을 제시하자면 표 1-5와 같은 정도로 이해하면 되겠다. 향후 본 서적을 통해 GPS 신호 체계, 측량기법 등에 대한 내용을 충분히 숙지한다면 GPS 측정 정확도에 대해 보다 심도 있는 이해를 할 수 있을 것이다.

표 1-5. GPS 측량의 통상적 정확도 범위

| GPS 측량 방식 | | 통상적인 정확도 |
|---|---|---|
| 비측량용 GPS | 일반 | 10m내외 |
| 비측량용 GPS | 오차 보정 후 | 3~5m |
| 측량용 GPS | – | cm~m 단위 |
| 측량용 GPS | 오차 보정 후 | mm~cm 단위 |

또한 GPS 측량의 정확도와 관련하여 알아두어야 할 것이 **일반적으로 GPS 측량의 정확도는 수직 정확도가 수평 정확도보다 1.5에서 2배가량 더 나쁘다는 것이다.** 이는 기준점 역할을 하는 위성이 우주에만 존재하기 때문인데, 만약 지하에도 기준점이 있다면 수직 정확도 또한

높아질 수 있을 것이다.

GPS측량의 정확도를 더 잘 이해하기 위해서는 **정확도와 정밀도의 차이**를 이해하는 것이 중요하다. 정확도는 GPS측량을 하여 얻은 좌표값이 미리 알고 있는 값과 어느 정도 차이를 보이는지를 지칭하고, 정밀도는 여러 번 측정했을 때 일관된 좌표값이 나오는지를 나타내는 척도이다. 따라서 높은 정확도를 요구하는 GPS측량 시에는 정확도도 중요하지만 정밀도도 중요하게 된다.

## 자. 토탈스테이션 vs. GPS

앞서 전통적인 측량기법에 비해 GPS의 장점에 대해 언급했다. 추가적으로 가장 널리 사용하고 있는 측량기기인 토탈스테이션을 이용한 측량과 비교하여 장단점을 살펴보도록 하자. 무엇보다 GPS측량의 장점은 일관성이 높다는 것이다. 그림 1-23과 같이 측정 거리에 따른 정확도를 분석해보면 토탈스테이션의 경우 거리가 멀어질수록 정확도가 급격히 떨어지는 것을 볼 수 있으나, GPS측량의 경우 그 저하 정도가 훨씬 완만하다.

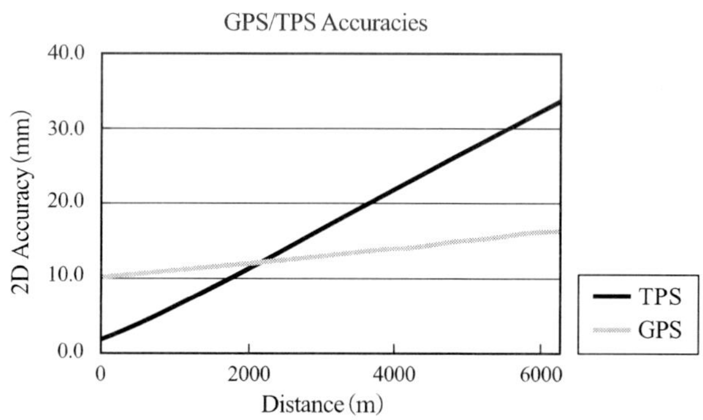


그림 1-23. 시준 거리에 따른 토탈스테이션 vs. GPS 정확성 비교

토탈스테이션의 경우 GPS측량이 어려운 터널, 실내 등에서 측량이 가능하며, 특히 접근이 불가능한 지역 및 구조물 등에 대한 원격 측량이 가능하다는 장점이 있고 거리측정을 할 경우 광파기의 특성상 정확도가 높다. 또한 지도 좌표계가 필요 없는 소규모 지역에 대한 측량 시 해당 지역에서만 사용할 3차원 좌표계를 설정하여 사용하기 아주 편리하다. 그러나 단점으로는 앞서 설명한 것과 같이 시준 거리가 멀어질수록 정확도가 저하되고, 장비활용이 상대적으로 난이도가 있다.

GPS측량기기는 사용하기가 아주 편리하여 비전문가도 측량이 가능하며, 앞서 언급한 것과 같이 일관된 위치 정확도를 얻을 수 있다. 또한 측량 및 시설물 설치를 위한 측설을 빠른 시간 내에 1인 측량으로 경제적으로 수행할 수 있다. 반면 단점으로는 하늘이 일부 또는 전체가 가려지는 곳에서는 원하는 정확도를 확보하기 어렵고, 비접근지역에 대해서는 측량을 할 수가 없다. 또한 수직 정확도가 수평정확도보다 1.5~2배가량 낮기 때문에 정밀 표고측량용으로 사용하는 데는 한계가 있다.

표 1-6. 토탈스테이션을 이용한 측량과 GPS측량과의 장단점

| | 토탈스테이션 | GPS |
|---|---|---|
| 장점 | - 터널, 실내 등에서 측량 가능<br>- 접근 불가능한 지역에 대한 측량 가능<br>- 거리 측정의 정확도 높음<br>- 국지 좌표계 설정 | - 비전문가도 측량 가능<br>- 일관된 위치 정확도<br>- 빠른 위치 측량 결과 도출<br>- 매우 빠른 측설(stake out) 가능<br>- 1인 측량 가능 |
| 단점 | - 시준거리 멀어질수록 정확도 저하<br>- 장비활용의 난이도가 상대적으로 높음<br>- 주로 2인 1조 작업 필요 | - 하늘이 가려지는 곳은 측량 불가능<br>- 수신기를 설치 가능한 접근 가능지역만 측량 가능<br>- 수직 정확도 낮음 |

따라서 이 두 기법의 장점만을 결합한 **하이브리드 측량 기법**(Hybrid System)이 많은 주목을 받고 있다. 즉, 그림 1-24와 같이 GPS수신기 하단부에 360도 프리즘을 장착하고, 작업자가 GPS수신기를 이용하여 측량을 실시한다. 따라서 하이브리드 기법을 통해 GPS 수신기 어려운 지역에서는 **로보틱 토탈스테이션**(Robotic Total Station)이 프리즘을 자동으로 트래킹하여 신뢰도 높은 측량값을 산출할 수 있도록 해준다.

그림 1-24. 하이브리드 시스템 (Topcon) 및 360도 프리즘

## 차. GPS 맛보기: 스마트폰 GPS 앱

스마트폰에서 앱을 이용하여 GPS 정보를 확인해볼 수 있는데, 여기서는 “GPS Test”라는 앱을 간단히 예로 들겠다. 앱 설치 후 하늘이 잘 보이는 야외에 나가서 확인해보면 아래와 같은 화면을 볼 수 있다.

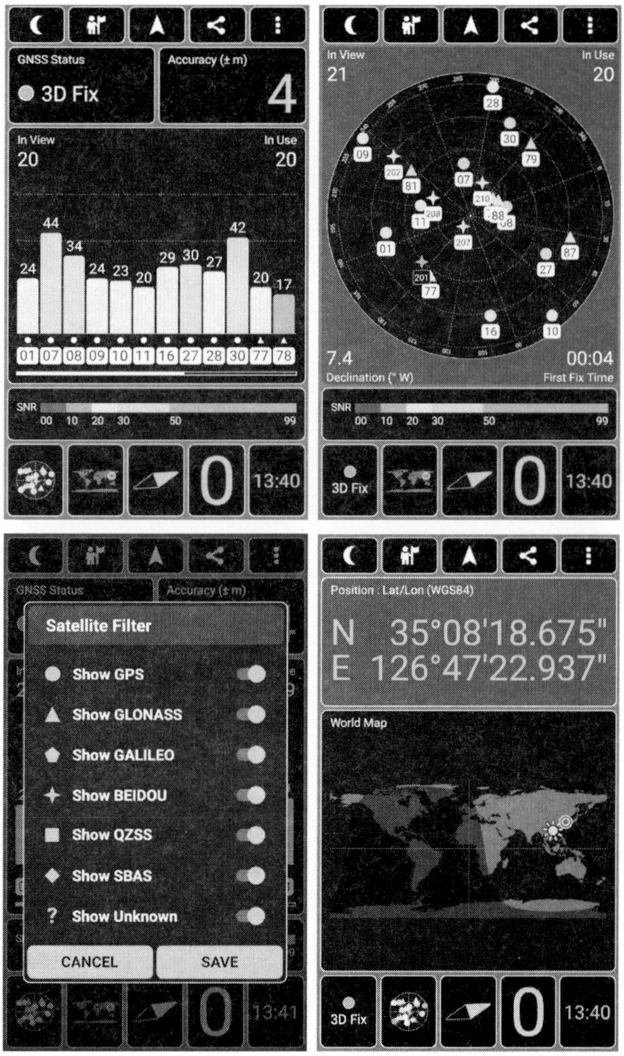


그림 1-25. 스마트폰 앱에서의 GPS정보 확인 (앱: GPS Test)

첫 번째 화면은 위성이 20개가 보이고(In View), 20개 위성을 모두 활용하고 있음(In Use)을 알려주고 있다. 각각의 위성번호 또한 확인가능하고, 색깔은 위성 신호가 얼마나 잘 잡히는지를 알려주고 있다(SNR이라는 컬러막대 참조). 상단에는 Accuracy(정확도)를 약 4m 라고 나타내주고 있다. 우측 상단의 다음 화면은 위성분포도(Skyplot)라고 불리는 화면이다. 하늘에 위성들이 어떻게 분포하고 있는지 나타내주고 있다. 라벨의 모양(원형, 삼각형 등)은 각각의 위성이 GPS, GLONASS, GALILEO 등인지 알려주고 있다. 제일 우측 하단의 그림은 스마트폰의 위치를 경위도 좌표로 나타내주고 있다. 왜 초(″)단위의 소수점 셋째자리까지 나타냈는지를 이해할 필요가 있는데, **1초(″ )가 지상에서 약 30m정도의 차이를 보이므로**, 소수점 셋째자리까지 나타내야 0.03m 즉, 3cm 정도의 정밀도로 수치를 나타낼 수 있기 때문이다.

참고로 **SNR이라고 하는 것은 Signal to Noise Ratio의 약자로서, 잡음(노이즈)에 대비하여 신호가 얼마나 강하게 잡히는지**를 알려주는 수치이다. 단위는 데시벨(dB)이며, 아래의 로그식으로 표현된다. 즉, 신호와 노이즈 크기가 같다고 하면($V_S = V_N$), SNR은 0이다. 즉, 유의미한 신호를 잡음 속에서 잡아낼 수가 없다. 또한, SNR이 20데시벨(dB)은 신호의 강도가 노이즈의 10배임을 의미한다.

$$SNR = 20\log_{10}(V_S / V_N)$$

## 카. 개념 정립 문제

### 기사시험 기출 문제

(1) GPS에 관한 설명이다. 틀린 것은?

㉮ 수평좌표 결정에만 이용된다.
㉯ 야간관측을 할 수 있다.
㉰ 관측점간의 시통에 영향을 받지 않는다.
㉱ 기상조건에 영향을 적게 받는다.

(2) 다음 중 GPS의 위치결정원리로 가장 타당한 것은?

㉮ 관측점의 위치좌표가 (x, y, z)이므로 2개의 위성에서 전파를 수신하여 관측점의 위치를 구한다.

㉯ 위성궤도에 대해 종방향으로는 정사투영에 의해, 횡방향으로는 중심투영에 의해 영상이 취득된 후 3차원 위치해석을 한다.

㉰ 관측점 좌표(x, y, z)와 시간 t의 4차원 좌표의 결정방식으로 4개 이상의 위성에서 전파를 수신하여 관측점의 위치를 구한다.

㉱ 레이저광 펄스를 이용하여 우주공간과의 관계를 감안하여 지상 관측점의 위치(x, y, z)를 구한다.

(3) GPS 위성에 의한 측량의 특성을 잘못 설명한 것은?

㉮ 야간 관측이 가능하나 날씨의 영향을 받는 단점이 있다.

㉯ 관측점간의 시통이 필요치 않다.

㉰ 전리층의 영향에 대한 보정이 필요하다.

㉱ 수신기와 내장된 프로그램에 의해 전산처리되므로 관측이 용이하다.

(4) GPS 측량이 수신기의 위치를 결정하는 원리를 잘 나타낸 것은 보기 중 무엇인가?

㉮ 후방교회법 ㉯ 전방교회법 ㉰ 측방교회법 ㉱ 도플러 효과

(5) GPS의 구성을 크게 3개의 부분으로 구분할 때 3개 부분이 옳게 짝지어진 것은?

㉮ 송신부분 - 제어부분 - 사용자부분 ㉯ 우주부분 - 수신부분 - 동기화부분

㉰ 우주부분 - 제어부분 - 사용자부분 ㉱ 수신부분 - 송신부분 - 동기화부분

(6) GPS의 주요 구성 중 위성으로의 자료전송을 담당하는 부분은?

㉮ 우주부문 ㉯ 제어부문 ㉰ 사용자부문 ㉱ 위성부문

(7) GPS 위성의 궤도는?

㉮ 원궤도 ㉯ 극궤도 ㉰ 타원궤도 ㉱ 정지궤도

(8) GPS 위성의 공전주기는 약 얼마인가?

㉮ 6시간 ㉯ 10시간 ㉰ 12시간 ㉱ 18시간

(9) 다음 중 GPS측량의 응용분야에 해당하지 않는 것은?

㉮ 차량주행체계 ㉯ 인공지능형 교통체계

㉰ 지도제작분야 ㉱ 지하철의 위치 결정

(10) 인공위성과 관측점 간의 거리를 결정하는데 사용되는 주요 원리는?

㉮ 다각법 ㉯ 세차운동의 원리
㉰ 음향관측법 ㉱ 도플러 효과

(11) GNSS에 의한 위치결정에 있어서 가장 중요한 관측요소로 옳은 것은?

㉮ 위성과 수신기 사이의 거리 ㉯ 위성신호의 전송데이터 량
㉰ 위성과 수신기 사이의 각 ㉱ 위성과 수신기의 안테나 길이

(12) GNSS(Global Navigational Satellite System) 위성과 관련 없는 것은?

㉮ GPS ㉯ KH-11 ㉰ GLONASS ㉱ Galileo

(13) 다음중 위치기반서비스(LBS)를 위한 실시간 위치결정과 거리가 먼 것은?

㉮ GPS ㉯ GLONASS ㉰ GALILEO ㉱ LANDSAT

(14) GPS 위성에 대한 설명으로 틀린 것은?

㉮ 위성이 지구를 한 바퀴 공전할 때 지구는 반 바퀴 자전한다.
㉯ 위성의 고도는 정지궤도위성의 고도보다 낮다.
㉰ 하나의 궤도면에 6개의 위성이 등간격을 이루도록 설계되어 있다.
㉱ 북극점 혹은 남극점에서도 가시위성(visible satellite)이 존재한다.

(15) GPS에 대한 설명으로 옳지 않은 것은?

㉮ GPS는 원래 미국과 동맹국의 군사적 목적으로 개발되었으나, 현재는 일반인에게 위치 정보제공을 위한 중요한 사회기반으로 활용되고 있다.
㉯ GPS는 고도 약 20200km에서 타원 궤도를 그리며 운행하는 인공위성으로 구성되어 있다.
㉰ GPS 위성의 고도는 중력이상이 궤도에 미치는 영향이 커 정밀한 궤도 계산이 어렵다.
㉱ GPS 위성은 지상 제어국에 의해 제어된다.

(16) GNSS 측량의 특징에 대한 설명으로 옳지 않은 것은?

㉮ 24시간 측량이 가능하다.
㉯ 날씨, 기상에 관계없이 위치결정이 가능하다.
㉰ EDM과 같은 TWO-WAY 시스템이다.
㉱ 기선결정의 경우, 두 측점 간 시통 여부와는 무관하다.

## 개념 정립 문제

(1) GPS 위성으로부터 수신기의 위치를 결정하기 위해서는 무엇을 측정하는가?

(2) 위성으로부터 신호를 수신하여 내 위치를 결정하기 위해서는 몇 개의 위성으로부터 신호를 수신해야 하는가? 그리고 그 이유는?

(3) GPS는 미국의 시스템이다. 이러한 GPS를 포함하여 위성을 이용하여 수신기의 위치를 결정하는 시스템을 가리키는 일반적 명칭은 무엇인가?

(4) 세계 각국의 GPS 유사 시스템을 나열해보라.

(5) 기존의 측량기기에 비해 GPS측량의 장점과 단점을 설명해보라.

(6) GPS 측량의 통상적 정확도 범위는?

(7) GPS의 구성체계에 대해 설명해보라.

(8) GPS 측량 시 표고 정확도가 수평 정확도보다 낮을 수밖에 없는 이유는 무엇인가?

## 정 답

### 기사시험 기출 문제

(1) 가 (2) 다 (3) 가 (4) 가 (5) 다 (6) 나 (7) 가 (8) 다 (9) 라 (10) 라
(11) 가 (12) 나 (13) 라 (14) 다 (15) 다 (16) 다

### 개념 정립 문제

(1) 위성에서 GPS수신기까지의 전파거리를 측정하여 수신기의 위치를 결정
(2) 4개, 3차원 기준점인 GPS 위성으로부터 거리를 측정하여 수신기의 3차원 위치를 결정하는데, 위성이 3개인 경우에는 수신기의 위치가 멀리 떨어진 2개의 지점으로 위치결과가 나오게 된다. 따라서 4개의 위성으로부터 거리를 측정해야 한다.
(3) GNSS(Global Navigation Satellite System)
(4) NAVSTAR GPS 미국, GLONASS(글로나스) 러시아, Galileo(갈릴레오) 유럽연합 EU, QZSS 일본, Beidou(바이두, 베이더우)/COMPASS(컴파스) 중국, IRNSS 인도
(5) 장점: 비전문가도 측량 가능, 일관된 위치 정확도, 빠른 위치 측량 결과 도출, 매우 빠른 측설(stake out) 가능, 1인 측량 가능
단점: 하늘이 가려지는 곳은 측량 불가능, 수신기를 설치 가능한 접근 가능지역만 측량 가능, 수직 정확도 낮음
(6) 비측량용 GPS: 일반 10m내외, 오차 보정 후 3~5m, 측량용 GPS: 일반 cm~m 단위, 오차 보정 후 mm~cm 단위
(7) 우주 부문(space segment), 관제 부문(ground segment), 그리고 사용자 부문(user segment)의 3가지 부문으로 구성
- 우주 부문(Space segment) - 위성 개발, 제조, 발사를 담당하는 부문
- 관제 부문(Ground segment) - 시스템을 모니터링 및 제어, GPS 시간을 결정, 각 위성의 위성 궤도를 예측하여 항법 메시지를 갱신한다.
- 사용자 부문(User segment) - 스마트폰, 내비게이션, 각종 군용 장비, 측량 장비 등 GPS 수신기 부문

(8) 기준점 역할을 하는 위성이 우주에만 존재하기 때문인데, 만약 지하에도 기준점이 있다면 수직 정확도 또한 높아질 수 있을 것이다

CHAPTER

# 02 좌표계 및 시간

가. 지구 형상 표현의 3총사

나. 좌표계의 3총사

다. 좌표 변환 (3차원직각좌표↔경위도 좌표)

라. 좌표 변환 (타원체고↔정표고)

마. 좌표 변환 (경위도 좌표↔TM 지도좌표)

바. 시간

사. 개념 정립 문제

CHAPTER

# 02 좌표계 및 시간

## 가. 지구 형상 표현의 3총사

GPS 측량의 결과인 3차원 좌표값(경위도로만 알고 있으면 당신은 초급자!)을 제대로 이해하기 위해서는 지구의 형상을 표현하는 방법에 대한 이해가 필요하다.

첫 번째는 그림 2-1에서 보이는 **지표면**(Topographic Surface)이다. 산과 바다의 해저면과 같이 우리가 눈으로 보고 있는 물리적인 지구의 표면을 지칭한다. 지표면은 실제 측량이 실시되는 곳으로서 너무 불규칙하고 복잡하다. 형상이 복잡하여 수학적으로 표현하기가 불가능하여 기준면으로 사용하기 곤란하다.

두 번째는 **지구 타원체**(Ellipsoid Surface)로서 지구의 크기와 모양에 가장 가까운 3차원 타원체를 말한다. **지구는 자전축을 중심으로 회전하는 타원체의 형상**에 가장 가까우므로, 3차원 타원체를 사용하여 지구를 나타내는 것이다. 즉, 타원체 중에 방향과 크기를 지구에 맞춘 것으로 '지구' 타원체라는 이름을 붙이게 되었다. 지구 질량중심에 타원체의 중심을 일치시키고 지구 자전축(북극쪽) 방향에 타원체의 단축 방향을 일치시킨 후 장축과 단축을 지구의 크기에 가장 가깝도록 설정하게 된다. 이렇게 되면 매끈한 **타원체 곡면의 간단한 수식으로서 지구의 형상을 묘사**할 수가 있게 되며, **형상이 일정하므로 평면 위치(예, 경도, 위도)의 기준으로 사용**할 수가 있게 된다.

세 번째는 **지오이드**(Geoid Surface)이다. 평균 해수면에 가장 가까운 **등 포텐셜 면(중력값이 일정한 면)**으로 정의된다. 왜 지오이드면이 필요하게 되었는지에 대해 이해할 필요가 있다. 그림 2-2에서 A, B점을 두고 보았을 때 지구타원체를 기준으로 높이를 정하면 $h_A > h_B$로서 A점의 높이가 높다. 그러나 높이라는 것이 무엇인가? 물이 높은 곳에서 낮은 곳으로 흐르는 것과 같이 중력에 따라 높이는 결정되어야 하는 것이다. 즉, 해당 예에서 B점에 있던 물이 A점으로 흘러버리는 경우가 발생할 수 있다. 왜냐하면 A점의 지하에 무엇인가 무거운 물질이 묻혀있을 수도 있기 때문이다. 이와 같은 경우에는 B점의 높이가 A점보다 높아야 한다. 따라서 해당 지점에서 중력을 측정하여 중력값이 동일한 면을 만들면, 그림에서 보이는 점선으로 된 지오이드면을 만들 수 있게 되고 이를 기준으로 하여 높이를 정하면 $H_A < H_B$가 된다. 즉, 지오이드는 지하물질의 밀도에 따라서 생기는 굴곡으로서, **밀도가 크면 위로 볼록, 밀도가 작으면 밑으로 푹 꺼지게** 된다. 또한 **고저측량의 기준으로서 위치에너지가 0인 표면**을 말한다. 다른 말로 중력방향에 수직인 평균해수면을 육지까지 연장했을 때 생기는 가상적인 곡면을 지칭한다.

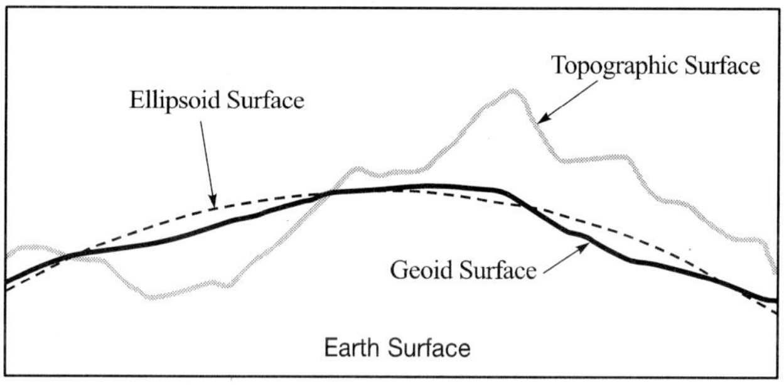


그림 2-1. 지구 형상 표현의 3총사 (지표면, 지구타원체, 지오이드)

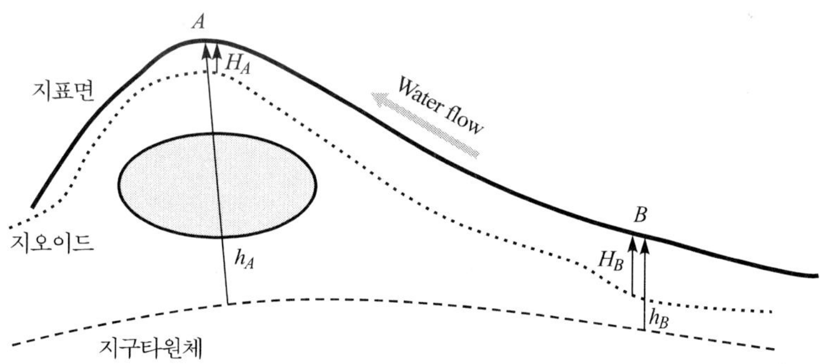


그림 2-2. 지오이드가 필요한 이유

물은 중력에 의해 형상을 바꿀 수 있으므로 만약 해수면이 상승하여 지표면을 모두 덮는다고 가정한다면 지구 내부의 불균질한 질량분포로 인해 그림 2-3과 같이 불규칙한 형상을 보일 것이며, 이러한 형상이 곧 등포텐셜면 (중력값이 일정한 면)이라고 이해하면 된다.

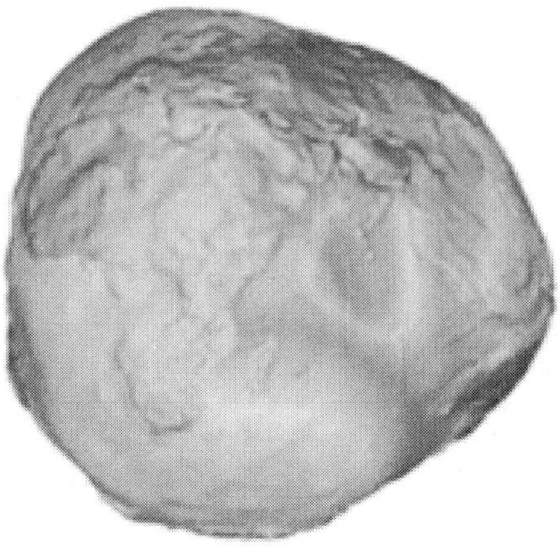

그림 2-3. 전 세계 지오이드의 모양 (과장하여 표현)

지구 타원체는 아주 많이 사용하는 개념이고 중요하기 때문에 조금 더 이해를 해보도록 하자. 앞서 설명한 것과 같이 타원체는 지구의 모양과 가장 가까운 형태로 적도쪽이 부푼 회전 타원체이다. 타원체를 정의하기 위해서는 2개의 파라미터가 필요한데, 장반경 a와 단반경 b이다. 이로부터 타원체의 형상, 즉, 얼마나 찌그러져 있는지를 나타내는 편평도 f와 이심율 e를 계산할 수 있다.

$$f = \frac{a-b}{a}, \quad e^2 = 2f - f^2 \tag{2-1}$$

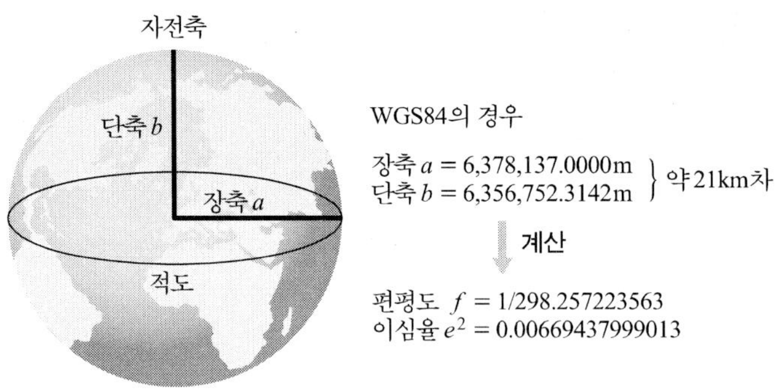


그림 2-4. 지구 타원체 파라미터

그림 2-5와 같이 현재까지 국가나 지역별로 다양한 타원체를 만들어 사용해왔으며, 이 중 우리 나라의 경우 **과거에 사용하던 타원체는** Bessel1841이며 **현재 사용하고 있는 타원체는** GRS80이다. **GPS시스템에서 공식적으로 사용하는 타원체는** WGS84이므로 이 세 타원체 정도는 이름을 알아두도록 하자. 그림에서는 보다시피 일반적으로 지구 타원체의 크기 및 형태를 제시할 때는 장반경 a와 편평도의 역수인 1/f를 제시하는 경우가 많다.

Selected Reference Ellipsoids

| Ellipse | Semi-Major Axis (meter) | 1/Flattening |
|---|---|---|
| Airy 1830 | 6377563.396 | 299.3249646 |
| Bessel 1841 | 6377397.155 | 299.1528128 |
| Clarke 1866 | 6378206.4 | 294.9786982 |
| Clarke 1880 | 6378249.145 | 293.465 |
| Everest 1830 | 6377276.345 | 300.8017 |
| Rischer 1960 (Mercury) | 6378166.0 | 298.3 |
| Rischer 1968 | 6378150.0 | 298.3 |
| G R S 1967 | 6378160.0 | 298.247167427 |
| G R S 1975 | 6378140.0 | 298.257 |
| G R S 1980 | 6378137.0 | 298.257222101 |
| Hough 1956 | 6378270.0 | 297.0 |
| International | 6378388.0 | 297.0 |
| Krassovsky 1940 | 6378245.0 | 298.3 |
| South American 1969 | 6378160.0 | 298.25 |
| WGS 60 | 6378165.0 | 298.3 |
| WGS 66 | 6378145.0 | 298.25 |
| WGS 72 | 6378135.0 | 298.26 |
| WGS 84 | 6378137.0 | 298.257223563 |

그림 2-5. 지구 타원체의 종류

GRS80(Geodetic Reference System 1980)는 IAG(세계 측지 협회, International Association of Geodesy)와 IUGG(세계 측지 및 지구물리 연합, International Union of Geodesy and Geophysics)에서 정의한 시스템이다. **WGS84(World Geodetic System 1984)는** 미국에 의해 1987년 초기에 만들어진 것으로서 GPS의 부모격인 트랜싯(TRANSIT) 기준국 좌표를 이용하여 구현되었다. 이후 WGS84는 GPS 관측 자료를 사용하여 개선되었으며, 현재는 NGA(미 국방부 지리정보국, National Geospatial Intelligence Agency)가 운영하는 정밀 GPS 궤도계산에 사용되는 GPS 제어국의 좌표에 의해 구현되고 있다. **현재 WGS84와 GRS80 타원체 상수는 표 2-1과 같이 실질적으로 거의 차이가 없다.**

표 2-1. WGS84와 GRS80 지구타원체 상수

| 지구 타원체 상수 | WGS84 | GRS80 |
|---|---|---|
| 장축 a | 6378137.0 m | 6378137.0 m |
| 단축 b | 6356752.3142450 m | 6356752.314140 m |
| 편평도의 역수 1/f | 298.257223563 | 298.257222100882711 |

## 나. 좌표계의 3총사

공간상에서 한 점의 위치를 표현하기 위해선 좌표계를 먼저 정의해야 한다. 구 또는 타원체 모양인 지구상의 한 점 위치를 나타내기 위해 사용되는 좌표계는 크게 아래의 3가지 방법이 있다.

- 3차원 직각 좌표계
  (Cartesian coordinate system): X/Y/Z
- 경위도 좌표계
  (Geographic coordinate system): $\lambda$, $\phi$
- 지도 좌표계
  (Local horizontal coordinate system)
  East/North/Up

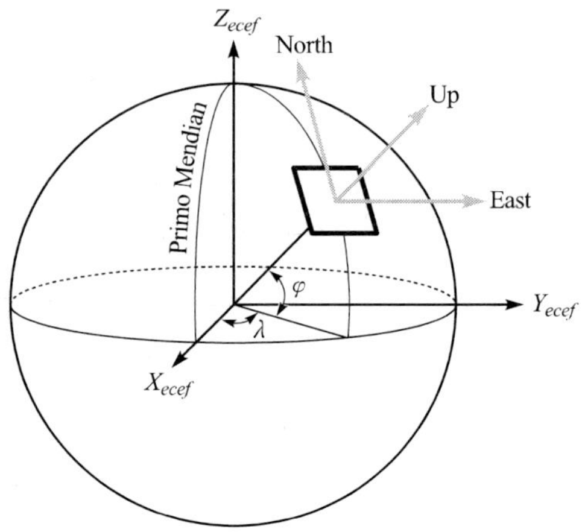

그림 2-6. 좌표계의 종류

### 3차원 직각 좌표계(Cartesian coordinate system)

먼저 3차원 직각 좌표계를 살펴보면, 좌표계의 중심(원점)을 지구의 질량중심에 위치시킨다. X축을 적도면내에서 영국 그리니치 천문대가 통과하는 자오선방향으로 설정하고, Z축을 X축에 수직되고 지구의 자전축과 일치하도록 설정한 다음, Y축의 경우 X축/Z축이 만드는 평면에 수직되게 설정하게 된다. 이렇게 설정한 좌표계를 지구 중심 및 방향을 고정시켰다는 의미로 **ECEF(Earth Centered, Earth Fixed)**라는 용어를 종종 사용한다. 우리나라의 경우 영국을 기준으로 지구 반대편 북반구에 위치하므로 (X, Y, Z) = (−3036746.73m, 4021487.69m, 3897157.50m)와 같이 X값이 음(−)의 값을 가지게 되고, 북반구에 위치하므로 Z는 양(+)의 값을 갖는다. Y또한 양(+)의 값을 갖는다.

3차원 직각 좌표계는 **ITRS(International Terrestrial Reference System)**이며 IERS(International Earth Rotation and Reference Systems Service, 국제 지구자전 및 좌표계 서비스 관련 국제기관)에서 정의하였다. ITRF 좌표계를 정의하기 위한 타원체 형상은 **GRS80**을 사용한다. ITRS는 3차원 직각 좌표체계에 대한 좌표축의 원점(0,0,0), X, Y, Z축의 방향, 그리고 축척(scale)을 정의한다. 즉, ITRS는 3차원 좌표체계만을 정의해 놓은 것을 말한다. 하지만 좌표체계를 정의해 놓은 자체로는 실제 측량에 이용할 수 없다. 왜냐하면 좌표 원점이나 축의 방향 등은 실제 접근해서 눈으로 확인할 수 없기 때문이다. 따라서 실제 측량을 위해서는 눈으로 확인 가능하며 접근도 가능한 점(point)들이 필요한데 이를 ITRF(International Terrestrial Reference Frame)이라 한다. 다시 말하면 ITRF는 전 세계에 특정한 점들에 대해 GPS 측량 등을 통해 ITRS를 기준으로 한 좌표값을 계산해 놓은 점들의 집합을 의미한다.

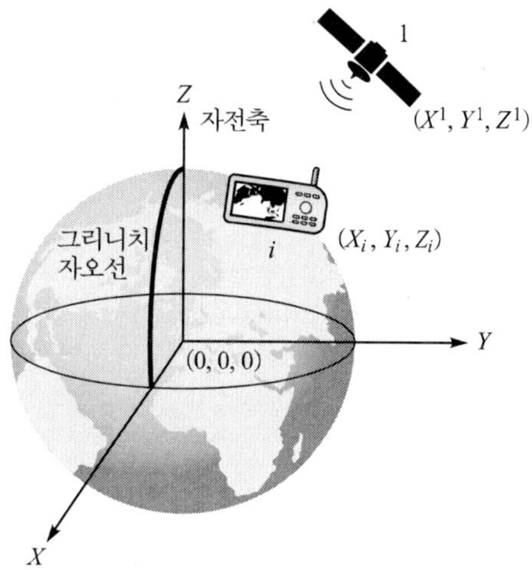

그림 2-7. 지구중심 3차원 직각좌표계(ECEF)

표 2-2. 3차원 직각 좌표계 명칭인 ITRF와 WGS84

| 3차원 좌표계 명칭 | ITRF<br>ITRF2014 (2016년 1월22일) | WGS84<br>WGS84(G1762) |
|---|---|---|
| 사용하는 타원체 명칭 | GRS80 | WGS84 |

그렇다면 GPS에서 좌표체계로 정의한 WGS84와 ITRS 혹은 ITRF와는 어떤 관계가 있는 것일까? 먼저 ITRS 혹은 ITRF는 국제기구에서 만든 것이고 WGS84는 GPS를 만든 미국에서 정의해 놓았다는 점에서 차이가 있으며 따라서 앞에서 언급하였듯이 꾸준한 업데이트를 통해 현재는 ITRS와 거의 동일하다고 보아도 무방하다. 만약 WGS84 기반으로 특정한 시각에 GPS 위성의 좌표값을 계산해 놓았다면 이는 ITRF에 대응되는 관계로 볼 수 있다.

WGS84 시스템에 대해 조금 더 알아보자. NGA(미 국방부 지리정보국)는 현재 전 세계적으로 분포되어 있는 5개의 미 공군 GPS 제어국(일종의 수신소)과 7개의 NGA 제어국을 이용하고 있으며, 이 제어국들의 좌표는 공간상에서의 절대위치 ±5 cm의 정확도 가지는 것으로 알려져 있다.

지구 내부 질량 분포의 변화, 지각 운동 등으로 인해 지구상의 좌표는 변화하게 되므로, NGA GPS 기준국의 좌표 또한 1994년과 1997년 두 번 개정되었으며, 개정된 좌표는 **WGS 84 (G730 or 1994), WGS 84 (G873 or 1997)**로 이름을 붙였다. 여기서 **G는 GPS** 기술로 얻어진 것을 의미하고 숫자는 **GPS 주수** (week number)를 가리킨다(이후 GPS의 시간에 대해 배울 때 설명 예정). WGS84 시스템을 갱신하면 변화량이 주로 30cm보다 작으며, 따라서 스마트폰의 위치기반 서비스, 내비게이션, 중, 저축척의 지도 제작, 항해도 제작, 그리고 무기제작과 같이 cm급 정밀도가 필요하지 않은 응용분야에서는 기준계가 바뀌었다고 큰 문제가 발생하지 않는다. 다시 말해 WGS84를 개선하여 정확도가 좋아지고 있으나 개선의 정도는 대부분의 응용분야에서는 무시할 정도로 작으며, 결론적으로 WGS84의 개선은 높은 정확도를 요구하는 사용자에게만 그 의미가 있다. 예를 들어 그림 2-8과 같이 2005년에는 WGS84(G1674)가 발표되었으며, 그 전 버전인 2001년의 G1150에 비해 1cm이하의 변화를 보인다. 참고로 T는 좌표계 이동량이며 cm급인 것을 볼 수 있고, R은 좌표계 회전각이다. 현재 가장 최신 버전은 WGS84(G1762)이다. 3차원 직각 좌표계의 쌍두마차 ITRF와 WGS84의 차이는 얼마나 될까? **WGS84(G1674)는 ITRF2008과 약 10cm내의 차이를 보인다**[4].

| From | To | Epoch | T1<br>m | T2<br>m | T3<br>m | D<br>ppb | R1<br>mas | R2<br>mas | R3<br>mas | Accuracy<br>m |
|---|---|---|---|---|---|---|---|---|---|---|
| WGS84 (G1150) | WGS84 (G1674) | 2001.0 | -0.0047 | +0.0119 | +0.0156 | +4.72 | +0.52 | +0.01 | +0.19 | 0.0059 |

그림 2-8. WGS84 G1674과 G1150의 차이

### 경위도 좌표계(Geographic coordinate system)

**경위도 좌표계의 경우 영국 그리니치 천문대의 자오선(본초자오선)을 기준인 0°로 하고, 어떤 지점을 지나고 있는 자오선까지의 각거리를 경도(λ)**로 나타낸다. 동서방향으로 180°로 표시하는데, **우리나라의 경우 대략 동쪽 방향으로 125°~129°범위**이다. 위도($\phi$)의 경우 기준타원체상에 세운 법선이 적도면과 이루는 각을 말하며, 적도를 0°로 하고 남극을 90°S(남위 90°), 북극을 90°N(북위 90°)로 나타낸다.

4) https://confluence.qps.nl/pages/viewpage.action?pageId=29855173

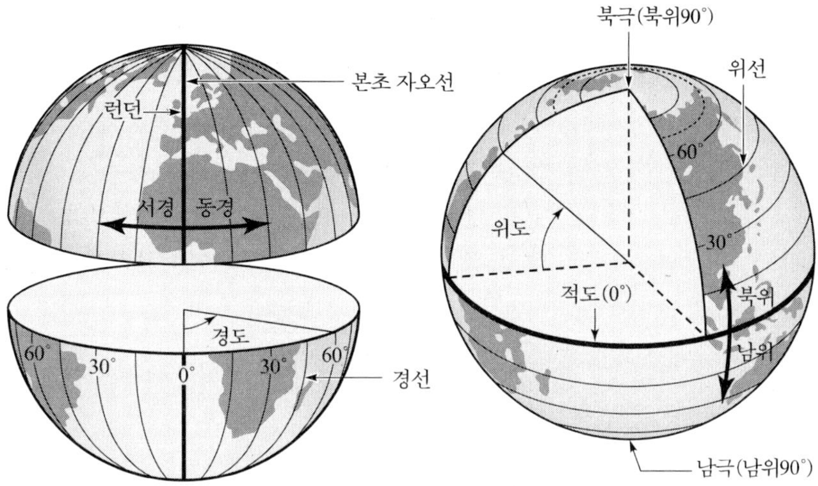


그림 2-9. 경위도 좌표계의 정의

그런데 지구가 완전한 구형이 아니라 아래위로 눌려진 타원체(농구공 위에 앉았다고 생각해보라)이기 때문에 여러 종류의 위도가 존재하게 되며, 그 중 그림 2-10과 같이 측지위도, 지심위도의 차이는 알아두어야 한다. **측지 위도**(geodetic latitude)의 경우 타원체면에 수직인 법선을 만들 때 법선이 타원체의 중심을 통과하지 않게 되며 적도면과 이루는 각을 말한다. **지심위도**(geocentric latitude)의 경우 타원체면에 수직인 것을 포기하고 타원체 중심으로부터 해당 위치까지의 선(타원체면에 법선이 아니게 됨)을 그을 경우 적도면과 이루는 각을 말한다. 참고로, **경도의 경우에는 지구를 타원체로 생각하든지 구로 생각하든지 동일한 값**을 갖는다. 참고로 지구를 적도방향에서 보면 타원 모양으로 보이지만, 북극 위에서 내려다보면 원으로 보이므로 왜 경도는 동일한 값을 갖는지 잘 생각해보라.

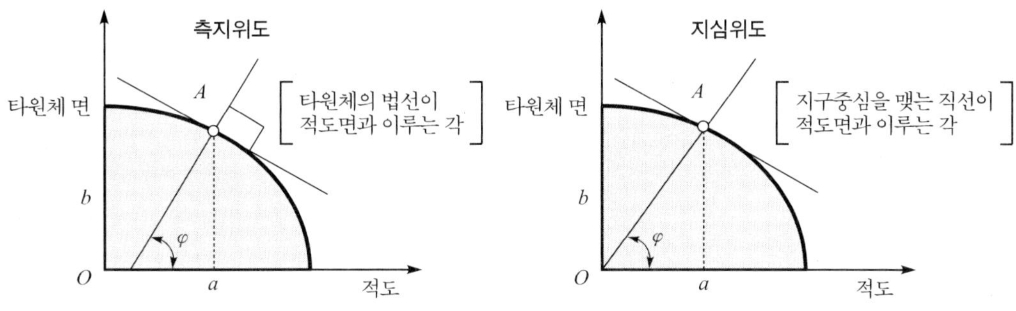


그림 2-10. 측지위도 vs. 지심위도

## 지도 좌표계(Local horizontal coordinate system)

우리는 종이나 컴퓨터 모니터 등에 나타난 평면에 그려져 있는 지도에 익숙해 있다. 또한 단위는 경위도의 도/분/초 보다는 미터(m)가 사용하기에도 훨씬 편리하다.

이를 위해 지도 좌표계를 만들게 되는데 이는 타원체(곡면)상의 위치를 평면으로 투영하여 만든 좌표계이다. **남북을 N축(또는 X), 동서를 E축(또는 Y)로 나타내는 격자(Grid)시스템**이다. 여기서 왜 북쪽을 Y라 하지 않고 X라고 했냐고 하면, **방위각을 북쪽을 기준으로 시계방향**으로 재기 때문에, 기준이 되는 축을 X라고 두었기 때문이다. 우리가 고등학교 때 배운 회전각을 기억해보면 가로축을 X축으로 두고 시계반대방향(양의 Y축방향)으로 각도를 재었던 것을 기억해보라. 그러나 경우에 따라 동서방향을 X로 남북방향을 Y로 두는 경우도 있으므로 좌표를 읽을 때는 X, Y가 가리키는 방향을 잘 숙지한 후 좌표값을 활용해야 한다.

3차원인 실제 지형을 적절한 축척의 2차원 평면지도로 바꾸는 것, 다른 말로 곡면인 지구표면을 평면상으로 변환하는 방법은 투명한 지구본 안에 광원을 두고서 지구본 곁에 위치시킨 종이에 비춰진 그림자를 지도로 생각하면 된다.

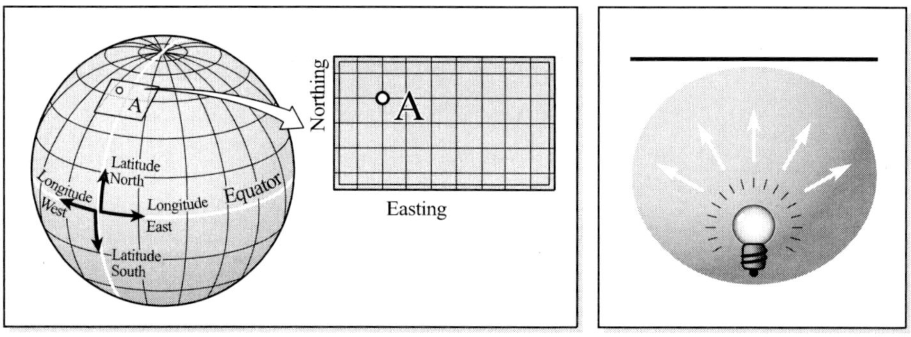


그림 2-11. 지도 투영

그런데 사실 곡면인 지구표면을 평면상으로 변환하는 것은 그림 2-12의 귤껍질을 평면에 완벽하게 펼치고자 하는 것과 같이 불가능하다. 그래서 어느 정도의 오차를 가질 수밖에 없는 데, 이를 최소화 하고자 여러 가지 투영법이 존재하게 된다. 원통도법은 비춰질 종이를 원통 형태로 말아서 지구본에 갖다 댄 모양으로 생각하면 되고, 방위도법은 종이를 평면그대로 갖다 대는 모양, 원추도법은 종이를 고깔형태로 말아서 갖다 댄 개념으로 생각하면 된다.

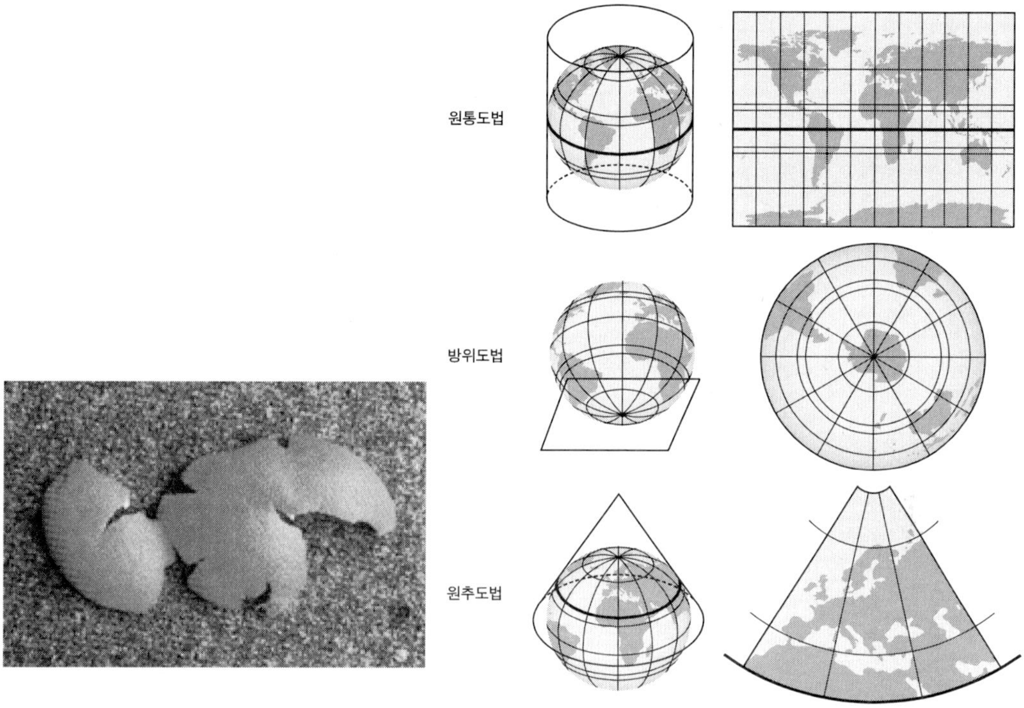


그림 2-12. 여러 가지 지도 투영법

이 중 우리나라에서 채택하여 사용하는 방식은 TM(Transverse Mercator)라 불리는 원통도법인데, 원통을 90도 회전시켜 중앙자오선이 원기둥면에 접하도록 한 후 투영하는 방식이다. 즉, 자오선에 직각으로 원통을 씌우고 그 원통에 지표면을 투영하여 이를 평면으로 펼친 투영법이다. 자오선을 따라서는 투영왜곡이 없고 자오선에서 멀어질수록 왜곡이 커지는 특성을 보이는데, 동서가 좁고 남북이 긴 지역에 적합하여 **우리나라의 국가기본도 등의 대·중축척 지형도에 사용**되고 있다.

그러나 그림 2-13에서와 같이 지구타원체와 원통이 맞닿아 있는 부분은 투영 왜곡이 전혀 없는 반면, 멀어질수록 투영오차가 커지게 되며 따라서 우리나라와 같이 남북이 길다 하더라도 동서의 폭이 어느 정도 존재하기 때문에, 4개의 자오선을 선택하여 각각 투영하여 투영오차를 줄인다. 즉 지역에 따라 경도 **125도(서부)**, **127도(중부)**, **129도(동부)**, **131도(동해)**로 나누어 각각 사용하게 되는데, **서울이나 대전, 광주 등은 중부원점**을, **부산이나 대구 등은 동부 원점**을, 울릉도 등은 동해 원점을 사용한다.

또한 **북위 38도** 선을 투영의 기준으로 삼기 때문에, 북위 38도 보다 남쪽에 위치하고 투영에 사용된 경도보다 서쪽에 위치하는 지역의 경우 음(–)의 좌표값이 나오게 되므로 이를 방지하기 위해 **동서 방향으로** +200,000m, **남북 방향으로** +600,000m를 더하여 지도좌표계의 원점을 제주도보다 남쪽으로 옮겨 활용하게 된다.

과거 2010년 이전에는 동서 방향으로 +200,000m, 남북 방향으로 +500,000m을 더하여 사용하여 제주도의 경우 좌표값이 음의 값을 가지게 되었고, 따라서 제주도만 특별히 남북 방향으로 +550,000m을 더해주기도 하였다.

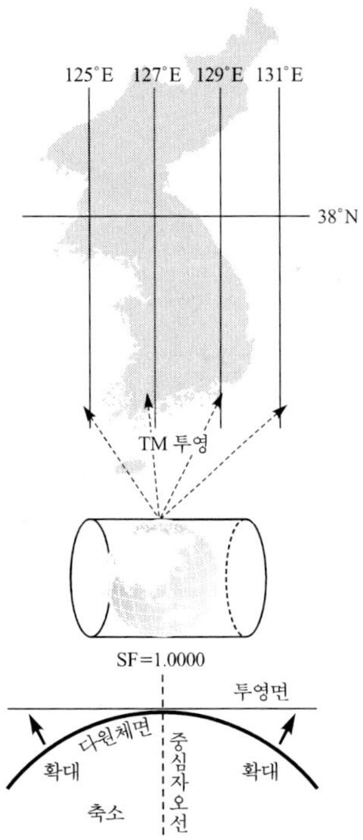


그림 2-13. TM투영법
(자오선에서 멀어질수록
오차가 증가)

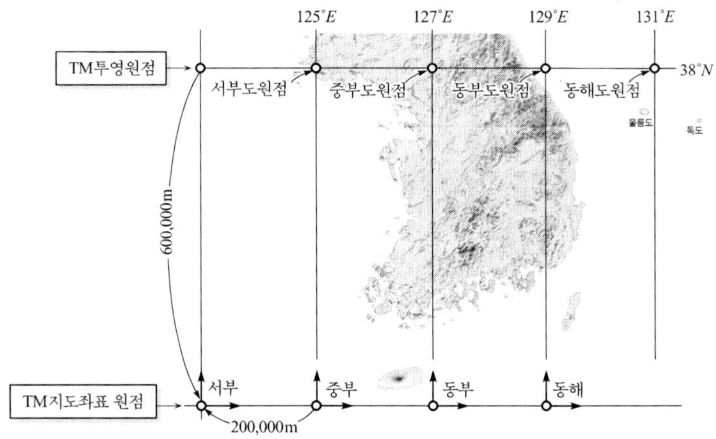


그림 2-14. 우리나라에서 사용하는 4개의 TM투영원점 및
TM지도좌표계원점

우리나라의 인터넷 지도나 우리나라의 수치지도 등은 대부분 TM 좌표계로 되어 있으므로 해당 좌표계를 이해하는 것이 아주 중요하다. 즉, 표 2-3과 같은 파라미터에 대한 이해를 하는 것이 중요하다. 중요하므로 의미를 잘 이해해두자.

표 2-3. TM 지도 좌표 투영 파라미터

| 필요한 파라미터 | 심볼 설명 | 예 |
|---|---|---|
| 타원체 정보 | $a$: 장축 길이<br>$f$: 편평도 | WGS84의 경우<br>a=6378137<br>f=1/298.257223563 |
| 투영 원점 | $\phi_0$: 투영 위도<br>$\lambda_0$: 투영 경도 | 중부 원점의 경우<br>$\phi_0 = 38°$<br>$\lambda_0 = 127°$ |
| 좌표 원점 이동량 | $X_0$: 북쪽으로의 이동량(False Northing)<br>$Y_0$: 동서방향 이동량(False Easting) | 2010년 이후부터는,<br>$X_0 = 600,000m$<br>$Y_0 = 200,000m$ |
| 축척 계수 | $k_0$: 투영 원점인 경도에서의 투영의 축척 | 우리나라 TM투영의 경우<br>$k_0 = 1$ |

## EPSG 코드

EPSG 코드[5]는 세계에서 사용하고 있는 대부분의 좌표계를 보다 편리하게 찾고 사용하기 위해 정해놓은 코드로서 이 코드를 이용하면 해당 좌표계 및 정보를 보다 쉽게 찾을 수 있다. 표 2-4는 우리나라에서 사용되는 좌표계에 대한 EPSG코드를 정리해놓은 것이다.

표 2-4. 우리나라에서 사용 중인 좌표계의 EPSG코드

| 좌표계 종류 | 설명 | EPSG 코드 |
|---|---|---|
| 경위도 좌표 | GRS80 타원체 | 4737 |
| | Bessel 타원체 | 4162 |
| | WGS84 타원체 | 4166 |
| TM 지도좌표계 2000년 이후 | TM 서부 2010 이후 | 5185 |
| | TM 중부 2010 이후 | 5186 |
| | TM 동부 2010 이후 | 5187 |
| | TM 동해 2010 이후 | 5188 |
| | TM 서부 | 5180 |
| | TM 중부 | 5181 |
| | TM 중부 제주 | 5182 |
| | TM 동부 | 5183 |
| | TM 동해 | 5184 |
| UTM 지도좌표계 | UTM 52N | 32652 |

5) IOGP (International Association of Oil and Gas Producers): http://www.epsg.org/EPSGhome.aspx

## 다. 좌표 변환 (3차원직각좌표↔경위도 좌표)

GPS에서 모든 좌표의 계산은 3차원 직각 좌표계로 이루어진다. 위성의 실제 좌표를 예로 들어보면 (X,Y,Z)=(5428234.24m, 25825821.98m, 5010101.51m)와 같이 제공된다. 이와 같은 값을 우리가 인지하기 쉽고 활용하기 쉬운 경위도 좌표계 또는 지도 좌표계로 변환시켜야 한다. 따라서 먼저 3차원 직각좌표와 경위도 좌표간의 변환에 대해서 알아본다. 이 변환을 통해 **타원체의 특징에 대해 이해할 수 있기 때문에 변환을 한번 해보는 것이 좋다.**

### 경위도 좌표 ➡ 3차원 직각좌표

이 변환은 식 자체가 어렵지 않으므로 식을 보면서 계산기나 마이크로 소프트 엑셀 등을 이용하여 한번 해보길 바란다. 측지학적 경위도를 3차원 직각 좌표(ECEF)로 변환하는 것은 아래 식에 의해 간단히 이루어질 수 있다.

$$
\begin{aligned}
X &= (N+h)\cos\phi\cos\lambda \\
Y &= (N+h)\cos\phi\sin\lambda \\
Z &= (N(1-e^2)+h)\sin\phi
\end{aligned}
\tag{2-2}
$$

₩여기서, $\phi, \lambda, h$는 측지학적 위도, 경도, 타원체고이며, $X, Y, Z$는 3차원 직각좌표계 값이다. $N$은 모유선 곡률반경(radius of curvature in the prime vertical), $e^2$ 은 타원체 이심율, $a, b$는 타원체 장반경, 단반경 길이, 그리고 $f$는 편평도이다.

그리고,

$$
N = \frac{a}{\sqrt{1-e^2\sin^2\phi}}, \; e^2 = 2f - f^2, \; f = \frac{a-b}{a}
$$

여기서 필요한 측지용어인 **모유선 곡률반경** N을 잠깐 살펴보자. 그림 2-15의 지구에서 동일한 경도를 갖는 선인 자오선(Meridian)이 있을 경우 이에 대해 수직방향으로 칼을 갖다 대어 지구를 자른다고 생각해보자(수박 자르듯이). 이 때 해당 잘린 표면(곡면)의 곡률 반경이 존재할 것이며 그 반지름이 모유선 곡률반경인 $N$이다.

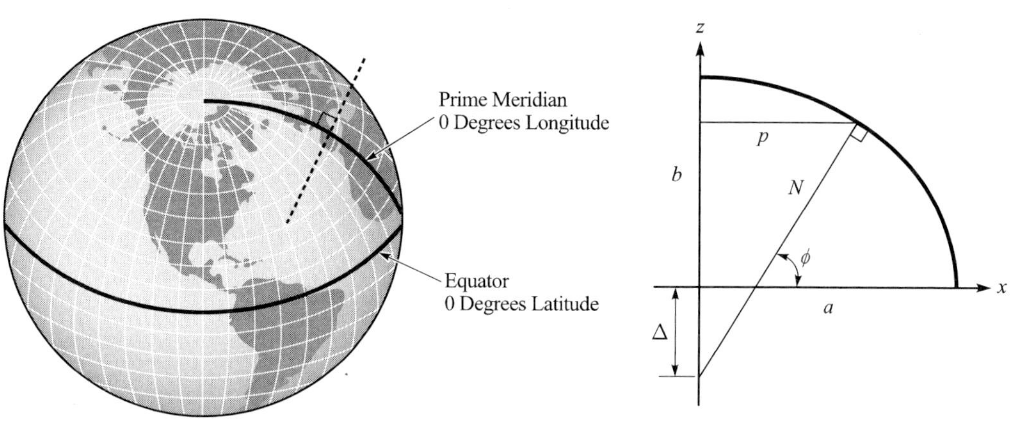


그림 2-15. 모유선의 개념

다시 좌표변환으로 돌아와서, Clark1866 타원체의 경우 위도 35도, 경도 127도, 타원체고 0m (타원체 표면)를 3차원 직각 좌표계를 계산해보면 (X,Y,Z)=(−3147822.247m, 4177301.212m, 3637679.000m)이 되며, WGS84 타원체를 사용하게 되면 (X,Y,Z)=(−3147749.450m, 4177204.607m, 3637866.909m)로 계산된다. 즉, 같은 경위도값을 갖더라도 3차원 직각 좌표계로 바꾸어보면, 좌표값의 차이가 (dX,dY,dZ) =(−72.797m, 96.605m, −187.909m)와 같이 큰 차이를 보이게 됨을 알 수 있다. 그림 2-16과 같이 **다른 두 타원체 상에서 같은 경위도를 갖는 지점은 실제로는 다른 3차원 위치**를 갖고 있음을 알 수 있다. 한번 계산해보길 바란다.

마찬가지로 **동일한 3차원 직각좌표를 갖는 지점을 경위도 좌표로 변환할 경우에 다른 타원체 정보를 이용할 경우 다른 경위도 좌표를 갖게 됨**을 이해하도록 하자.

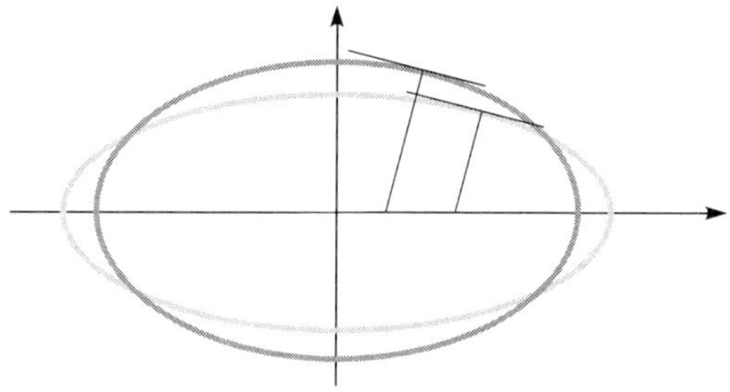

그림 2-16. 타원체가 다를 경우 동일한 경위도가 다른 위치를 가리킴

### 3차원직각좌표 ➡ 경위도 좌표

경위도 좌표를 3차원 직각 좌표로 변환하는 것은 조금 더 복잡하다. 따라서 부록에 정밀식과 간략식을 설명해두었으므로 도전해보길 바란다.

부담된다면 좌표변환을 지원해주는 인터넷 사이트 등이 많이 있으므로 찾아보면 된다. 예를 들어, 구글 등에서 "ECEF geodetic conversion"등과 같은 검색어를 입력하여 찾아보면, 그림 2-17과 같은 사이트도 있으므로 사이트6)에서 변환을 수행할 수가 있다.

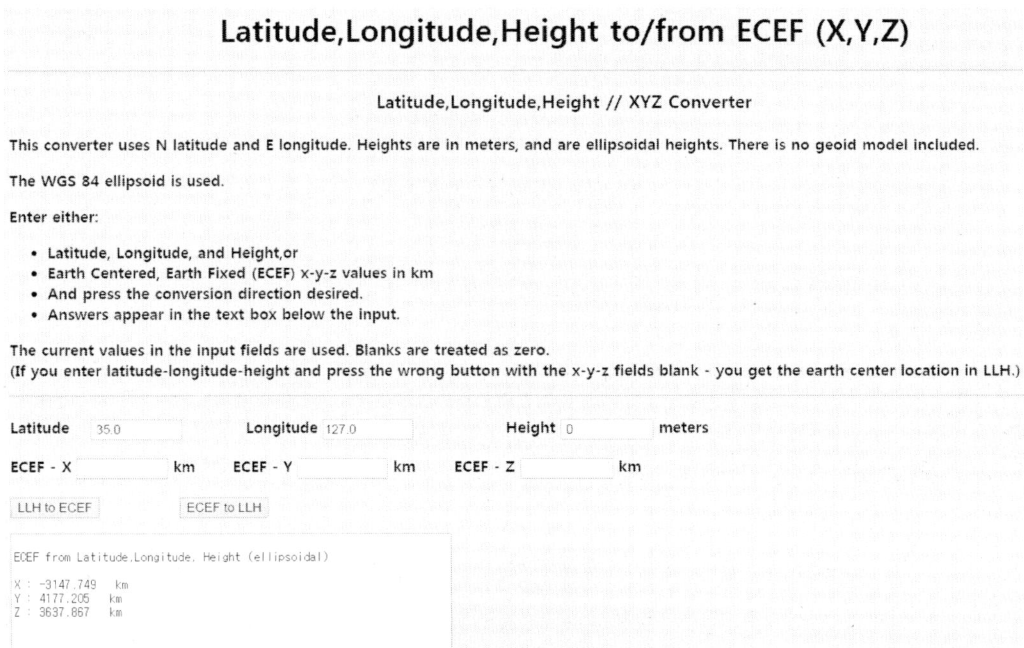


그림 2-17. ECEF와 경위도 좌표변환 사이트

또는 영국 Ordnance Survey에서 좌표변환을 위한 MS엑셀 시트를 제공해주고 있는데, 이를 이용해도 된다. 구글 등에서 "Spreadsheet for coordinate calculations"의 검색어로 검색하여 해당 사이트7)에서 다운받을 수 있다.

영국 Ordnance Survey의 좌표변환 엑셀시트를 이용하여 WGS84 타원체 상의 (X,Y,Z)=(−3147749.450m, 4177204.607m, 3637866.909m) 좌표를 경위도로 계산해보자. 해당 엑셀

6) http://www.oc.nps.edu/oc2902w/coord/llhxyz.htm
7) https://www.ordnancesurvey.co.uk/business-and-government/help-and-support/navigation-technology/os-net/coordinate-spreadsheet.html

시트에서 “Constants”탭의 타원체 및 투영정보를 설정(WGS84 파라미터 이용)하고, “Enter coordinates here”탭의 Cartesian X,Y,Z에 좌표를 입력하면, “XYZ to lat, long, H”탭에서 결과 값을 확인할 수 있을 것이다. 계산하여 위도35도, 경도 127도, 타원체고 0이 나오면 제대로 계산한 것이 된다.

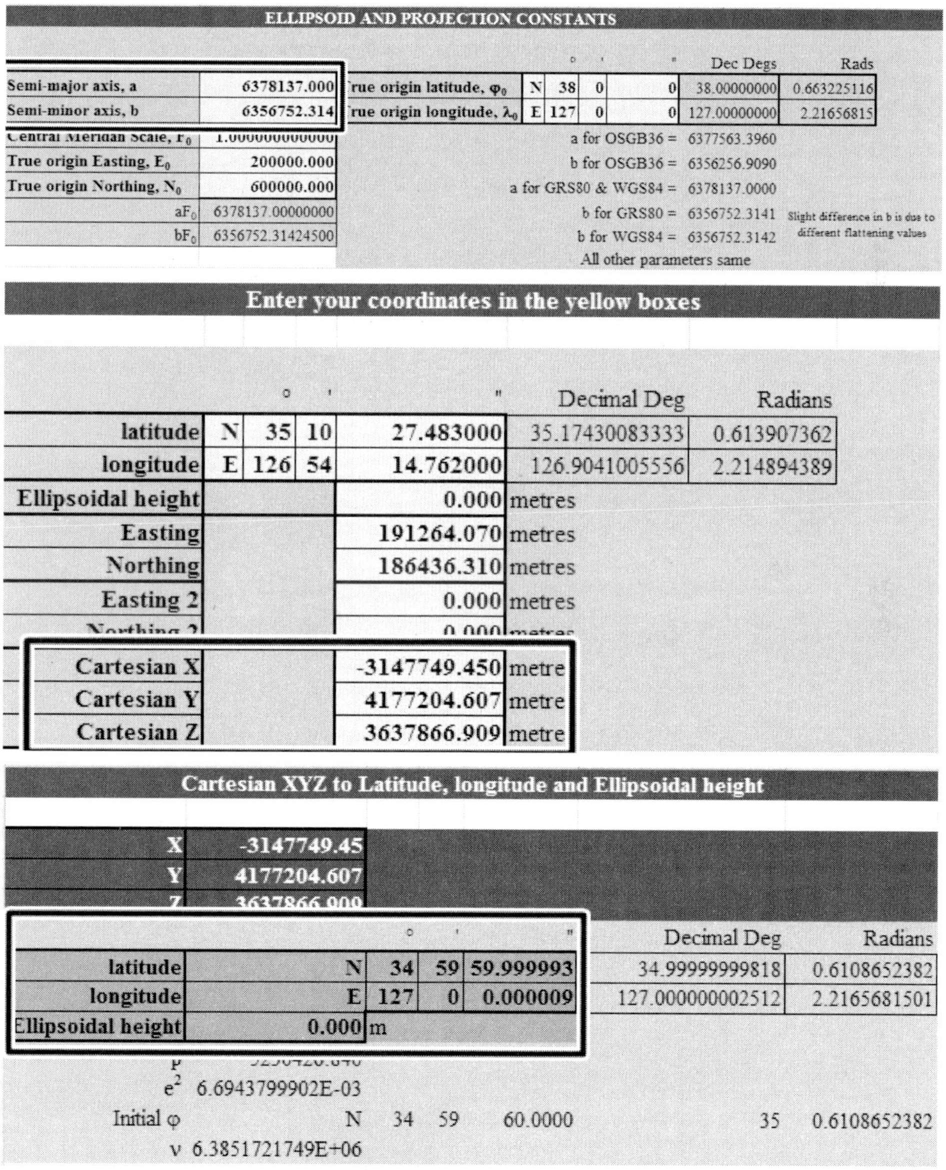


그림 2-18. 영국 Ordnance Survey 좌표변환 엑셀 시트

## 라. 좌표 변환 (타원체고↔정표고)

GPS 관측을 통해 계산되어 나오는 높이는 타원체고(Ellipsoidal height)이다. 즉, 앞서 설명한 매끈한 타원체면에서 수직방향으로 얼마나 떨어져 있는지를 나타내는 수치라고 보면 된다. 그러나 우리가 필요로 하는 것은 중력에 따른 물리적인 의미를 가지는 정표고(Orthometric height, 지오이드로부터의 높이)다. 따라서 지오이드 모델을 이용하여 타원체로부터 지오이드까지의 거리를 나타내는 지오이드고(Geoidal height)를 구하여 변환시켜주어야 한다.

$$H(\text{정표고}) = h(\text{타원체고}) - N(\text{지오이드고}) \tag{2-3}$$

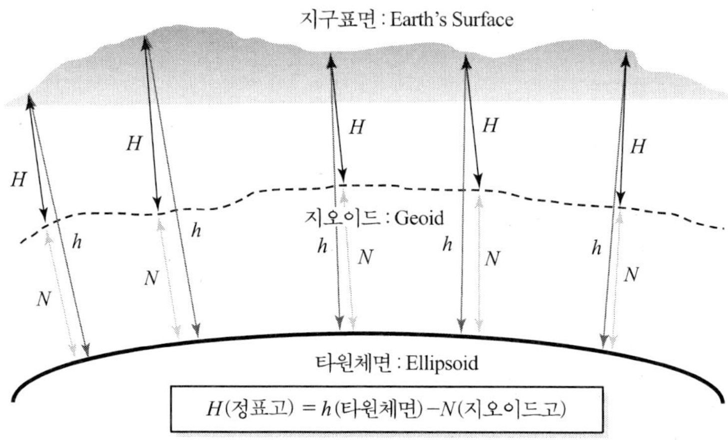


그림 2-19. 지오이드를 이용하여 타원체고를 정표고로의 변환

국토지리정보원에서는 우리나라를 대상으로 구축한 한국 지오이드모델 KNGeoid(현재 최신 버전은 KNGeoid18)를 활용하여 타원체고와 정표고간의 변환을 할 수 있는 프로그램[8]을 제공해주고 있으므로 이를 활용하면 된다. 우리나라가 아닌 경우에는 세계 지오이드 모델인 EGM(Earth Gravitational Model) 시리즈를 이용하면 되는데, 최신 버전은 EGM08이다.

8) 국토지리정보원 국토정보플랫폼 http://map.ngii.go.kr/ms/mesrInfo/geoidIntro.do

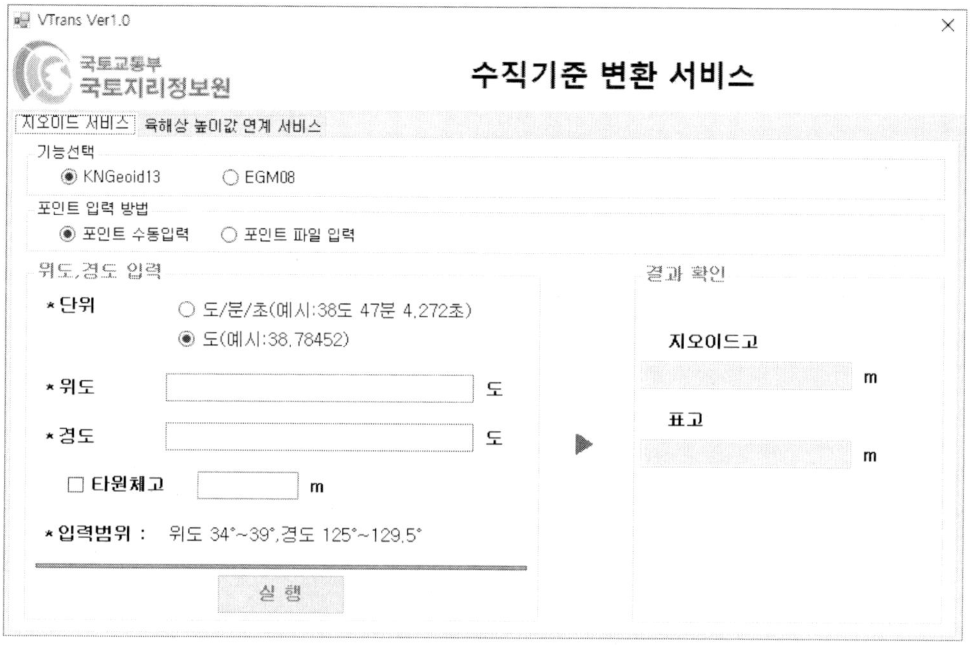


그림 2-20. 국토지리정보원 VTrans 수직기준점 변환

## 마. 좌표 변환 (경위도 좌표↔TM 지도좌표)

지도좌표계로의 변환은 상대적으로 복잡하므로, 인터넷이나 GIS 프로그램 등에서 제공해주는 프로그램이나 기능을 사용하는 것이 편리하다. 앞서 언급한 영국 Ordnance Survey에서 제공해주는 좌표변환을 MS엑셀 시트를 이용해도 된다. 하지만 이를 이용하기 위해서는 표 2-3에서 제시한 투영 파라미터를 충분히 이해해야한다는 것을 꼭 명심하자.

간략하게 설명하자면 해당 엑셀 시트에서 "Constants"탭의 타원체 및 투영정보를 설정하고, "Enter coordinates here"탭에 원하는 좌표를 입력하면, "lang, long to E,N"탭에서 결과 값을 확인할 수 있을 것이다.

**ELLIPSOID AND PROJECTION CONSTANTS**

| | | | | ° | ' | " | Dec Degs | Rads |
|---|---|---|---|---|---|---|---|---|
| Semi-major axis, a | 6378137.000 | True origin latitude, $\varphi_0$ | N | 38 | 0 | 0 | 38.00000000 | 0.663225116 |
| Semi-minor axis, b | 6356752.314 | True origin longitude, $\lambda_0$ | E | 127 | 0 | 0 | 127.00000000 | 2.21656815 |
| Central Meridan Scale, $F_0$ | 1.000000000000 | | | | | a for OSGB36 = | 6377563.3960 | |
| True origin Easting, $E_0$ | 200000.000 | | | | | b for OSGB36 = | 6356256.9090 | |
| True origin Northing, $N_0$ | 600000.000 | | | | | a for GRS80 & WGS84 = | 6378137.0000 | |
| $aF_0$ | 6378137.00000000 | | | | | b for GRS80 = | 6356752.3141 | Slight difference in b is due to |
| $bF_0$ | 6356752.31424500 | | | | | b for WGS84 = | 6356752.3142 | different flattening values |
| | | | | | | All other parameters same | | |

**Enter your coordinates in the yellow boxes**

| | | ° | ' | " | | Decimal Deg | Radians |
|---|---|---|---|---|---|---|---|
| latitude | N | 35 | 10 | 27.483000 | | 35.17430083333 | 0.613907362 |
| longitude | E | 126 | 54 | 14.762000 | | 126.9041005556 | 2.214894389 |
| Ellipsoidal height | | | | 0.000 | metres | | |
| Easting | | | | 191264.070 | metres | | |
| Northing | | | | 186436.310 | metres | | |
| Easting 2 | | | | 0.000 | metres | | |
| Northing 2 | | | | 0.000 | metres | | |
| Cartesian X | | | | -3147749.450 | metres | | |
| Cartesian Y | | | | 4177204.607 | metres | | |
| Cartesian Z | | | | 3637866.909 | metres | | |

**Latitude and longitude to easting and northing**

| | | | | | |
|---|---|---|---|---|---|
| latitude | | N | 35 | 10 | 27.483000 |
| longitude | | E | ## | 54 | 14.762000 |
| Easting | 191264.119 | m | | | |
| Northing | 286436.407 | m | | | |

그림 2-21. 영국 Ordnance Survey 좌표변환 엑셀 시트

향후에라도 좌표변환의 직접 구현이 필요한 경우나, 아니면 꼭 직접 계산을 해보고 싶은 경우에는 경위도 좌표와 TM지도좌표간의 변환 식을 부록에 포함하였으므로 참고하길 바란다.

## 바. 시간

정밀한 시간관측은 GPS의 좋은 성과를 위한 선행 요건이다. 그래서 GPS는 원자시계 시간에 기준을 둔 독자적인  시간시스템을 사용하는데, **기본 단위가** week number와 second of the week (주일이 시작한 이후의 초(s))와 이다. GPS 시간의 시작점은 (week 0) 세계 표준시로 1980년 1월 6일 0시였다.

GPS는 1999년 8월 21일에 시간체제를 초기화( (End of Week (EOW) Rollover)했는데, 시간이 1980년 1월 6일에 week "0000" 으로 시작하여 세계 표준시 1999년 8월 21일 23시 59분 47초까지 계속되어 메모리가 소진되었으므로 GPS 시간은 "0000" 으로 초기화하였다.

구글 등에서 "gps week converter"라고 검색하면 GPS Week과 우리가 사용하는 날짜 변환해주는 제공해주는 사이트[9]가 많이 존재하므로 찾아서 사용하며 된다. 그림 2-22를 보면, **토요일에서 일요일로 넘어가는 자정에 GPS Week이 증가**하는 것을 볼 수 있다. 2016년 6월 14일 자정(밤 12시)의 경우 1901:2이므로 GPS Week이 1901이고 해당 주의 2일째이다. 877:172800의 뜻은 GPS 시간 초기화(롤오버)한 이후로 877번째 Week이며, 해당 주의 Week of Second가 172800초라는 뜻이다. 참고로 마지막 숫자인 166은 율리우스 일(Julian Day)이다. 또한 해당 시간을 입력하면 GPS 시간으로 직접 변환해주는 사이트[10]도 있으므로 활용하면 된다(그림 2-23).

9) 예) http://navigationservices.agi.com/GNSSWeb/

10) 예) http://www.labsat.co.uk/index.php/ko/gps-time-calculator

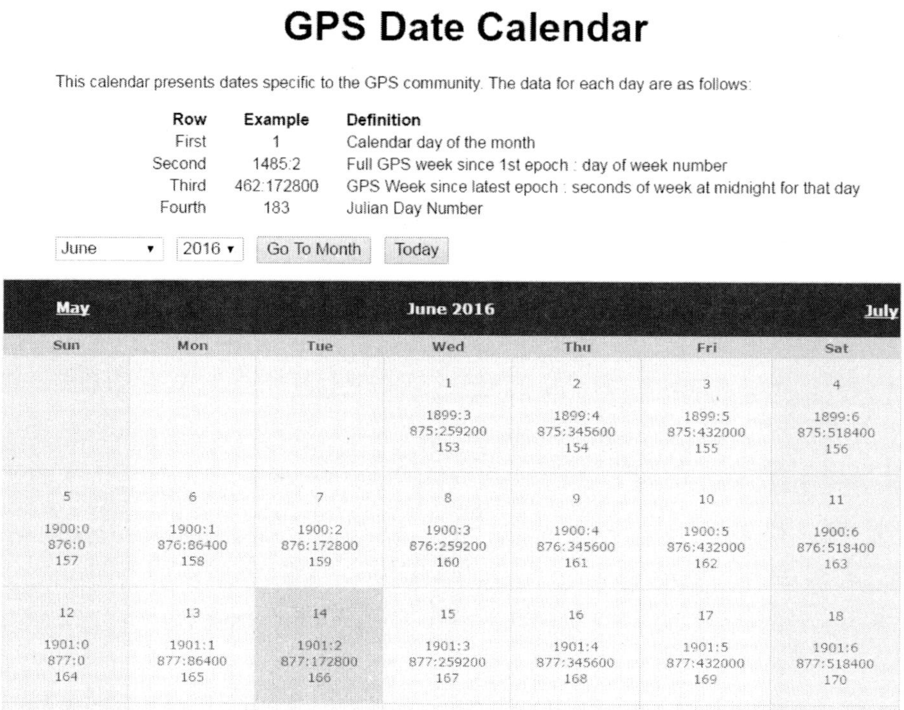


그림 2-22. GPS Date Calendar

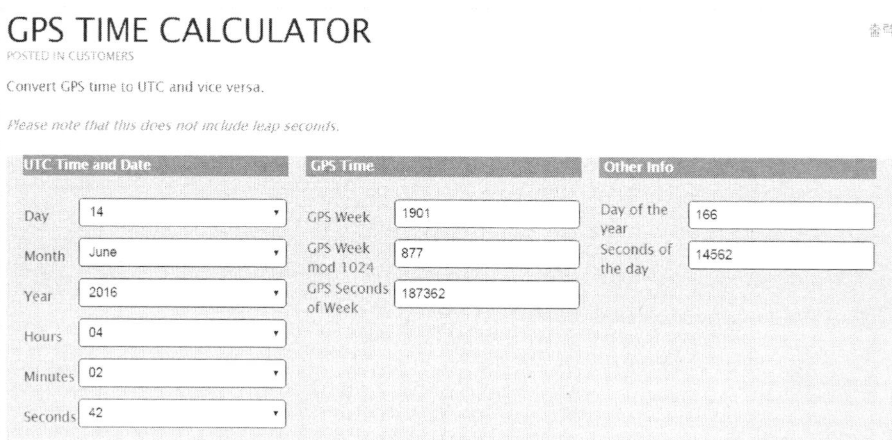


그림 2-23. GPS Time calculator

한편 **세계표준시(Coordinated Universal Time, UTC)**는 그리니치 시간(GMT)과 일치하는 원자시를 기반으로 한 시간이고, **전파시간 신호의 토대며 법적인 시간 체계**이다.

예를 들어, 우리나라 로컬시간이 오전9시이면 UTC는 오전 12시가 된다. 경도가 180도일 때 지구 반대편에 있는 것이 되고, 이는 12시간 차이가 나는 것을 의미하므로 **1시간이 경도 15도 간격**인 것을 알 수 있다. 따라서 **우리나라가 사용하고 있는 동경시간인 경도 135도는 UTC와 9시간의 차이**(135도/15도=9시간)를 보인다.

세계표준시(UTC)는 원자시를 기반으로 하므로 일정하지만, 지구 자전속도(천문시)는 미세하지만 조금씩 느려지고 있다. 따라서 일정한 시간이 지나면 UTC는 지구 자전에 기반한 시간(천문시)과 차이를 보이게 되며 이 차이를 0.9초 이내로 유지하기 위해 조정되는데, UTC는 윤초(표준시와 실제 시간과의 차이)를 12월 31일이나 6월 30일에 수정하게 된다(그림 2-24 뉴스 참고).

여기서 주의할 점은 세계표준시는 자전시간과 동일하게 만들기 위해 변경하기 때문에 GPS 시간과 세계표준시간의 차이는 커지게 된다. 따라서 GPS 수신기에서 우리가 보는 시간은 세계표준시와 완전히 동일하지는 않고 거의 유사한 시간이 된다. 이 GPS시간은 UTC와 마찬가지로 우리의 시간대 보다 9시간 이전이 된다.

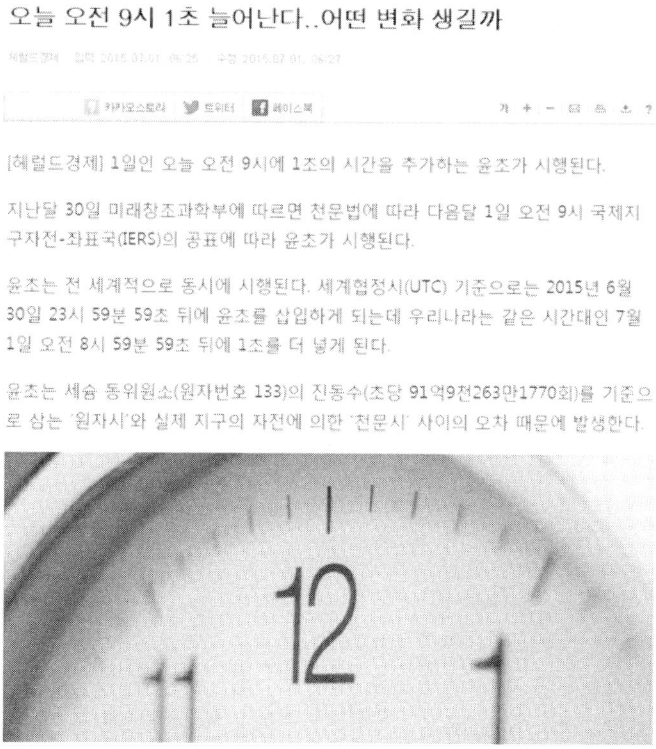

오늘 오전 9시 1초 늘어난다..어떤 변화 생길까

헤럴드경제 | 입력 2015.07.01. 06:26 | 수정 2015.07.01. 06:27

[헤럴드경제] 1일인 오늘 오전 9시에 1초의 시간을 추가하는 윤초가 시행된다.

지난달 30일 미래창조과학부에 따르면 천문법에 따라 다음달 1일 오전 9시 국제지구자전-좌표국(IERS)의 공표에 따라 윤초가 시행된다.

윤초는 전 세계적으로 동시에 시행된다. 세계협정시(UTC) 기준으로는 2015년 6월 30일 23시 59분 59초 뒤에 윤초를 삽입하게 되는데 우리나라는 같은 시간대인 7월 1일 오전 8시 59분 59초 뒤에 1초를 더 넣게 된다.

윤초는 세슘 동위원소(원자번호 133)의 진동수(초당 91억9천263만1770회)를 기준으로 삼는 '원자시'와 실제 지구의 자전에 의한 '천문시' 사이의 오차 때문에 발생한다.

그림 2-24. 2015년 뉴스에 나온 윤초 관련 기사

# 사. 개념 정립 문제

## 기사시험 기출 문제

(1) 위성측량에서 GPS시스템에서 사용하고 있는 측지기준계로 맞는 것은?

㉮ WGS 72　㉯ WGS 84　㉰ Bessel 1841　㉱ Hayford 1924

(2) GPS를 이용해 측량을 실시할 때 WGS 84좌표계를 쓰는데 이 좌표계는 다음 중 어느 것에 해당하는가?

㉮ 국지좌표계　㉯ 극좌표계　㉰ 적도좌표계　㉱ 지심좌표계

(3) 우리나라 평면 직각좌표의 원점은 어떻게 구성되어 있는가?

㉮ 서해, 내륙, 중부, 동해 원점　㉯ 동부, 서부, 내부, 중부 원점
㉰ 동부, 서부, 중부, 동해 원점　㉱ 동해, 남부, 북부, 중부 원점

(4) GPS의 특징에 대한 설명으로 옳지 않은 것은?

㉮ 측정위치가 세계적으로 통일된 좌표로 표시된다.
㉯ 넓은 지역의 측량을 효과적으로 할 수 있다.
㉰ 직접 측정되어 얻는 결과는 정표고이다.
㉱ 몇 개의 기지점과 미지점의 동시관측으로 상대위치의 정확도를 향상시킬 수 있다.

(5) UTM좌표계에 대한 설명으로 옳지 않은 것은?

㉮ 세계를 하나의 통일된 좌표로 표시하기 위한 목적으로 고안되었다.
㉯ 좌표지역대의 분할을 위해 위도는 8°, 경도는 6°간격으로 분할하였다.
㉰ 중앙자오선에서 축척계수는 0.9996이다.
㉱ 우리나라의 UTM좌표는 경도 127°와 극지방을 좌표계의 원점으로 하는 55S와 56S지역대에 속한다.

(6) UTM 좌표에 대한 설명이 틀린 것은?

㉮ 지구 전체를 경도 6°씩 60개의 구역으로 나누고 각 종대의 중앙자오선과 적도의 교점을 원점으로 한다.
㉯ 원통도법인 횡축메르카토르(TM) 투영법으로 등각 투영한다.
㉰ 종대에서 위도는 남・북위 70°까지만 포함 시키며, 다시 7°의 간격으로 20구역으로 나눈다.
㉱ 좌표의 표시는 중앙자오선과 적도를 종축과 횡축으로 정하여 미터(m)로 표기한다.

(7) GNSS 자료 처리에 의하여 직접적으로 획득할 수 있는 성과가 아닌 것은?

㉮ 기선장 ㉯ 경도 ㉰ 위도 ㉱ 정표고

## 개념 정립 문제

(1) 지구의 형상을 표현하는 3가지 방법은?

(2) GPS위성 및 궤도 정보를 나타내는데 사용되는 타원체 및 좌표계는?

(3) 3차원 직각 좌표계(X,Y,Z)로 표현된 공간상의 한 위치를 경위도 좌표계로 변환하기 위해서는 어떠한 정보가 필요한가?

(4) 우리 나라의 현재 시간이 오후 2시인 경우 UTC로는 몇시인가?

(5) 지구타원체를 정의하기 위해 필요한 최소한의 매개변수는 무엇인가?

(6) 지구타원체에서 정의되는 경도, 위도와 구(sphere)에서 정의되는 경도, 위도는 어떤 부분에서 차이를 보이는가?

(7) GPS Week number는 언제 증가하는가?

(8) GPS 측량결과 타원체고가 150m가 획득되었다. 대상지의 지오이드고가 23m일 때, 정표고는 얼마인가?

(9) TM 지도투영을 위해 필요한 투영 파라미터는 무엇이 있는가?

(10) TM 지도투영 시 False Easting, False Northing이란 무엇인가?

(11) 지금 현재 GPS Week time은 얼마인가?

(12) 한 점의 위도 좌표가 35도, 경도 좌표가 127도인 경우 WGS84타원체를 사용한 경우와 Bessel타원체를 사용한 경우의 3차원 직각 좌표값(X, Y, Z)를 구하여 비교하라.

(13) 한 지점의 정표고가 200m이고 타원체고는 221.2m이다. 이 때 지오이드고는 얼마인가?

(14) 표고 기준점인 A, B, C점이 있다. 각각의 고시된 표고는 342.214m, 338.490m, 316.822m이다. 각 표고를 GPS를 이용하여 관측했더니, 타원체고가 각각 312.345m, 308.617m, 286.945m가 나왔고 지오이드모델을 통해 알아본 지오이드고는 각각 -29.894, -29.902, -29.901m였다. 이제 미지점인 D점에 대하여 GPS측량을 해본 결과 타원체고가 297.519m였고 해당 지점의 지오이드고는 -29.898m였다. 그렇다면 D점의 정확한 표고는 얼마인가?

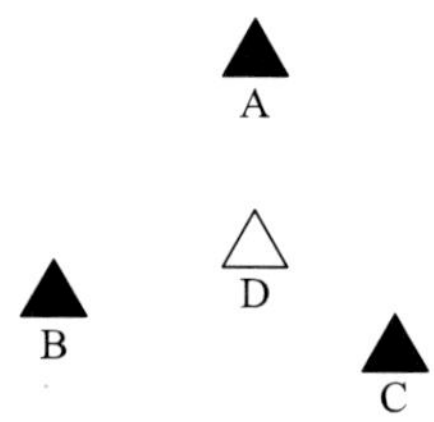


## 정 답

### 기사시험 기출 문제

(1) 나 (2) 라 (3) 다 (4) 다 (5) 라 (6) 다 (7) 라

### 개념 정립 문제

(1) 지표면(topographic surface), 지구 타원체(Ellipsoid Surface), 지오이드(Geoid Surface)
(2) WGS84타원체, 3차원 직각좌표계
(3) 타원체 정보 (장반경 및 단반경)
(4) 14시-9시=5시
(5) 2개, 장반경 및 단반경
(6) 경도는 같음 위도는 다름
(7) 토요일에서 일요일로 넘어가는 자정에 GPS Week이 증가
(8) 정표고=타원체고 - 지오이드고=150 - 23=127m
(9) 타원체 정보, 투영 원점, 좌표 원점 이동량, 축척 계수
(10) 지도 투영 시 투영원점보다 서남쪽에 위치한 곳은 음(-)의 좌표값이 나오게 되므로 이를 방지하기 위해 양(+)의 값으로 바꾸어주기 위해 지도의 원점을 옮겨주는 값을 말한다.
(11) http://www.labsat.co.uk/index.php/ko/gps-time-calculator 등에 접속하여 확인해본다.
(12) WGS84의 경우 (X,Y,Z)=(-3147749.450, 4177204.607, 3637866.909)m,
Bessel타원체의 경우 (X,Y,Z)=(-3147373.939, 4176706.287, 3637506.197)m
(13) 지오이드고=타원체고 - 정표고=221.2m - 200m=21.2m
(14)

| | 고시표고 (a) | 측정 정표고 (b) | 표고차이(b-a) |
|---|---|---|---|
| A | 342.214 m | 312.345-(-29.894)=342.239 m | 0.025 m |
| B | 338.490 m | 308.617-(-29.902)=338.519 m | 0.029 m |
| C | 316.822 m | 286.945-(-29.901)=316.846 m | 0.024 m |
| 측정 오차 | | 평균 | 0.026 m |

D점의 측정 정표고=297.519 - (-29.898)=327.417m

측정오차를 반영한 D점의 표고=327.417 - 0.026=327.391m

CHAPTER

# 03 GPS 위성 신호

CHAPTER

# 03 GPS 위성신호

## 가. 주파수와 파장

GPS는 위성에서 전파 신호를 송신하고 수신기에서 그를 수신하여 위치를 결정하기 때문에, 위성의 신호에 대해서 알아두어야 한다. 그리고 신호를 이해하기 위해서는 기본적으로 **파장**(wavelength)**과 주파수**(frequency)에 대해 알아야 한다.

파장이란 하나의 신호 주기 길이를 나타낸 것으로서, 단위는 길이이므로 m(미터)를 사용하고 문자로는 주로 $\lambda$(lambda, 람다)를 사용한다.

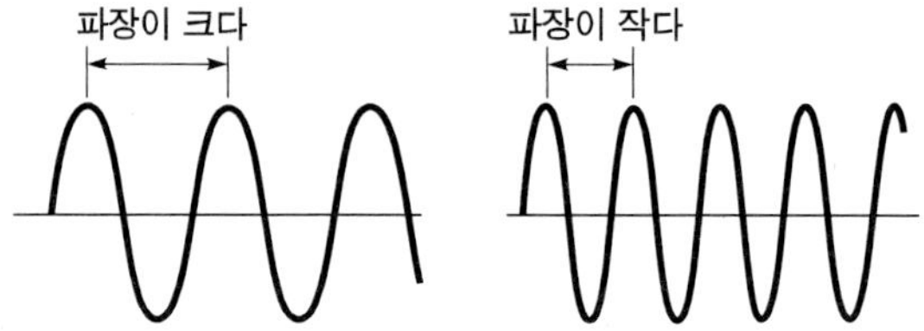


그림 3-1. 파장의 정의

주파수란 특정한 시간 동안 지나간 파의 개수를 의미한다. 일반적으로 Hz(hertz, **헤르츠**)를 주파수의 단위로 사용하는데, 1초당 하나의 파장이 지나간 경우를 1Hz라고 한다. 그리고 문자로는 일반적으로 frequency의 앞 글자인 f를 주로 사용한다.

우리 주변에서도 주파수가 사용되고 있는 예를 많이 볼 수 있다. 사람의 가청 주파수는 약 20~20kHz인데 20Hz에 가까울수록 저음, 20kHz(1kHz=20,000Hz)에 가까울수록 고음이라고 하며, 20kHz보다 큰 주파수를 초음파라고 한다. 또한 실내 아날로그 무선전화의 경우 900MHz(1MHz=106Hz), KT LTE서비스의 경우 900MHz, 1.8GHz(1GHz=109Hz), SKT의 경우 1.8GHz, LG U+는 2.6GHz, 근거리에서 사용되는 무선 통신의 경우 2.4GHz, 5GHz 등이 있다. 여기서 MHz는 메가헤르츠로서 1,000,000Hz(백만헤르츠)를 단위화한 것이고 GHz는 기가헤르츠로서 $10^9$Hz를 단위화한 것이다.

그림 3-2와 같은 뉴스에서도 주파수의 개념을 배울 수 있다.

[뉴스]

**1.8GHz 주파수 경매, KT 입찰 포기로 SKT가 낙찰**

4G LTE 서비스를 위한 주파수 경매에서 SKT가 결국 KT를 이겼다.

방송통신위원회가 진행한 주파수 경매에서 1.8GHz 주파수 20MHz 대역폭에 대한 경매 금액은 시작가 4,450억원에서 2배 이상 오른 9,950억원에 SKT에서 낙찰받게 되었다.

SKT와 KT는 1.8GHz 주파수를 놓고 치열한 경쟁을 펼쳤으나 주파수 경매 9일째인 29일 KT가 입찰을 포기하면서 직전 최고가 9,950억원에 SKT에게 돌아갔다. SKT는 낙찰받은 주파수 비용의 1/4을 우선 3개월 내에 지불하고 나머지 비용은 주파수 사용기간 10년에 걸쳐 지불하게 된다.

SKT는 이번 1.8GHz 주파수 대역 낙찰로 800MHz와 1.8GHz를 중심으로 하는 듀얼 밴드 4G LTE 서비스 구축이 가능하게 되었다. 800MHz 주파수를 함께 사용하고 있는 2G 서비스를 무리하게 종료하지 않아도 되고, 800MHz 주파수에서 더 많은 대역폭으로 4G 서비스 중인 LG U+의 속도 비교 마케팅에 대해서도 전국망 구축 이전에 충분히 따라잡을 수 있게 되었다.

그림 3-2. 주파수에 관련한 뉴스 기사

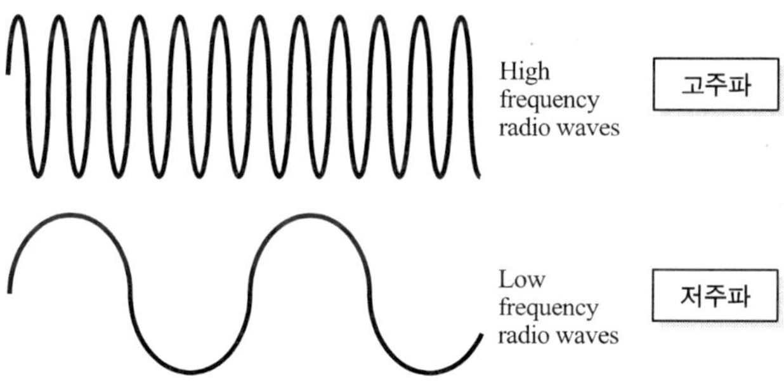


그림 3-3. 고주파 vs. 저주파

그렇다면 파장과 주파수의 관계는 어떻게 될까? 전파의 경우 속도가 빛의 속도(c=299,792,458 m/sec)에 매우 근접하기 때문에 파장과 주파수는 아래의 관계를 가진다. 거리, 속도, 시간의 관계는 거리=속도×시간이다. 1Hz의 전파가 있을 경우 1초 동안 1번의 파장을 생성하므로 파장의 길이가 무려 약 300,000 km가 된다.

$$\lambda = ct = 299,792,458 \text{ m/sec} \times 1\text{sec} = 299,792,458 \text{ m}$$

그렇다면 LTE 서비스에 사용되고 있는 전파의 파장의 길이는 얼마가 될까? 1.8GHz의 주파수라고 했을 때, 해당 전파도 1초당 299,792,458 m를 진행할 것이지만, 1.8GHz는 1초당 1,800,000,000개의 파장을 생성하므로 1개 파장의 길이는 아래와 같이 약 16.7 cm가 된다.

$$\frac{299,792,458\text{m}}{1,800,000,000} = 0.167\text{m} = 16.7\text{cm}$$

여기서 **반송파**(carrier wave)의 개념에 대해서 이해할 필요가 있다. 반송파란 통신에서 정보의 전달을 위해 만들어낸 전파로서, 먼 거리까지 신호를 보내기 위해 고주파로 생성된다. **전달의 목적으로만 생성한 것으로서 아무런 정보가 없다**. 우리가 생활에서 사용하고 있는 라디오의 예를 들어보면 DJ가 방송하는 음성 신호의 경우 15KHz라고 했을 때, 음성신호는 저주파로서 멀리 갈수가 없다. 따라서 88~108MHz(FM라디오의 경우)와 같은 고주파 전파인 반송파를 생성하여 이에 음성 신호를 섞어 송신하게 된다. 우리가 듣는 라디오에서는 이를 수신한 후 고주파를 빼버리고 음성 신호만을 걸러내어 이를 재생해주는 것이다. 즉, 무선통신의 세계에서 반송파는 비행기나 자동차와 같은 운송수단으로 볼 수 있다.

## 나. GPS 신호 구성

GPS의 신호는 10.23MHz인 기본 주파수를 기반으로 하여, 표 3-1과 같은 반송파를 생성하게 된다. 얼마 전까지 L1과 L2 두 개의 주파수 신호를 수신 받아 운용되는 **2주파 수신기가 대부분**이었지만, 최근에는 L5까지 수신하는 **3주파 수신기**가 많이 출시되고 있다. L1만을 수신하는 **1주파 수신기**도 있는데 가격이 상대적으로 저렴하며, 이를 측량용으로 사용하는데 일반적으로 문제가 없다. 2 또는 3개의 주파수를 수신 받는 **다주파 수신기**의 장점은 향후 배울 관측치 결합 모델 등을 통해 오차의 소거 등을 가능케 해준다는 것이다.

표 3-1. GPS에서 사용하는 반송파 종류

| GPS 반송파 | 기본 주파수 대비 | 주파수 | 파장 길이 |
|---|---|---|---|
| L1 | 154배 | 1,575.42MHz, 약 1.5GHz | 약 19cm |
| L2 | 120배 | 1,227.60MHz, 약 1.2GHz | 약 24cm |
| L5 | 115배 | 1,176.45MHz, 약 1.18 GHz | 약 25.5cm |

라디오에서 반송파에 음성 신호를 섞어 보내듯이 GPS도 L1/L2 반송파에 거리 측정을 위한 신호를 생성하여 섞어주게 된다. 이를 **코드**(code)라고 하며, C/A코드와 P코드 등이 있다. C/A코드의 경우 민간을 위해 제공되며 우리가 사용하는 스마트폰 등에 들어있는 GPS 칩 등에서 위치 결정을 위해 사용하는 코드이다. P코드의 경우 군사용으로 사용된다.

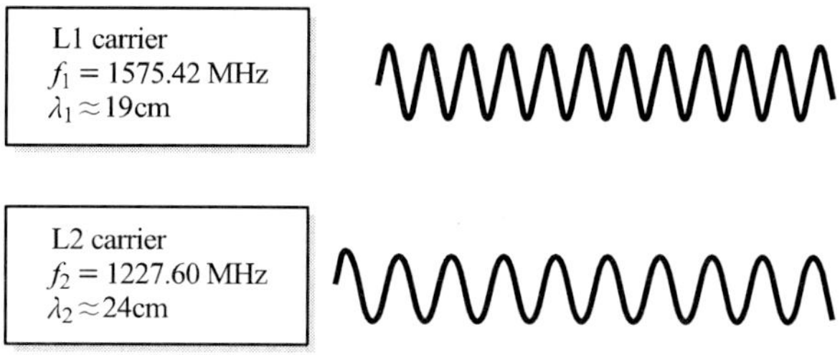


그림 3-4. GPS에서 사용 중인 반송파 (L1, L2)

**<원래의 GPS 신호 구성>**

L1파 : C/A코드 (민간용), P코드(군사용)

L2파 : P 코드

코드 신호의 정확한 명칭은 **PRN(Pseudo Random Noise code)**이며, 복잡한 형태의 "on", "off" 신호이다. 이름에서 유추할 수 있듯이 랜덤(Random)으로 보이지만, 엄밀하게는 랜덤이 아닌 알고리즘에 의한 규칙성을 갖고 있기 때문에 Pseudo-Random이라는 이름을 갖게 되었다. 중요한 것은 **GPS 위성은 자신만의 PRN코드를 가지므로**, PRN코드를 받아보면 어느 위성에서 송신한 것인지 알아낼 수가 있게 된다.

**C/A 코드**의 주파수는 1.023MHz이며, 이를 통해 계산해 본 **파장의 길이는 약** 293.1m가 된다. P코드의 주파수는 10.23MHz이며, **파장의 길이는 약** 29.31m이다.

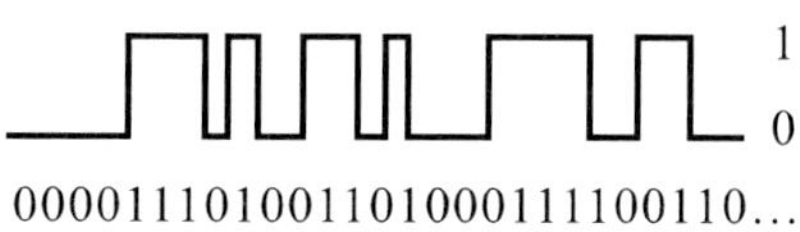


그림 3-5. on off 신호형태의 코드

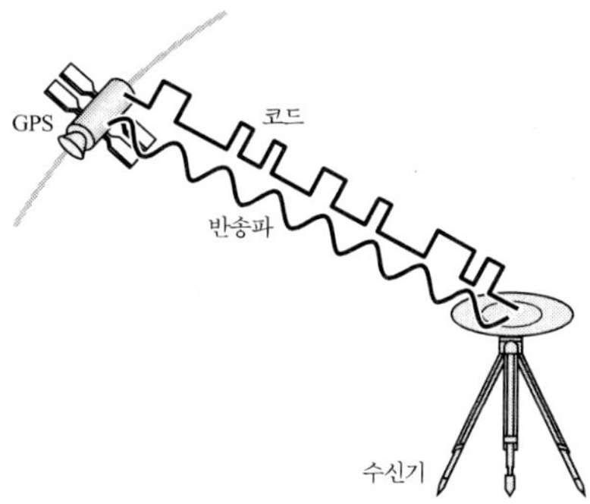


그림 3-6. GPS에서 송신한 반송파+코드의 전달

표 3-2. GPS에서 거리 측정을 위해 사용 중인 코드의 종류

| 코드의 종류 | 주파수 | 파장 길이 |
|---|---|---|
| C/A | 1.023MHz | 293.1m (약 300m) |
| P | 10.23 MHz | 29.31m (약 30m) |

최근에는 GPS현대화계획(GPS Modernization)에 따라 신호체계가 바뀌어가고 있다. 그림 3-7과 같이 반송파 또한 L5가 하나 더 추가되고 있고 L2에 민간 코드인 C/A코드가 추가되고 있다. 그리고 L1, L2에 새로운 군사 코드인 M코드가 신규로 추가되고 있다. L1에만 있던 C/A코드가 L2에도 추가되면서 위치 정확도를 더욱 향상시킬 수 있게 되었다.

**<최근 GPS 신호 구성>**

L1파 : C/A코드 (민간용), P코드, M코드(군사용)

L2파 : C/A코드 (민간용), P코드, M코드(군사용)

L5파 : P 코드

하지만 L2에 C/A코드가 추가되었다고 해서 아무 수신기에서나 이를 활용할 수 있는 것은 아니다. 즉 L1만 수신하는 1주파 수신기는 이를 활용할 수가 없고, L2 또한 받을 수 있는 2주파 수신기가 필요하다. **L5의 경우 항공관련 안전성**을 높이기 위해 신규로 추가되었다. 즉, 지상 레이더가 GPS의 L2밴드와 아주 유사하기 때문에 신호간섭 등이 발생할 가능성이 존재하므로 이를 방지하기 위해 추가하기로 하였다. L5를 수신하기 위해서는 L5만 수신하는 1주파 수신기나, L1/L2/L5 모두를 수신하는 3주파 수신기가 필요하겠다.

2019년 현재 GPS 현대화 계획에 따라 새롭게 추가된 신호가 다 갖추어진 GPS는 IIF버전으로서 총 12개가 운용되고 있다.

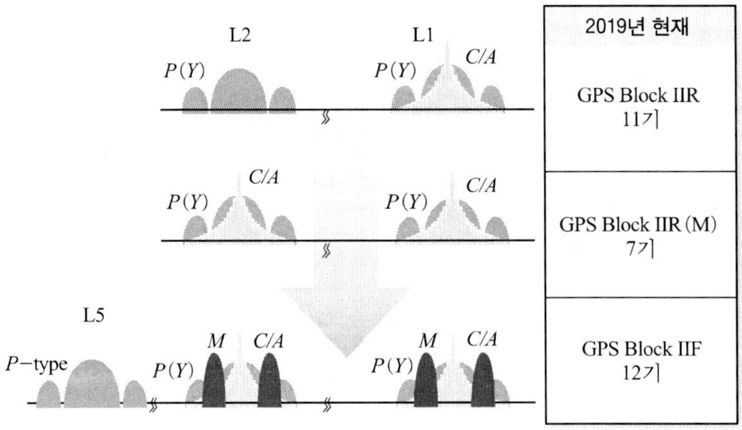


그림 3-7. GPS 신호체계의 변화

이후 배우겠지만, 위성에서 수신기까지의 거리를 관측하는 방법에는 크게 두 가지가 존재한다. 코드를 이용하여 관측하는 방법과 반송파를 이용하여 관측하는 방법이다.

표 3-3. 거리 관측 기법의 비교 (코드 vs. 반송파)

| 거리 관측 기법 | 특징 |
| --- | --- |
| 코드 | 위치 결정이 빠름<br>저렴한 수신기로도 가능<br>상대적으로 정확도 낮음 (50cm 에서 10 m) |
| 반송파 | 상대적으로 긴 수신 시간 필요<br>수신 중 신호 단절되면 안됨<br>일반적으로 수신기가 비싸짐<br>고정밀 (mm 에서 cm) |

이렇게 GPS신호 구성에 대해 이해하고 나면 GPS를 소개하는 문서나 설명서 등에서 그림 3-8과 같은 설명이 있다면 이제 무슨 뜻인지 알 수 있어야 한다.

| | |
| --- | --- |
| Triple Frequency | ⇨ L1/L2/L5 3가지 반송파 수신 가능하다는 뜻 |
| GPS/GLONASS/Galileo/Compass | ⇨ 다른 각국의 GNSS시스템 수신 가능 |
| 120 Channels | ⇨ 동시에 120개의 위성 추적 가능 |
| L1/L2/L5 GPS | ⇨ GPS 신호 중 L1/L2/L5 수신 처리 가능 |
| L1/L2 GLONASS | ⇨ GLONASS 신호 중 L1/L2 수신 처리 가능 |

그림 3-8. GPS 수신기 스펙의 해석

## 다. GPS 항법 메시지

**항법메세지**란 **위성의 궤도, 위성 시계 오차, 거리 측정 오차를 유발하는 전리층효과를 제거하기 위한 전리층 모델 정보 등을 담고 있는 데이터**이다. GPS 수신기는 이러한 항법 메세지를 분석하여 해석해주므로 개발자가 아닌 이상 이 메시지를 직접 해석할 필요는 없다. 따라서 일반적으로 이런 정도로만 알고 있어도 되지만, 조금 더 자세히 설명하자면 아래와 같이 간략히 요약할 수 있다.

항법 메시지는 그림 3-9와 같이 6초짜리 프레임 5개로 구성(그래서 총 30초)되는데, 각 부분에 있는 TLM(telemetry word)과 HOW(handover word)를 공통으로 포함하고 있다. HOW는 위성으로부터 수신된 코드와 수신기에서 생성한 코드의 동일한 부분을 찾아주는 역할을 한다. 총 5개의 프레임에 대해 간략히 살펴보면, 1번째 프레임에는 위성 시계 상태와 오차량을 포함하고 있고, 2~3번째 프레임에는 위성 궤도 정보(ephemeris)가 들어 있다. 4번째 프레임에는 전리층 정보 등이 들어 있으며, 5번째 프레임에는 위성 궤도 상태 등에 대한 정보(Almanac)가 들어 있다. 이와 관련하여 보다 자세하고 전문적인 내용을 공부하기 위해서는 Hofmann-Wellenhof의 저서인 Global Positioning System - Theory and Practice 등을 찾아보도록 한다.

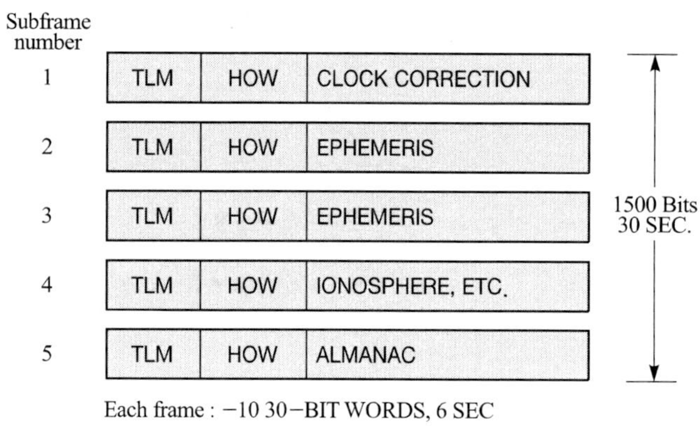


그림 3-9. GPS 항법 메시지의 구조

GPS를 아주 오래 사용하지 않거나, 끈 상태로 아주 먼 곳으로 이동시킨 후 전원을 켜게 되면 자신의 위치를 찾아내는 데 평소보다 오랜 시간이 소요되는 것을 경험할 수가 있다. 이는 GPS 신호 처리를 위해서는 기본적으로 알고 있어야하는 정보들이 있는데, 해당 정보를 업데이트하는데 시간이 소요되는 것이다. 그 중 중요한 것이 GPS Almanac이다. 다시 말해 GPS Almanac이란 모든 GPS위성이 송신하는 데이터 세트이며 위성 궤도, 위성 상태 등에 대한 정보라고 이해하면 된다.

## 라. 신호의 생성 및 처리

그림 3-10은 위성 내부에서 어떻게 신호가 생성되고 조합되는지를 보여주고 있다. 먼저 C/A 및 P코드가 생성되고 이에 항법메세지가 합쳐진다. 이후 코드/메세지 정보가 L1/L2 반송파에 합쳐진 후 신호를 발신하게 된다.

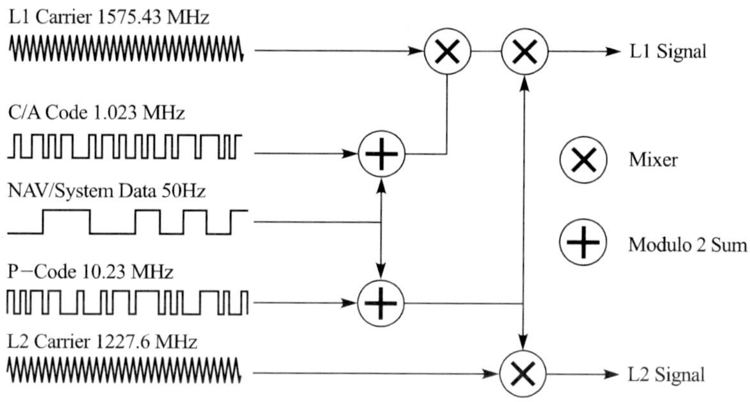


그림 3-10. 위성에서 GPS신호의 생성 과정

수신기에서 수신된 GPS신호가 어떻게 처리가 되는지를 그림 3-11이 보여주고 있다. 안테나에서 신호가 수신되면, RF(Radio Frequency)처리를 통해 코드와 반송파가 분리된다. 여러 위성에서 수신된 코드 및 반송파는 위성별로 각각의 루프(loop)에서 처리되고 이를 바탕으로 프로세서에서 각종 계산을 수행한다.

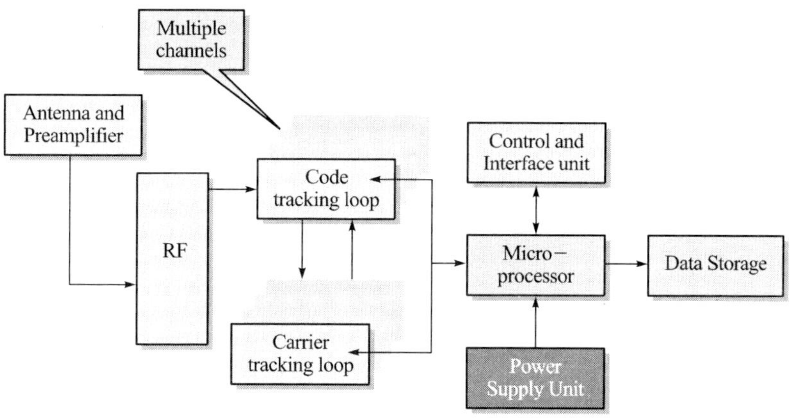


그림 3-11. 수신기에서 GPS신호의 처리 과정

## 마. 측량용 vs 비측량용 GPS수신기

측량용과 비 측량용 수신기는 무슨 차이가 있을까? 우리가 스마트폰 등에서 사용하고 있는 비 측량용 수신기의 경우 주로 L1주파수 반송파만 수신하는 경우가 많고, 수신한 후 그 위에 얹혀진 C/A코드만을 추출하여 거리 측정 및 위치 결정에 사용한다. 즉, 반송파 자체의 처리가 불가하고, 다양한 오차 처리가 불가능하다. 또한 1초에 한 번의 위치 결과를 제공하는 1Hz인 경우가 대부분(물론 그 이상 제품도 있다)이고, 동시에 추적할 수 있는 위성의 개수가 제한된 경우가 있다. 또한, 주변 환경의 노이즈 등에 취약하여 신호와 잡음이 많이 섞이게 된다.

하지만 측량용 수신기의 경우 다주파의 수신이 가능하며(물론 상대적으로 저렴한 1주파 수신기도 존재한다) 결정적으로 반송파 처리를 통해 정밀한 위치 결정을 할 수 있다. 다주파수를 이용하기 때문에 다양한 알고리즘을 통해 오차를 소거하거나 줄일 수 있으며, 고주파 즉, 1초당 다수회의 위치 결정을 수행할 수도 있다. 또한 동시에 다수 개(수십~수백 개까지)의 위성을 추적할 수 있고 안테나가 주변 환경 노이즈에 덜 민감하도록 설계되어 있다.

표 3-4. 측량용 GPS 수신기와 비 측량용 GPS수신기의 차이

| 비측량용 | 측량용 |
|---|---|
| 주로 단일 주파(L1) 수신 | 1주파, 2주파, 3주파 수신 (L1, L2, L5) |
| 코드만 처리 | 코드 및 반송파 처리 |
| 오차 요인 처리 불능 | 오차요인 고려 및 소거 가능 |
| 보통 1Hz 출력 | 고주파 출력 (1초당 수번~수십번) |
| 동시 추적 위성 개수 제한 | 동시에 다수 개 위성 추적 |
| 노이즈(잡음) 많음 | 노이즈 적음 |
| 멀티패스에 취약 | 멀티패스에 덜 취약 |
| 싼 가격 | 비싼 가격 |

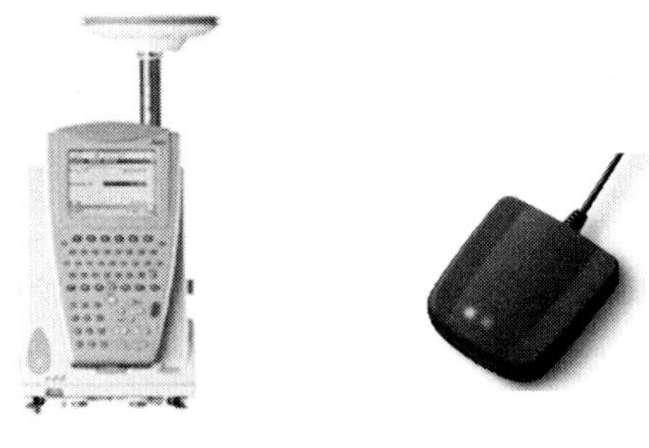

그림 3-12. 측량용 GPS 수신기와 비측량용 GPS 수신기

## 바. 개념 정립 문제

### 기사시험 기출 문제

(1) GPS에 대한 설명 중 틀린 것은?

㉮ 관측점의 위치는 정확한 위치를 알고 있는 위성에서 발사한 전파의 소요시간을 관측함으로써 결정한다.

㉯ GPS 위성은 약 20,000Km의 고도에서 24시간의 주기로 운영한다.

㉰ 구성은 우주부문, 제어부문, 사용자부문으로 이루어진다.

㉱ GPS 위성은 1575.42MHz의 주파수를 가진 과 1227.60MHz의 주파수를 가진 신호를 전송한다.

(2) GPS 위성측량에 관한 다음의 설명 중 잘못된 것은?

㉮ SA 방법의 해제로 절대측위의 정확도가 향상되었다.

㉯ 위성시계의 오차가 없다면 3대의 위성신호를 사용하여도 위치결정이 가능하다.

㉰ GPS 위성은 위성마다 각각 자기의 코드 신호를 전송한다.

㉱ 위성과 수신기 간의 거리측정의 정확도는 C/A코드를 사용하거나 반송파를 사용하거나 차이가 없다.

(3) GPS에서 전송되는 L 대의 신호 주파수가 1227.60MHz일 때 L2 신호 300000 파장의 거리는? (단, 광속(c) = 299792458 m/s 이다.)

㉮ 36803 m　　㉯ 36828 m　　㉰ 73263 m　　㉱ 1228450 m

(4) $L_2$ 반송파의 주파수가 약 1.2GHz라고 할 때, $L_2$ 반송파의 파장은?(단, 빛의 속도는 $3.0\times10^8$m/s이다.)

㉮ 5m　　㉯ 2.5m　　㉰ 0.5m　　㉱ 0.25m

(5) P코드의 특성에 대한 설명으로 옳지 않은 것은?

㉮ $L_1$신호에만 실려서 들어온다.

㉯ P코드는 비트율이 높아 의사거리의 정확도가 높다.

㉰ P코드는 10.23Mbps의 비트율을 가지며, C/A코드는 1.023Mbps의 비트율을 가진다.

㉱ P코드는 주기의 길이 때문에 P코드 전체를 이용한 측위는 불가능하다.

(6) GPS 위성신호에 대한 설명으로 틀린 것은?

㉮ GPS의 반송파에는 $L_1$ 반송파와 $L_2$ 반송파가 있다.

㉯ 모든 GPS 위성은 똑같은 주파수로 전파를 송신한다.

㉰ $L_1$ 반송파에는 C/A 코드와 P 코드가 탑재되어 있다.

㉱ $L_2$ 반송파에는 정밀궤도력 정보가 포함되어있다.

## 개념 정립 문제

(1) GPS 신호 중 L1, L2 반송파의 대략적인 주파수 및 파장 길이는?

(2) GPS 신호 중 C/A코드의 대략적인 파장 길이는?

(3) GPS 신호를 이용하여 거리를 관측할 때 코드를 이용하는 경우와 반송파를 이용하는 경우의 장단점은?

(4) 측량용 GPS 수신기와 비 측량용 GPS수신기의 차이를 설명해보라.

(5) GPS신호 중 코드의 종류는?

(6) PRN이란 무엇인가?

(7) GPS 항법 메시지에는 어떤 정보가 담겨있나?

**정 답**

### 기사시험 기출 문제

(1) 나 (2) 라 (3) 다 (4) 라 (5) 가 (6) 라

### 개념 정립 문제

(1) L1: 1.5GHz, 19cm L2: 1.2GHz, 24cm
(2) 300m
(3) 코드: 위치 결정이 빠름, 저렴한 수신기로도 가능, 상대적으로 정확도 낮음 (50cm 에서 10 m)
반송파: 상대적으로 긴 수신 시간 필요, 수신 중 신호 단절되면 안 됨, 일반적으로 수신기가 비싸짐, 고정밀 (mm 에서 cm)
(4) 비측량용: 주로 단일 주파(L1) 수신, 코드만 처리, 오차 요인 처리 불능, 보통 1Hz 출력, 동시 추적 위성 개수 제한, 노이즈(잡음) 많음, 멀티패스에 취약, 싼 가격
측량용: 1주파, 2주파, 3주파 수신 (L1,L2,L5), 코드 및 반송파 처리, 오차요인 고려 및 소거 가능, 고주파 출력 (1초당 수번~수십번), 동시에 다수 개 위성 추적, 노이즈 적음, 멀티패스에 덜 취약, 비싼 가격
(5) C/A코드 (민간용), P코드(군사용), GPS현대화계획에서 추가 예정: M코드(군사용)
(6) 코드신호로서 정확한 명칭은 PRN(Pseudo Random Noise code)이다. 복잡한 형태의 "on","off"신호이다. 랜덤(Random)으로 보이지만, 엄밀하게는 랜덤이 아닌 알고리즘에 의한 규칙성을 갖는다. GPS 위성은 자신만의 PRN코드를 가진다.
(7) 위성 궤도, 위성 시계 오차, 관측에 의한 전리층효과를 제거하기 위한 전리층 모델 정보 등

CHAPTER

# 04 GPS 관측값 및 수신기 위치 결정

가. GPS 관측값

나. 모호 정수

다. RINEX파일

라. 코드거리 기반 수신기 위치 결정

마. GPX 파일

바. NMEA 프로토콜

사. 개념 정립 문제

CHAPTER 04

# GPS 관측값 및 수신기 위치 결정

## 가. GPS 관측값

GPS수신기는 GPS위성으로부터 수신된 신호(반송파 자체의 위상(carrier phase)정보와 각각의 반송파에 실려 온 코드정보)로부터 위성과 수신기 사이의 거리정보를 추출한다. 수신된 신호로부터 추출된 거리정보를 의사거리(pseudorange)라고 하며, 각각을 **위상 의사거리**(phase pseudorange)와 **코드 의사거리**(code pseudorange)로 구분한다.

먼저 코드 의사거리에 대해 먼저 살펴보자. GPS 전파를 이용하여 GPS위성과 수신기 사이의 기하학적 거리를 측정해보면, 위성-수신기 사이에 존재하는 대기와 같은 매질의 영향과 위성 및 수신기 시계간의 불완전한 동기화 등으로 인해 거리 측정에 오차가 많이 포함되게 된다. 따라서 관측값은 위성과 수신기 사이의 실제거리에 해당되지는 않는 '가짜' 거리라는 의미로 의사(Pseudo, '수도'라 읽음)[11]라는 용어를 덧붙여 사용한다. 코드 의사거리는 위성에서 GPS신호를 전송한 순간과 이를 수신기에서 수신한 순간 간의 시간차(time difference)를 측정하고 여기에 빛의 속도를 곱하여 결정하게 된다. 만약 시계, 대기 등 다른 오차요인이 없다고 가정하면, 거리 측정의 오차는 P코드의 경우 약 20cm, C/A코드의 경우 거리 오차는 수 미터 정도이다. 즉 P코드의 파장이 대략적으로 30m, C/A코드의 파장은 약 300m이므로 이를 100으로 나눈 정도의 수치가 된다.

코드를 이용하여 위성과 수신기간의 거리를 측정하는 원리를 조금 더 살펴보자. 그림 4-1에 시간 $t_1$일 때 위성 및 수신기에서 코드를 동시에 발생시킨다. 그리고 위성은 그 신호를 송신한다. 수신기 쪽에서도 동일한 코드를 생성하고 있다가 위성에서 송신한 코드가 수신되면, 동일한 코드 위치를 찾아 시간 차이 $\delta t$(위성에서 수신기까지 신호가 전달되는데 걸린 시간)를 계산하고 여기에 빛의 속도를 곱하여 거리를 계산한다.

11) 사전적 정의 Pseudo: 허위의, 가짜의; 모조의

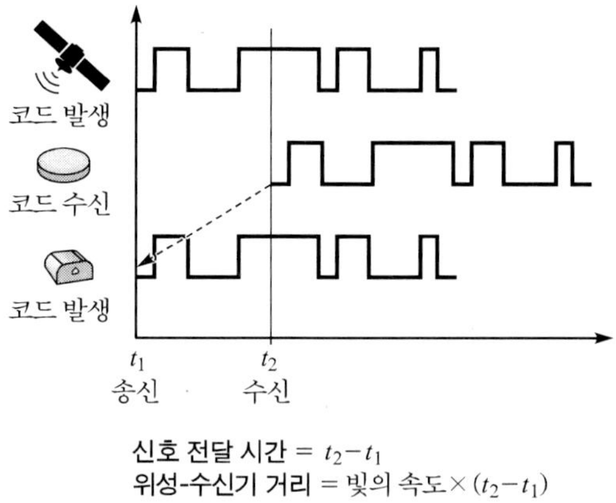


그림 4-1. 코드를 이용한 위성-수신기간 GPS신호 전달 시간 측정 및 거리 계산

반송파를 이용하여 거리를 관측하는 경우는 약간 복잡한데 그림 4-2를 통해 잠깐 이해해 보자. L1 반송파의 경우 파장의 길이가 약 19cm이므로 **위성 신호를 수신 시작하는 시점**에서 위성에서 수신기까지 몇 개의 L1 파장이 있는지 세어 이 개수가 N=100,000,000 이라고 한다면 거리는 0.19m×N=19,000,000m가 된다. 여기서 N은 **모호정수(Integer Ambiguity)**라고 한다. 또한 정수개가 되지 못하고 남은 부분 (그림에서는 1/4)의 길이인 19cm/4를 더해주면 총 거리가 계산될 수 있다.

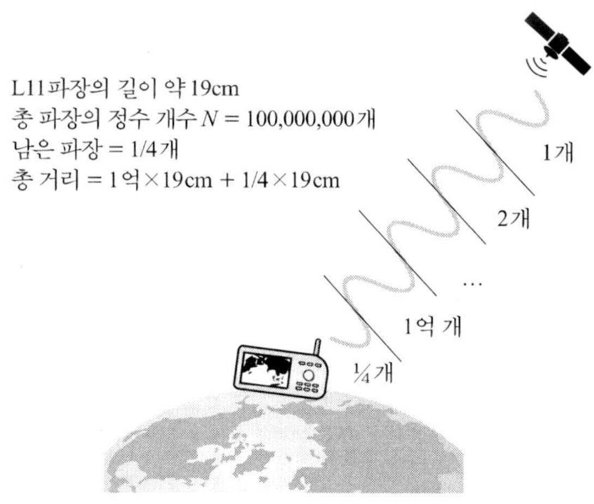


그림 4-2. 반송파를 이용한 위성-수신기간 거리 계산

반송파 위상차(carrier phase)는 GPS위성으로부터 받은 반송파 신호와 수신기에서 발생한 신호와의 차이인 $\phi^\circ$ (위상차: 0~360도 사이)를 지칭한다. 위상차라는 것은 그림 4-2에서 수신기 쪽에 그려진 하나의 완전한 파장을 갖지 못한 경우를 말하는 것으로서 이를 이용하여 거리를 계산할 수가 없다. 따라서 위성과 수신기간에 몇 개의 파장이 존재했는지를 나타내는 N(모호정수)이 필요하게 된다. N을 안다면 여기에 파장길이를 곱하여 거리를 계산할 수 있으며, 이렇게 계산된 거리를 위상 의사거리라고 한다.

앞서 설명한 것과 같이 위성에서 수신기까지의 거리가 정확히 정수 N개로서 떨어지지는 않는다. 따라서 총 길이 D는 정수개로 완성되지 못한 파장의 남은 위상(phase) $\phi$를 고려하여야 한다.

$$D = N\lambda + \frac{\phi^\circ}{360^\circ}\lambda \tag{4-1}$$

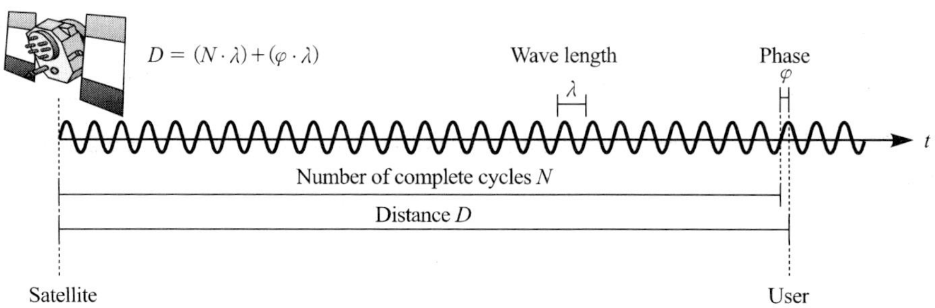


그림 4-3. 반송파 위상 측정 및 거리 계산

그림 4-4는 수신기에서 반송파 위상차를 측정하는 개념을 보여주고 있다. 좌측 그림은 GPS 수신기를 켜서 처음으로 위성 신호를 수신 받은 시점 $t_0$이다. 윗 신호가 위성에서 송신한 것이고 아래 신호는 수신기에서 만들어내고 있는 신호이다. 좌측 그림에서 위성신호와 수신기신호의 동일 지점을 표시해보면 동일한 위치에 존재하지 않고, 약 180도 가량의 차이(위상차)를 보임을 알 수 있다. 이후 시간이 갈수록 위성은 움직일 것이고 수신기는 계속 해당 위성을 추적(tracking)하게 되는데, 일정 시간이 지난 후 $t_1$에서 오른쪽 그림과 같이 7번의 파장만큼이 바뀐 것을 알아낼 수가 있다. 따라서 $t_1$ 시점에서 위성과 수신기 신호의 위상차는 180도+7×360도가 된다.

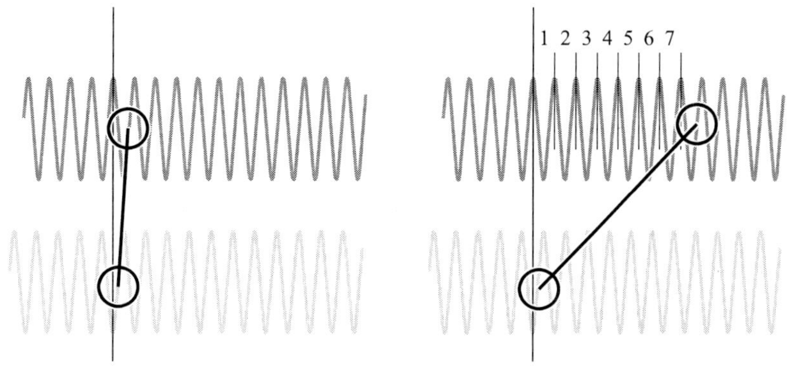


그림 4-4. 반송파 위상측정의 개념

## 나. 모호 정수

반송파 기반 거리측정에서 **모호정수(N)**라는 개념은 아주 중요하다. 이는 **처음 수신 시점에서의 GPS위성과 수신기 사이의 반송파 파장의 개수**를 말하며, 이후 위성을 계속 추적(tracking)하는 동안 상수로 남아있게 된다. 즉 **신호가 단절되지 않는 한 모호정수 N은 변화하지 않고 상수(constant)로 유지**된다.

그림 4-5를 통해 이를 개념적으로 이해해보자. 처음 위성신호를 수신한 경우 세 번의 완성된 반송파 신호가 있으므로 모호정수가 N=3이고, 위상차는 180도였다. 위성이 $\Delta t$만큼 시간동안 움직였을 때, 해당 모호정수는 그대로이고, 위상차만이 270도만큼 증가한 것을 알 수 있다.

즉, GPS 수신기가 첫 수신시점에서 모호정수 N은 고정하고 이후에는 $\Delta\lambda$(위상차) 변화량만 지속적으로 저장하게 된다. 단, GPS 신호 수신과정 중에 신호의 끊김이나 단절(cycle slip이나 loss of lock) 현상이 발생하면 첫 수신시점에서 고정값으로 사용하던 모호정수는 쓸모가 없어지게 되며, 새롭게 수신을 시작하는 것처럼 취급하여 새로운 모호정수(N′)를 예측하여 사용해야 한다.

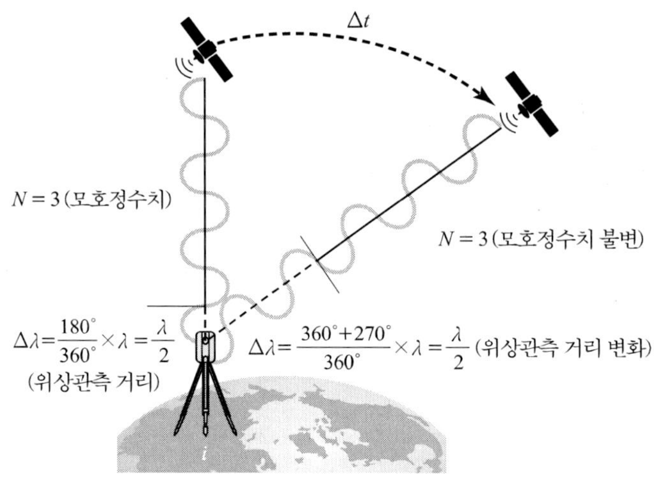


그림 4-5. 동일 위성 추적 중 위상차 변화, 모호정수는 불변

그림 4-6을 통해 코드 의사거리와 위상 의사거리의 차이, 그리고 모호정수를 다시 이해해 보자. $t_0$에서 수신기가 위성신호를 받고 데이터를 처리하면 수신기는 코드 및 위상에 기반한 거리를 계산할 수 있다. 코드거리(그림에서 굵은 선)의 경우 시간차로 거리를 직접 알아낼 수 있기 때문에 GPS위성의 고도인 약 20,000km에 가까운 값이 계산되어 나오고 위성을 추적하면서 거리가 변화하는 것을 볼 수 있다.

위상거리(얇은 선)의 경우에는 위상차만을 측정하여 거리를 계산하므로 거리값이 0에 가까운 값이 된다. 이 위상거리를 알아내기 위해서는 모호정수치에 해당하는 만큼의 거리를 더해주어야 함을 알 수 있다. 하지만 이 모호정수는 바로 알 수가 없는 값으로서 향후 복잡한 과정을 통해 예측해야 한다. 여기서 파장의 총 개수에 해당하는 값이 모호정수 N이다. 이후 시간이 지남에 따라 위성-수신기간의 거리가 가까워지더라도 이 값은 변화하지 않고, 위성추적을 함에 따라 측정되는 위상차에 따른 거리만 변화한다. 다시 말해 처음 관측이 시작될 때의 거리(Ambiguity)만 모를 뿐 그 이후부터 변화하는 위상에 대한 것은 추적이 가능하여 거리의 변화량은 계산이 가능한 것이다. 동일한 위성을 추적함에 따라 모호정수는 상수로서 변화하지 않는 것을 그림으로 충분히 이해하자.

이제 해당 수신기가 $t_1$에서 다른 위성을 관측하기 시작하였다고 가정해보자. 동일하게 코드 및 위상 거리를 계산할 것이고, 모호거리 또한 존재한다. 그런데, $t_2$에서 신호가 잠깐 단절되는 경우(cycle slip 등)가 발생했다. 이 경우에는 다시 위성을 관측하기 시작해야 하고, 이 때는 위상 거리가 다시 0에 가까운 값이 되므로, 새로운 모호거리값이 필요하게 된다.

추가적으로 그림에서 코드 의사거리의 경우 거리 오차가 크기 때문에 굵은 선으로 표시하였고, 위상 거리의 경우 거리 오차가 적기 때문에 얇은 선으로 표시하였다.

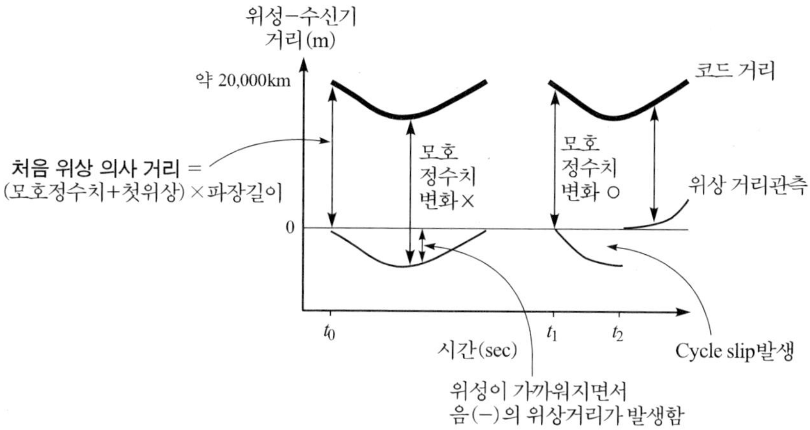


그림 4-6. 코드기반 의사거리와 위상기반 거리 관측의 차이

## 다. RINEX파일

RINEX(Receiver INdependent EXchange format)파일은 GPS데이터를 쉽게 주고받기 위해 만든 표준화된 교환 포맷으로 ASCII 형태로 되어 있기 때문에 워드패드나 메모장 등에서 쉽게 읽어볼 수가 있다.

파일은 확장자가 KWNJ105f.16n과 같이 "*.n"과 KWNJ105f.16o과 같은 "*.o"로 나뉘는데 n (navigation)**은 위성 궤도 정보**를 포함하고 있고, o(observation)**는 수신기에서 관측한 관측값**을 나타낸다. 위성궤도와 관련한 내용은 본 서적의 범위를 벗어나므로, 여기서는 관측값 부분만을 살펴보도록 한다.

그림 4-7은 RINEX파일 내용에 대해 간략히 설명해놓은 그림이다. 관측파일(*.n)은 헤더와 바디로 나눌 수 있는데, 우선 헤더 부분을 살펴보자.

헤더부분에는 관측자, 기관, 수신기 정보, 대략적인 XYZ위치, 관측시간, 관측횟수 등등의 정보를 담고 있는 것으로서, 제일 우측 칸에 각각의 정보에 대한 설명이 자세히 적혀있으므로 쉽게 이해할 수가 있다. 특히 눈여겨 볼 부분은 TYPE OF OBSERV로서 어떠한 종류의 관측값이 획득되었는지를 나타내며, 예에서는 L1 C1 L2 P2의 네 가지 종류의 관측값이 획득되었고, L1, L2는 각각 L1, L2를 이용한 반송파 위상차 값(의사 거리 계산에 활용)이고, C1은 C/A코드를 이용한 코드 의사거리 관측값, P2는 P코드를 이용한 의사거리 관측값을 나타낸다. # OF SATELLITE는 관측된 위성의 개수이며, PRN/# OF OBS의 경우 관측횟수가 몇 번인지를 나타낸다. 예에서는 관측시간동안 총 14개의 위성이 관측되었으며 위성번호(PRN) 4인 위성으로부터는 L1, C1, L2, P2 관측값이 각각 269번씩 관측되었음을 알 수 있다. 5번 위성의 경우는 각각의 관측값에 대해 193번씩 관측되었음을 의미한다.

바디부분에서는 실제 관측된 데이터가 적히는 부분이다. 첫 줄 첫 네모박스의 내용은 수신시간을 말하는 것으로서 초 단위까지 제시되어 있으며, 다음은 해당 데이터에 문제가 있는지를 나타내는 칸이다. 다음 박스의 숫자는 총 몇 개의 위성을 관측했는지를 보여주고 있으며, 예에서는 7개를 관측한 것으로 되어 있다. 마지막 박스는 관측된 7개의 위성별로 번호를 나타내고 있다.

두 번째 줄부터는 위성에 대한 각각의 관측 값이 한 줄씩 적혀져 있는데(예에서는 7개의 위성을 관측했으므로 총 7개의 줄이 있다), 헤더에서 L1 C1 L2 P2라고 했으므로 해당 줄의 첫 칸은 L1 반송파 위상차(주기 개수), 두 번째 칸은 C/A코드에 의한 관측거리(단위 m), 세 번째 칸은 L2 반송파 위상차(주기 개수), 마지막 칸은 P코드에 의한 관측거리(단위 m)가 된다. 예에서는 박스로 표시한 부분은 6번째 줄이므로 위성번호 26번에 해당하는 관측값이 되겠다. 코드에 의한 의사거리 관측값이 20604722.469m로서 위성 고도인 20,000km와 거의 유사한 값을 갖고 있음을 알 수 있다.

보다 자세한 포맷에 대한 설명은 NASA의 JPL사이트에 버전별로 제공해주고 있으니 필요한 경우에 찾아보길 바란다. 또는, 위키피디아에 RINEX를 검색해보면 관련 사이트 목록을 볼 수 있다.

표 4-1. RINEX 파일 포맷 설명 사이트

| |
|---|
| https://www.ngs.noaa.gov/cors/rinex211.txt<br>ftp://igs.org/pub/data/format/rinex303.pdf |

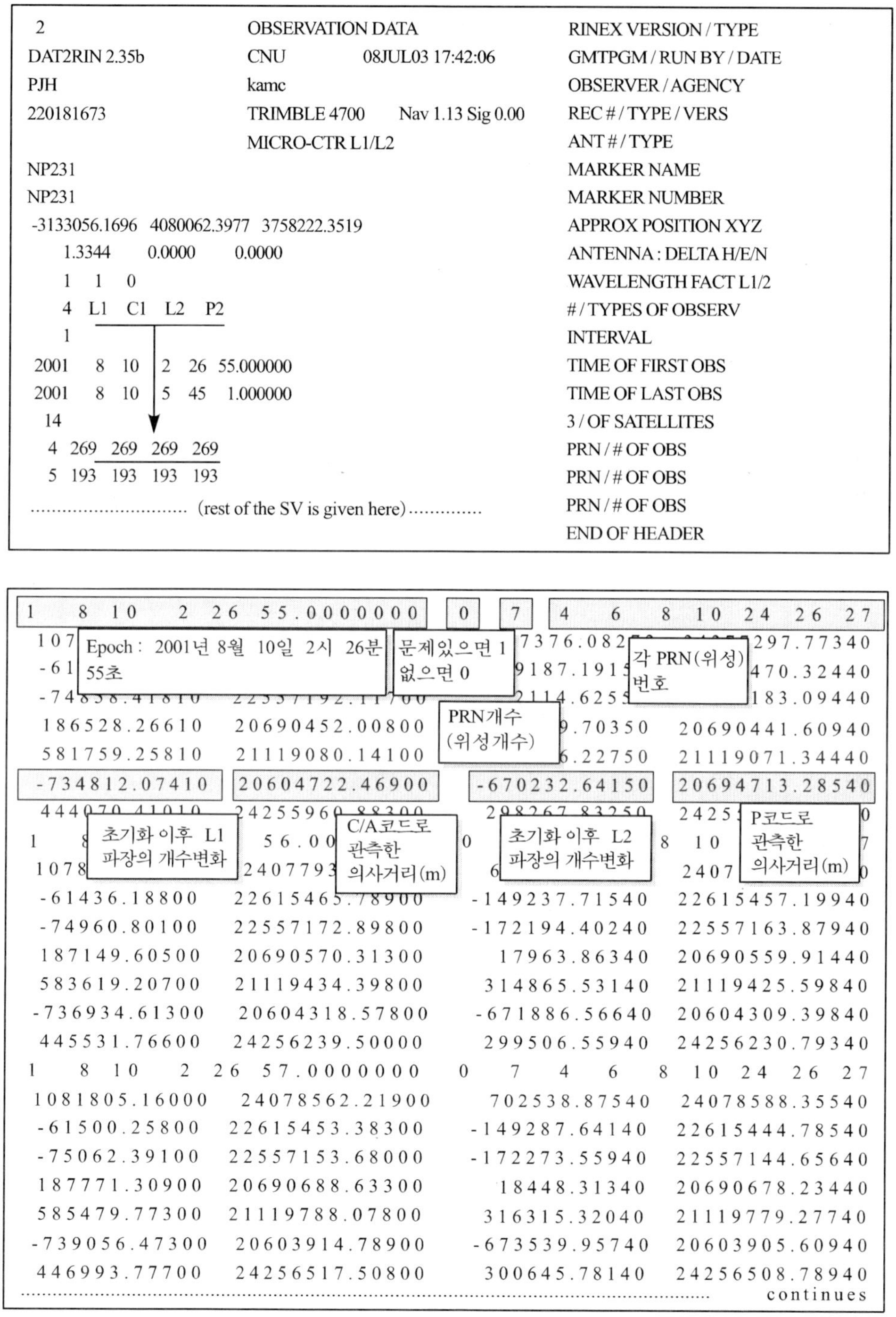


그림 4-7. RINEX 파일 설명

## 라. 코드거리 기반 수신기 위치 결정

코드를 기반으로 하여 위성과 수신기간의 거리가 측정되었다고 했을 때, 수신기의 위치는 어떻게 결정되는 것인지 알아보자. 이를 설명하기 위해 먼저 문자를 정의해보자. $P_i^k$를 위성 $k$와 수신기 $i$간에 측정된 코드 의사거리(Pseudorange)라고 정의하자. 여기서 수신기는 위성보다 아래에 있으므로 아래첨자를 사용하고, 위성번호는 우주에 있으므로 윗첨자를 사용하였다. $P$는 Pseudorange의 첫 문자에서 따온 문자이다. 수신기 $i$에서 위성 1,2,3,4번에서 신호를 수신하여 코드의사거리를 측정했다면, 위성 $k$에서 송신한 시간 $t^k$, 수신기 $i$에서 수신한 시간 $t_i$간의 차이를 이용하여 아래와 같이 계산될 것이다.

이 거리 계산을 우리가 해야 하는 것은 아니고, 수신기가 이와 같이 계산하여 우리에게 거리 계산값인 $P_i^k$ 를 준다고 보면 된다.

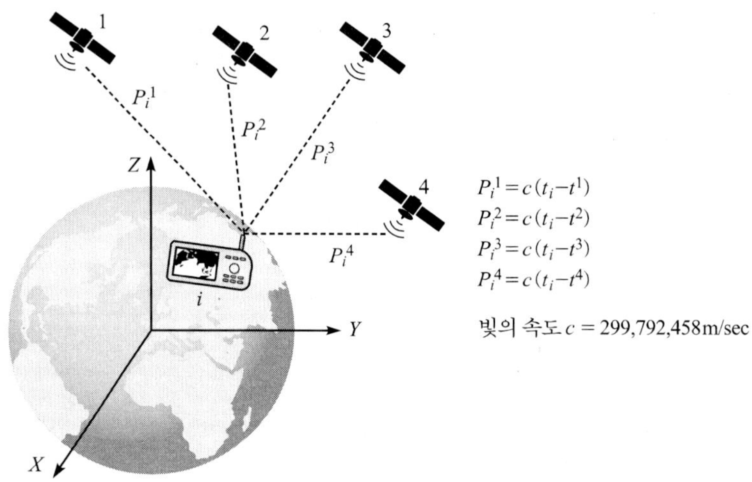


그림 4-8. 위성별로 코드거리 측정값 P (Pseudo-range의 첫 글자) 단위:m

우리는 수신기에서 계산해 준 거리 측정값 $P_i^k$를 이용하여 수신기의 위치 계산에 활용하면 된다. 먼저 우리가 알고싶은 **수신기의 위치를 미지수**로 두어야 하므로 $(X_i, Y_i, Z_i)$이라고 하자. 위성의 위치는 GPS신호의 항법메세지에 담겨서 오는데 이를 $(X^k, Y^k, Z^k)$라고 하자. 다시 말해, **위성의 위치는 기지값 즉, 아는 값**이다. 이 두 값을 이용하여 $k$위성과 $i$수신기 간의 기하학적 거리 $\rho_i^k$는 위성과 수신기의 좌표를 이용하여 아래 식과 같이 표현할 수 있다.

$$\rho_i^k = \sqrt{(X^k - X_i)^2 + (Y^k - Y_i)^2 + (Z^k - Z_i)^2} \quad (4-2)$$

그렇다면 앞서 수신기에서 위성 코드 신호를 측정하여 나온 거리인 $P_i^k$와 실제 거리인 $\rho_i^k$가 동일한가? 절대 그러지 않을 것이다. 왜냐하면 거리 측정에는 여러 가지 오차가 포함되어 있기 때문이다. 그래서 '진짜' 거리가 아닌 '가짜' 거리라는 의미로 '의사거리'라는 용어를 사용한다는 것을 기억하고 있을 것이다.

기억하자!

**측정거리 = 실제거리 + 오차**

여기서는 위치계산 원리의 이해를 위해, 여러 가지 오차 요인 중에서 가장 큰 양을 자랑하는 수신기 시계의 오차인 $dt_i$만을 포함시켜 위치결정에 대해 설명해보고자 한다. 측정된 거리 $P_i^k$는 실제 거리인 $\rho_i^k$에 오차량인 $cdt_i$만큼 더해주어야 같아질 것이다(여기서 c는 빛의 속도).

$$\begin{aligned} &P_i^k \neq \rho_i^k \\ &P_i^k \cong \rho_i^k + cdt_i = \sqrt{(X^k - X_i)^2 + (Y^k - Y_i)^2 + (Z^k - Z_i)^2} + cdt_i \end{aligned} \quad (4-3)$$

자, 이제 상기 식에서 **미지수**는 무엇인가? **수신기 위치 3개** $(X_i, Y_i, Z_i)$**와 수신기 시계오차 1개** $dt_i$, **즉 총 4개**이다. 미지수가 4개일 때 식이 몇 개 있어야 풀 수 있는가? 최소 4개가 있어야 된다. 우리가 앞서 개요에서 위성을 중심으로 한 구(sphere)를 이용하여 설명했을 때도 최소 4개 이상의 위성이 있어야 위치 결정이 가능함을 보였었는데, 여기서도 동일한 결과를 얻을 수 있다.

측정된 거리값을 이용하여 미지수인 수신기의 좌표값을 계산하는 것은 일반측량 기법 중 **삼변측량**(trilateration)에 해당한다. 앞의 식에서 미지수를 구하고 싶지만 걸림돌이 있다. 즉, 미지수 $(X_i, Y_i, Z_i)$가 제곱근 안에 위치해 있고, 미지수 또한 제곱으로 둘러싸여 있다. 이러한 식을 비선형식(non-linear)이라고 하는데, 이를 선형식(linear)으로 만들어야 풀 수가 있다. 이럴 때 필요한 기법이 테일러 급수전개(Taylor's series)인데, 처음에는 어려워 보이지만 조금만 이해하면 어려워할 것 없다. 쉽게 말해, 고등학교 때 배우던 접선방정식 구하는 것과 동일하다. 선형화에 대한 내용 및 GPS 관측방정식을 어떻게 선형화하는지에 대해서는 부록에 설명하였으므로 참고하도록 한다. 조금 어렵다 느껴지면 그냥 넘어가고 최종 결과식만 사용하면 된다.

최종 선형화된 관측방정식은 아래와 같다. 여기서 앞서 설명하지 않은 항목은 $(X_{i,0}, Y_{i,0}, Z_{i,0})$이다. 이 값은 수신기 $i$의 좌표의 초기값이라 불리며, 쉽게 설명하면 정확하지는 않은 대략적인 값이라고 보면 된다. 실질적으로는 이 초기값을 기준으로 수정량 $(\Delta X_i, \Delta Y_i, \Delta Z_i)$를 계산하여 초기값에 더해줌으로써 최종 수신기의 좌표를 계산한다.

$$P_i^k = \rho_{i,0}^k + \frac{-(X^k - X_{i,0})}{\rho_{i,0}^k}\Delta X_i + \frac{-(Y^k - Y_{i,0})}{\rho_{i,0}^k}\Delta Y_i + \frac{-(Z^k - Z_{i,0})}{\rho_{i,0}^k}\Delta Z_i + cdt_i \quad (4\text{–}4)$$

여기서, $\rho_{i,0}^k = \sqrt{(X^k - X_{i,0})^2 + (Y^k - Y_{i,0})^2 + (Z^k - Z_{i,0})^2}$

상기 식을 연립방정식을 풀 때처럼 미지수는 좌변에, 상수는 우변으로 정리하면, 아래와 같이 정리가 된다. 선형화에 대한 내용은 부록을 참조하도록 한다.

$$\frac{-(X^k - X_{i,0})}{\rho_{i,0}^k}\Delta X_i + \frac{-(Y^k - Y_{i,0})}{\rho_{i,0}^k}\Delta Y_i + \frac{-(Z^k - Z_{i,0})}{\rho_{i,0}^k}\Delta Z_i + cdt_i = P_i^k - \rho_{i,0}^k$$

최종적으로 행렬형태로 정리하면 아래와 같이 된다. 이는 수신기 $i$에서 하나의 위성 $k$까지 관측한 코드의사거리값을 기반으로 **행렬형태로 정리한 GPS 선형 관측방정식**이다.

$$\begin{bmatrix} \frac{-(X^k - X_{i,0})}{\rho_{i,0}^k} & \frac{-(Y^k - Y_{i,0})}{\rho_{i,0}^k} & \frac{-(Z^k - Z_{i,0})}{\rho_{i,0}^k} & 1 \end{bmatrix} \begin{bmatrix} \Delta X_i \\ \Delta Y_i \\ \Delta Z_i \\ cdt_i \end{bmatrix} = \begin{bmatrix} P_i^k - \rho_{i,0}^k \end{bmatrix} \quad (4\text{–}5)$$

여기서, $\rho_{i,0}^k = \sqrt{(X^k - X_{i,0})^2 + (Y^k - Y_{i,0})^2 + (Z^k - Z_{i,0})^2}$

상기의 식에서 미지수가 총 4개($\Delta X_i, \Delta Y_i, \Delta Z_i$ 와 $cdt_i$)인 것을 알 수 있다. 이를 계산하기 위해서는 최소한 4개 이상의 식이 필요하므로, 4개의 위성 $k, l, m, n$에 대해 코드 의사거리를 관측했다. 그랬더니 각각의 위성별로 1개씩 총 4개의 행을 가지는 행렬형태의 관측방정식이 만들어질 수 있다.

$$\begin{bmatrix} \frac{-(X^k-X_{i,0})}{\rho_{i,0}^k} & \frac{-(Y^k-Y_{i,0})}{\rho_{i,0}^k} & \frac{-(Z^k-Z_{i,0})}{\rho_{i,0}^k} & 1 \\ \frac{-(X^l-X_{i,0})}{\rho_{i,0}^l} & \frac{-(Y^l-Y_{i,0})}{\rho_{i,0}^l} & \frac{-(Z^l-Z_{i,0})}{\rho_{i,0}^l} & 1 \\ \frac{-(X^m-X_{i,0})}{\rho_{i,0}^m} & \frac{-(Y^m-Y_{i,0})}{\rho_{i,0}^m} & \frac{-(Zm-Z_{i,0})}{\rho_{i,0}^m} & 1 \\ \frac{-(X^n-X_{i,0})}{\rho_{i,0}^n} & \frac{-(Y^n-Y_{i,0})}{\rho_{i,0}^n} & \frac{-(Z^n-Z_{i,0})}{\rho_{i,0}^n} & 1 \end{bmatrix} \begin{bmatrix} \Delta X_i \\ \Delta Y_i \\ \Delta Z_i \\ cdt_i \end{bmatrix} = \begin{bmatrix} P_i^k-\rho_{i,0}^k \\ P_i^l-\rho_{i,0}^l \\ P_i^m-\rho_{i,0}^m \\ P_i^n-\rho_{i,0}^n \end{bmatrix} \tag{4-6}$$

$$Ax = y \tag{4-7}$$

본 식을 푸는 방법은 최소제곱법이라 불리며, 미지수 앞의 계수 행렬을 $A$라 하고 미지수 벡터를 $x$, 우측의 상수 벡터를 $y$라고 하면 $Ax = y$와 같은 선형식이 만들어지며, 최소제곱법에 의해 최확값 $\hat{x}$는 다음과 같이 계산할 수 있다.

$$\text{최확값 } \hat{x} = (A^TA)^{-1}(A^Ty) \tag{4-8}$$

부가적으로 최확값과 관측값의 차이인 잔차 $\tilde{e}$, 잔차를 하나의 수치로 나타낸 분산 개념의 $\hat{\sigma_0}^2$를 계산할 수 있다.

$$\text{잔차 } \tilde{e} = y - A\hat{x} \tag{4-9}$$

$$\text{정밀도 } \hat{\sigma_0}^2 = \frac{\tilde{e}^T\tilde{e}}{n-m} \tag{4-10}$$

여기서 n은 위성 관측 수, m은 미지수(본 식의 경우 4)

최확값으로 계산된 $\hat{x}$인 $\widehat{\Delta X_i}, \widehat{\Delta Y_i}, \widehat{\Delta Z_i}$는, 초기값 $(X_{i,0}, Y_{i,0}, Z_{i,0})$에서 어느 정도 더 움직여야 맞는 위치인지 가르쳐주는 값으로 이해하면 된다. 따라서 수신기 위치를 아래와 같이 업데이트할 수 있다.

$$\begin{bmatrix} X_i \\ Y_i \\ Z_i \end{bmatrix} = \begin{bmatrix} X_{i,0} + \widehat{\Delta X_i} \\ Y_{i,0} + \widehat{\Delta Y_i} \\ Z_{i,0} + \widehat{\Delta Z_i} \end{bmatrix} \quad (4-11)$$

간략하게 설명하긴 했으나, 처음 보게 되면 이해하기 힘들 것이다. 따라서 마이크로소프트 엑셀을 이용하여 아래의 예제를 따라서 풀어보며 이해해 보도록 하자. 생각보다는 어렵지 않으므로 GPS를 이해하기 위해 한번 계산해보는 것이 좋으므로 꼭 한번 해보길 바란다.

### 예 제

수신기에서는 1번부터 7번 위성에서 각각 송신된 코드를 동시에 관측하여 코드 의사 거리 (pseudo-range) $P_i^k$를 측정하여, 표 4-2와 같이 제공되었다.
또한 각 위성에서 발신된 항법메세지를 수신해본 결과 위성별 좌표가 표 4-3과 같이 주어졌다.

표 4-2. (예제) 의사거리 측정값

| 위성번호(k) | $P_i^k$ [m] |
|---|---|
| 1 | 23416619.79 |
| 2 | 24187130.61 |
| 3 | 22283401.18 |
| 4 | 24846285.38 |
| 5 | 23934184.99 |
| 6 | 20725870.68 |
| 7 | 22335159.48 |

표 4-3. (예제) 위성별 좌표

| 위성번호(k) | $X^k$ [m] | $Y^k$ [m] | $Z^k$ [m] |
|---|---|---|---|
| 1 | 5428234.24 | 25825821.98 | 5010101.51 |
| 2 | 14678756.05 | 16868978.91 | 14197750.88 |
| 3 | −22112586.50 | 14519620.53 | −841798.61 |
| 4 | 14573495.64 | 7615500.58 | 21051857.62 |
| 5 | −15028815.07 | −9217739.01 | 19827082.26 |
| 6 | −11621484.44 | 10807569.83 | 21498504.23 |
| 7 | 174196.06 | 26121028.86 | 3512052.33 |

이제 수신기의 좌표를 계산하기 위해 정확하지는 않지만 대략적인 수신기 위치 초기값을 표 4-4와 같이 사용하였다.

표 4-4. (예제) 수신기 초기 좌표

| | $X_{i,0}$ [m] | $Y_{i,0}$ [m] | $Z_{i,0}$ [m] |
|---|---|---|---|
| 수신기 초기 위치 | −3036746.73 | 4021487.69 | 3897157.50 |

이제 본격적으로 수신기 좌표를 계산해 보도록 하자. 아래와 같이 단계별로 하여 계산해볼 것이므로 마이크로소프트 엑셀을 이용하여 따라서 만들어보도록 하자. 마이크로소프트 엑셀을 이용하기 위해서는 행렬관련 함수인 'transpose', 'mmult'를 사용해야 하므로, 이에 대한 사용법을 익힌 후에 계산에 임하도록 한다(인터넷 등에서 검색하여 익히자).

**STEP1** $\rho_{i,0}^{k}$를 계산한다.

$$\rho_{i,0}^{k} = \sqrt{(X^k - X_{i,0})^2 + (Y^k - Y_{i,0})^2 + (Z^k - Z_{i,0})^2}$$

| | |
|---|---|
| $\rho_{i,0}^{1}$ | 23416309.2954873000 m |
| $\rho_{i,0}^{2}$ | 24186758.6372433000 m |
| $\rho_{i,0}^{3}$ | 22283540.1441029000 m |
| $\rho_{i,0}^{4}$ | 24845951.4044191000 m |
| $\rho_{i,0}^{5}$ | 23934271.0259679000 m |
| $\rho_{i,0}^{6}$ | 20725733.7402082000 m |
| $\rho_{i,0}^{7}$ | 22334909.4360631000 m |

**STEP2** y벡터를 계산한다.

y벡터의 의미는 $P_i^k - \rho_{i,0}^k$로서, 관측된 의사거리 $P_i^k$와 초기치 좌표로 계산된 거리 $\rho_{i,0}^k$와의 차이이다.

| | y 벡터 |
|---|---|
| $P_i^1 - \rho_{i,0}^1 =$ | 310.4945126586 m |
| $P_i^2 - \rho_{i,0}^2 =$ | 371.9727566727 m |
| $P_i^3 - \rho_{i,0}^3 =$ | −138.9641028643 m |
| $P_i^4 - \rho_{i,0}^4 =$ | 333.9755808562 m |
| $P_i^5 - \rho_{i,0}^5 =$ | −86.0359678566 m |
| $P_i^6 - \rho_{i,0}^6 =$ | 136.9397917986 m |
| $P_i^7 - \rho_{i,0}^7 =$ | 250.0439369418 m |

**STEP3** A벡터를 계산한다.

$i$수신기와 1번 위성간의 식을 예로 들어보면 아래와 같이 계산할 수 있다. 이 값은 A행렬의 첫 번째 행에서 사용된다 (아래 A행렬 표에서 첫 번째 행 굵은 글씨로 표시한 부분).

$$\frac{-(X^k - X_{i,0})}{\rho_{i,0}^k} = \frac{-(5428234.24-(-3036746.73))}{23416309.295} = -0.3614993662$$

$$\frac{-(Y^k - Y_{i,0})}{\rho_{i,0}^k} = \frac{-(25825821.98-4021487.69)}{23416309.295} = -0.9311601591$$

$$\frac{-(Z^k - Z_{i,0})}{\rho_{i,0}^k} = \frac{-(5010101.51-3897157.5)}{23416309.295} = -0.0475285834$$

2~7번 위성에 대해서도 동일하게 진행하면 아래와 같은 A행렬을 구성할 수 있다.

$A$행렬

| | | | |
|---|---|---|---|
| -0.3614993662 | -0.9311601591 | -0.0475285834 | 1.0000000000 |
| -0.7324463375 | -0.5311787087 | -0.4258773792 | 1.0000000000 |
| 0.8560506834 | -0.4711160243 | 0.2126662150 | 1.0000000000 |
| -0.7087771397 | -0.1446518522 | -0.6904424725 | 1.0000000000 |
| 0.5010417208 | 0.5531493600 | -0.6655696655 | 1.0000000000 |
| 0.4142066967 | -0.3274230107 | -0.8492508372 | 1.0000000000 |
| -0.1437634121 | -0.9894618661 | 0.0172422983 | 1.0000000000 |

STEP4 위치 보정량($\hat{x}$)을 계산한다.

$(A^TA)$행렬

| | | | |
|---|---|---|---|
| 2.3456251478 | 0.7086789561 | 0.3128144129 | -0.1751871546 |
| 0.7086789561 | 2.7842993561 | 0.1630012753 | -2.8418422611 |
| 0.3128144129 | 0.1630012753 | 1.8700754961 | -2.4487604245 |
| -0.1751871546 | -2.8418422611 | -2.4487604245 | 7.0000000000 |

$(A^TA)^{-1}$행렬

| | | | |
|---|---|---|---|
| 0.6542640333 | -0.5817985525 | -0.6395260614 | -0.4435438813 |
| -0.5817985525 | 1.5711617471 | 1.4329326742 | 1.1245684346 |
| -0.6395260614 | 1.4329326742 | 2.3206317996 | 1.3775433129 |
| -0.4435438813 | 1.1245684346 | 1.3775433129 | 1.0702023515 |

$(A^Ty)$벡터

| |
|---|
| -762.7016251157 |
| -809.3830189916 |
| -488.0380130368 |
| 1178.4265082069 |

따라서 최소제곱법에 의해 아래와 같이 최확값이 계산된다. 계산된 최확값의 의미는 초기값에서 최확값만큼 더 이동을 시켜야 더 정확한 값을 얻을 수 있음을 의미한다.

$$\hat{x} = (A^T A)^{-1}(A^T y)$$

| | |
|---|---|
| $\Delta X_i$ | −238.6812115704 m |
| $\Delta Y_i$ | −202.0372981360 m |
| $\Delta Z_i$ | −181.2467838157 m |
| $cdt_i$ | 16.9463632061 m |

STEP5 수신기 위치를 보정하고 시계 오차를 계산한다.

$$\begin{bmatrix} X_i \\ Y_i \\ Z_i \end{bmatrix} = \begin{bmatrix} X_{i,0} + \Delta X_i \\ Y_{i,0} + \Delta Y_i \\ Z_{i,0} + \Delta Z_i \end{bmatrix}$$

처음 넣어주었던 초기치 좌표값에 계산되어 나온 보정량을 더해주면, 더 정확한 위치 좌표를 아래와 같이 얻을 수 있다.

$X_i$ = −3036746.73 + −238.6812115704 = −3036985.41121157 m

$Y_i$ = 4021487.690 + −202.0372981360 = 4021285.65270186 m

$Z_i$ = 3897157.500 + −181.2467838157 = 3896976.25321618 m

시계 오차는 아래와 같이 계산되며, 보는 것과 같이 나노초 정도의 오차 레벨이더라도 무려 16.9m의 거리 측정 오차를 발생시킬 수 있다는 것을 보여주고 있다.

$$dt_i = \frac{cdt_i}{c} = \frac{16.9463632061m}{299{,}792{,}458m/\sec} = 0.0000000565\sec = 56.5(nano)\sec$$

STEP6 잔차 및 정밀도를 계산한다.

잔차 $\tilde{e} = y - A\hat{x}$

| |
|---|
| 10.5215571662 m |
| −4.3016021896 m |
| −8.2251929361 m |
| −6.5081157330 m |
| 7.7313547835 m |
| −1.2188585084 m |
| 2.0008574175 m |

$$\text{분산(정밀도) } \hat{\sigma}_0^{\,2} = \frac{\tilde{e}^T \tilde{e}}{n(\text{식의수}) - m(\text{미지수})} = \frac{\tilde{e}^T \tilde{e}}{7-4} = 101.4$$

이 분산 정보를 이용하면, 계산된 수신기 좌표 $(X_i, Y_i, Z_i)$의 정밀도를 아래와 같이 계산할 수 있다

$$\hat{\sigma}_0^2 (A^T A)^{-1}$$

| | | | |
|---|---|---|---|
| 66.4032651296 | −59.0485210387 | −64.9074631204 | −45.0166300589 |
| −59.0485210387 | 159.4620286972 | 145.4327357701 | 114.1359025130 |
| −64.9074631204 | 145.4327357701 | 235.5280449721 | 139.8110994677 |
| −45.0166300589 | 114.1359025130 | 139.8110994677 | 108.6181218459 |

이 중에서 대각선에 위치한 부분(어둡게 표현한 부분)이 분산값이며 제곱근 값을 구하면 해당 값이 곧 위치 정밀도이다. 단위는 m이다.

| | | |
|---|---|---|
| $\sigma_{X_i}$ = | $\sqrt{66.403}$ = | 8.149 m |
| $\sigma_{Y_i}$ = | $\sqrt{159.462}$ = | 12.628 m |
| $\sigma_{Z_i}$ = | $\sqrt{235.528}$ = | 15.347 m |

이를 이용하여 수신기 좌표값과 신뢰도(1표준편차=68% 신뢰도)를 표현할 수 있다. GPS측량 결과 좌표는 약 X, Y, Z방향으로 8에서 15m 가량 틀려질 수도 있음을 말해주고 있다.

$X_i$ = −3036985.411 m ± 8.149 m

$Y_i$ = 4021285.653 m ± 12.628 m

$Z_i$ = 3896976.253 m ± 15.347 m

3차원 직각좌표는 우리가 인지하기가 어려우므로 경위도 좌표로 바꾸어보자. 3장에서 배웠던 좌표변환식을 이용하여 해당 좌표를 WGS84타원체 파라미터를 이용하여 경위도 좌표로 변환하게 되면(또는 관련 사이트[12] 이용 가능) 아래와 같은 좌표값을 얻게 된다.

$\lambda$ = 127.06111도

$\phi$ = 37.90207도

$h$ = 169.1m

12) http://www.oc.nps.edu/oc2902w/coord/llhxyz.htm

구글 지도(maps.google.com)나 구글 어스 등에서 해당 위치를 그림 4-9와 같이 찾아볼 수 있다. 우리가 실습으로 진행했던 점은 동두천 기상대 관측소에 위치한 수신기였다.

그림 4-9. 구글 지도를 이용한 좌표값 위치 확인

또한 높이 결과인 $h$는 타원체로부터의 높이인 타원체고 이므로, 이를 국토지리정보원 국가 수직기준 연계 소프트웨어 등에서 지오이드 모델을 활용하여 정표고로 변환해보면 그림 4-10과 같이 145.662m의 표고를 얻을 수가 있다.

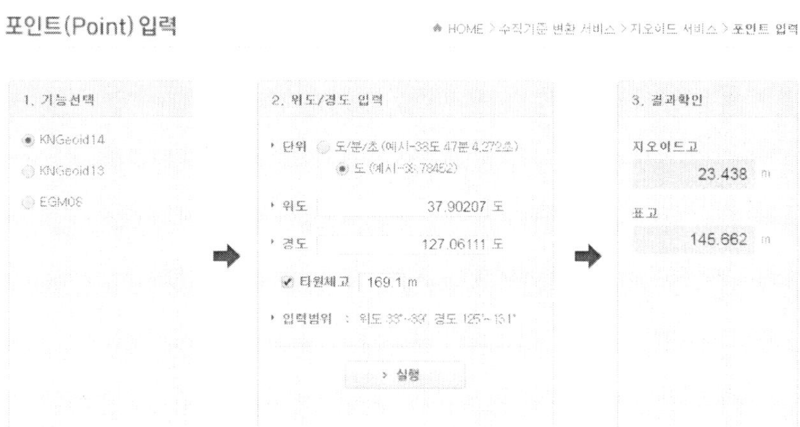


그림 4-10. 국토지리정보원 수직기준 변환 서비스를 이용한 타원체고의 정표고로의 변환

## 마. GPX 파일

GPX(the GPS eXchange Format)이란 GPS 데이터를 여러 어플리케이션 및 인터넷에서 보다 쉽게 활용하기 위해 만들어진 XML 데이터 형식의 포맷으로서 등산로, 하이킹 경로 등 레저 활동 및 QGIS 등의 GIS 프로그램에서도 많이 사용되고 있다. GPX 포맷은 그림 4-11과 같이 단순히 위도와 경도 좌표를 리스트로 나타낸 것이며, 앞서 설명했던 RINEX 파일과는 다르게 **관측값은 포함하지 않고 최종 위치 결과값 만을 포함**하고 있다. 즉, 거리관측값이나 반송파 위상관측치 등 GPS 수신기가 관측하였던 원시 데이터에 대한 정보는 포함하고 있지 않다.

```
<?xml version="1.0"?>
<gpx creator="GPS Visualizer http://www.gpsvisualizer.com/" version="1.0"
xmlns="http://www.topografix.com/GPX/1/0"
xmlns:xsi="http://www.w3.org/2001/XMLSchema-instance"
xsi:schemaLocation="http://www.topografix.com/GPX/1/0
http://www.topografix.com/GPX/1/0/gpx.xsd">
<trk>
  <name>吏  ?빵났媛꿀절蹂??샓뷁?댑젠</name>
  <trkseg>|
    <trkpt lat="37.46783856" lon="126.946386604"> </trkpt>
    <trkpt lat="37.466359571" lon="126.947452629"> </trkpt>
    <trkpt lat="37.46515601" lon="126.947954069"> </trkpt>
    <trkpt lat="37.463787953" lon="126.948087482"> </trkpt>
    <trkpt lat="37.462779112" lon="126.948501705"> </trkpt>
    <trkpt lat="37.461902609" lon="126.948848421"> </trkpt>
    <trkpt lat="37.46082693" lon="126.948060786"> </trkpt>
    <trkpt lat="37.45966611" lon="126.947331496"> </trkpt>
```

그림 4-11. GPX파일의 구조 (경위도 좌표 리스트로 구성)

오픈소스인 QGIS 프로그램(www.qgis.org)에서는 그림 4-12와 같이 GPX파일을 직접 불러들여 GIS지도위에 표시하고 활용할 수 있으며, 또는 GPS수신기를 직접 연결하여 실시간으로 지도위에 경로표시도 가능하다. GPX파일을 KML로 변환하여 구글 어스 등에서 활용할 수도 있다.

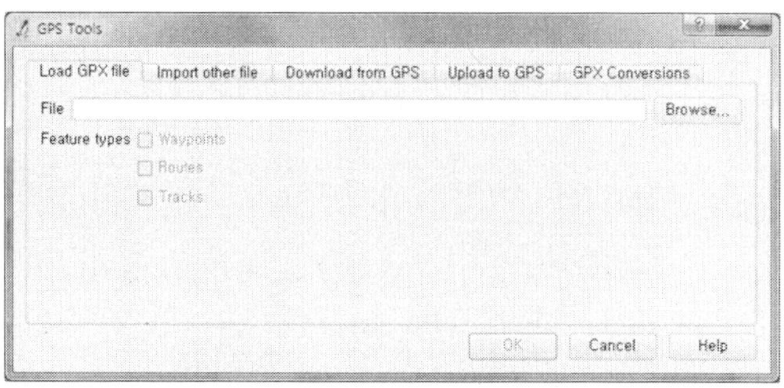


그림 4-12. QGIS 프로그램에서의 GPX 파일의 활용

## 바. NMEA 프로토콜

GPS사용자 중에서는 라즈베리파이(Raspberry Pi) 등을 이용하여 GPS 모듈에서 실시간으로 위치정보를 받아 사용하고 싶은 사용자가 있을 것이다. 이러한 개발 업무 등을 수행하기 위해서는 NMEA라는 규약을 이해할 필요가 있다. NMEA(National Marine Electronics Association)는 비영리 단체에서 제정한 GPS 인터페이스 프로토콜이며, http://www.nmea.org에서 보다 상세한 내용을 확인해볼 수 있다. NMEA 데이터 예를 아래 그림에서 확인해볼 수 있다. 여기서 $는 각각의 문장의 시작을 의미한다. 처음에 나오는 문구인 GP는 Global Positioning System receive이란 의미이며, 다음 문구인 GGA, GSA, GSV, RMC등은 어떠한 데이터를 담고 있는지 종류를 나타낸다. 즉, 자신이 필요로 하는 정보만 읽어서 사용하면 된다. 참고로 아래 예에서는 시각 092750에 대해 GGA부터 RMC까지 대한 데이터 한 세트가 생성되었고, 092751에 대해 또 한 세트가 생성된 것을 보여주고 있다.

```
$GPGGA,092750.000,5321.6802,N,00630.3372,W,1,8,1.03,61.7,M,55.2,M,,*76
$GPGSA,A,3,10,07,05,02,29,04,08,13,,,,,1.72,1.03,1.38*0A
$GPGSV,3,1,11,10,63,137,17,07,61,098,15,05,59,290,20,08,54,157,30*70
$GPGSV,3,2,11,02,39,223,19,13,28,070,17,26,23,252,,04,14,186,14*79
$GPGSV,3,3,11,29,09,301,24,16,09,020,,36,,,*76
$GPRMC,092750.000,A,5321.6802,N,00630.3372,W,0.02,31.66,280511,,,A*43

$GPGGA,092751.000,5321.6802,N,00630.3371,W,1,8,1.03,61.7,M,55.3,M,,*75
$GPGSA,A,3,10,07,05,02,29,04,08,13,,,,,1.72,1.03,1.38*0A
$GPGSV,3,1,11,10,63,137,17,07,61,098,15,05,59,290,20,08,54,157,30*70
$GPGSV,3,2,11,02,39,223,16,13,28,070,17,26,23,252,,04,14,186,15*77
$GPGSV,3,3,11,29,09,301,24,16,09,020,,36,,,*76
$GPRMC,092751.000,A,5321.6802,N,00630.3371,W,0.06,31.66,280511,,,A*45
```

그림 4-13. NMEA 예(출처:위키피디아)

우선 GPGGA(Global Positioning System Fixed Data)의 내용을 아래 표를 통해 살펴보자. 가장 일반적으로 필요로하는 정보들을 담고 있다.

표 4-5. GPGGA 정보

| | Field | Example | Comments |
|---|---|---|---|
| 1 | Sentence ID | $GPGGA | Global positioning system fixed data |
| 2 | UTC Time | 92204.999 | hhmmss.sss |
| 3 | Latitude | 4250.5589 | ddmm.mmmm |

| | Field | Example | Comments |
|---|---|---|---|
| 4 | N/S Indicator | S | N=North, S=South |
| 5 | Longitude | 14718.5084 | dddmm.mmmm |
| 6 | E/W Indicator | E | E=East, W=West |
| 7 | Position Fix | 1 | 0=Invalid, 1=Valid SPS, 2=Valid DGPS, 3=Valid PPS |
| 8 | Satellites Used | 4 | Satellites being used(0–12) |
| 9 | HDOP | 24.4 | Horisontal dilution of precision |
| 10 | Altitude | 19.7 | Altitude in meters according to WGS–84 ellipsoid |
| 11 | Altitude Units | M | M=Meters |
| 12 | Geoid Seperation | | Geoid seperation in meters according to WGS–84 ellipsoid |
| 13 | Seperation Units | | M=Meters |
| 14 | DGPS Age | | Age of DGPS data in seconds |
| 15 | DGPS Station ID | 0 | |
| 16 | Checksum | *1F | |
| 17 | Terminator | CR/LF | |

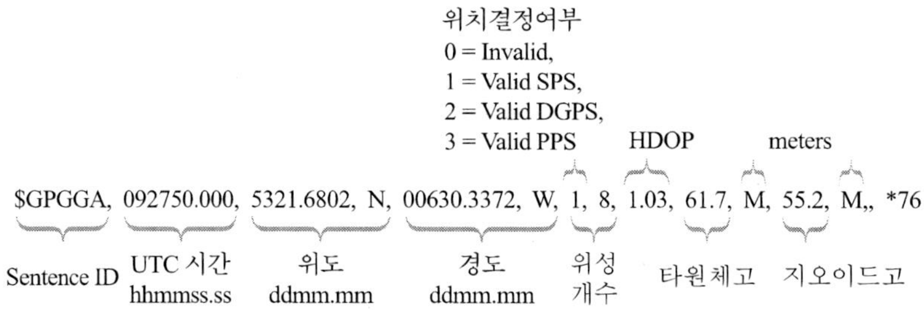


GPRMC(Recommended Minimum Specific GNSS Data)의 내용은 아래와 같다. 간략화된 형태의 정보만을 활용할 수 있도록 설계되어 있다.

표 4–6. GPRMC 정보

| | Field | Example | Comments |
|---|---|---|---|
| 1 | Sentence ID | $GPRMC | Recommended Minimum Specific GNSS Data |
| 2 | UTC Time | 92204.999 | hhmmss.sss |
| 3 | Latitude | A | A=Valid, V=Invalid |
| 4 | Latitude | 4250.5589 | ddmm.mmmm |
| 5 | N/S Indicator | S | N=North, S=South |
| 6 | Longitude | 14718.5084 | ddmm.mmmm |
| 7 | E/W Indicator | E | E=East, W=West |
| 8 | Speed over ground | 0 | knots |
| 9 | Course over ground | 0 | Degrees |

| | Field | Example | Comments |
|---|---|---|---|
| 10 | UTC Data | 211.200 | DDMMYY |
| 11 | Magnetic variation | | Degrees |
| 12 | Checksum | | |
| 13 | Terminator | | |

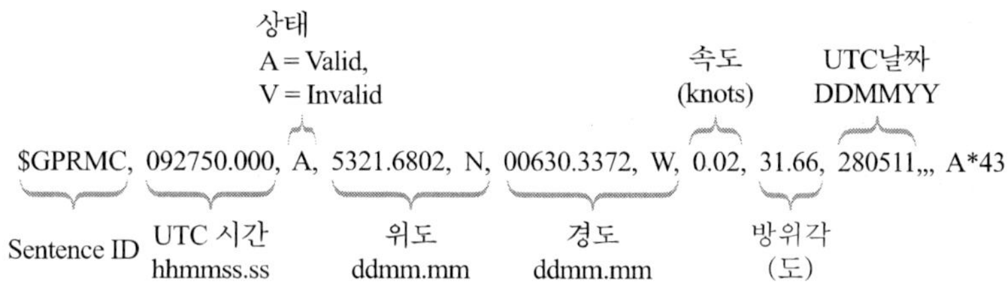


GPGSA(GNSS DOP and Active Satellites)의 내용은 아래와 같다. 위성에 대한 정보 및 DOP에 대한 자세한 내용을 알 수 있도록 되어 있다.

표 4-7. GPGSA 정보

| | Field | Example | Comments |
|---|---|---|---|
| 1 | Sentence ID | $GPGSA | GNSS DOP and active satelltes |
| 2 | Mode 1 | A | A=Auto 2D/3D, M=Forced 2D/3D |
| 3 | Mode 1 | 3 | 1=No fix, 2=2D, 3=3D |
| 4 | Satellite used 1 | 1 | Satellite used on channel 1 |
| 5 | Satellite used 2 | 20 | Satellite used on channel 2 |
| 6 | Satellite used 3 | 19 | Satellite used on channel 3 |
| 7 | Satellite used 4 | 13 | Satellite used on channel 4 |
| 8 | Satellite used 5 | | Satellite used on channel 5 |
| 9 | Satellite used 6 | | Satellite used on channel 6 |
| 10 | Satellite used 7 | | Satellite used on channel 7 |
| 11 | Satellite used 8 | | Satellite used on channel 8 |
| 12 | Satellite used 9 | | Satellite used on channel 9 |
| 13 | Satellite used 10 | | Satellite used on channel 10 |
| 14 | Satellite used 11 | | Satellite used on channel 11 |
| 15 | Satellite used 12 | | Satellite used on channel 12 |
| 16 | PDOP | 40.4 | position dilution of precision |
| 17 | HDOP | 24.4 | Horizontal dillution of precision |
| 18 | VDOP | 32.2 | Vertical dilution of precision |
| 19 | Checksum | *0A | |
| 20 | Terminator | CR/LF | |

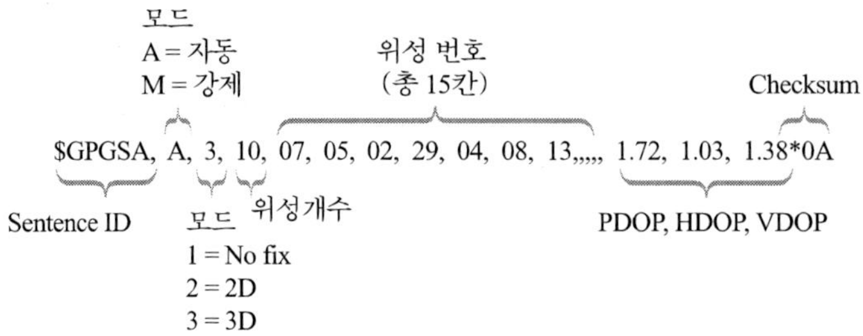


GPGSV(GNSS Satellites in View)의 내용은 아래와 같다. 위성에 대한 분포에 대한 정보를 알 수 있도록 구성되어 있다. 그런데 GPGSV는 다른 문장과는 다르게 여러 개가 수신된다. 왜냐하면 아래 GPGSV 설명 표에서 알 수 있다 시피 한 문장에 4개의 위성에 대한 정보만을 담을 수 있기 때문에, 11개의 위성 정보를 나타내기 위해서는 총 3 문장의 GPGSV가 필요한 것이다.

표 4-8. GPGSA 정보

| | Field | Example | Comments |
|---|---|---|---|
| 1 | Sentence ID | $GPGSA | GNSS DOP and active satelltes |
| 2 | Number of message | 3 | Number of message in complete message (1-3) |
| 3 | Sequence number | 1 | Sequence number of this entry (1-3) |
| 4 | Satellite in view | 10 | |
| 5 | Satellite ID 1 | 20 | Range is 1-32 |
| 6 | Elevation 1 | 78 | Elevation in degrees (0-90) |
| 7 | Azimuth 1 | 331 | Azimuth in degrees (0-359) |
| 8 | SNR 1 | 45 | Signal to noise ration in dBHZ (0-99) |
| 9 | Satellite ID 2 | 1 | Range is 1-32 |
| 10 | Elevation 2 | 58 | Elevation in degrees (0-90) |
| 11 | Azimuth 2 | 235 | Azimuth in degrees (0-359) |
| 12 | SNR 2 | 47 | Signal to noise ration in dBHZ (0-99) |
| 13 | Satellite ID 3 | 22 | Range is 1-32 |
| 14 | Elevation 3 | 41 | Elevation in degrees (0-90) |
| 15 | Azimuth 3 | 69 | Azimuth in degrees (0-359) |
| 16 | SNR 3 | | Signal to noise ration in dBHZ (0-99) |
| 17 | Satellite ID 4 | 13 | Range is 1-32 |
| 18 | Elevation 4 | 32 | Elevation in degrees (0-90) |
| 19 | Azimuth 4 | 252 | Azimuth in degrees (0-359) |
| 20 | SNR 4 | 45 | Signal to noise ration in dBHZ (0-99) |
| 21 | Checksum | *70 | |
| 22 | Terminator | CR/LF | |

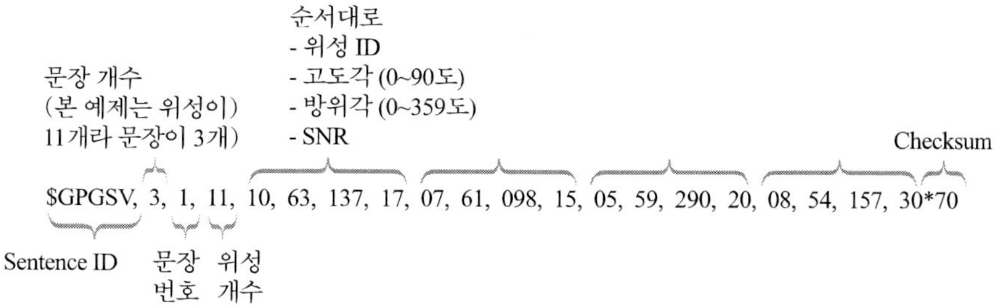


## 사. 개념 정립 문제

### 기사시험 기출 문제

(1) 다음 중 GPS의 자료교환에 사용되는 표준형식으로 서로 다른 기종간의 기선해석이 가능하도록 한 것은?

㉮ RINEX ㉯ SDTS ㉰ DXF ㉱ IGES

(2) GPS에서는 어떻게 위성과 수신기 사이의 거리를 측정하는가?

㉮ 신호의 전달시간을 관측 ㉯ 신호의 형태를 관측
㉰ 신호의 세기를 관측 ㉱ 신호대 잡음비를 관측

(3) RINEX 형식이 포함할 수 있는 내용으로 거리가 먼 것은?

㉮ GPS 위성의 C/A 코드 의사거리
㉯ GLONASS 위성의 항법 메시지
㉰ GEO(Geostationary) 위성의 항법 메시지
㉱ IKONOS 위성의 항법 메시지

(4) GNSS 수신기의 기종은 달라도 수신된 관측 자료를 기종에 관계없이 공통의 형식(Format)으로 변환시켜 사용하는 자료 형식은?

㉮ IONEX ㉯ RINEX ㉰ SINEX ㉱ RTCM

(5) GNSS의 방송궤도력에서 제공하는 정보로 옳은 것은?

㉮ 위성과 수신기 사이의 거리 ㉯ 위성의 위치정보
㉰ 대기 중 습도정보 ㉱ 수신기의 시계오차

## 개념 정립 문제

(1) 모호 정수치가 무엇인가?

(2) GPS데이터를 쉽게 주고받기 위해 만든 표준화된 형태의 교환 포맷은 무엇인가?

(3) 아래 GPS 기본 거리식에서 미지수를 설명하라. 또한 해당 미지수를 계산해내기 위해서 몇 개의 식이 필요한지도 설명하라.

$$P_i^k = \sqrt{(X^k - X_i)^2 + (Y^k - Y_i)^2 + (Z^k - Z_i)^2} + cdt_i$$

**정 답**

### 기사시험 기출 문제

(1) 가 (2) 가 (3) 라 (4) 나 (5) 나

### 개념 정립 문제]

(1) 반송파를 이용하여 거리를 관측하는 경우 수신 시작 시점에서의 위성에서 수신기까지의 파장의 개수를 의미한다. 다시 말해 처음 시작 epoch에서의 위상주기개수를 말하며, 이후 위성을 계속 추적(tracking)하는 동안 상수로 남아있게 된다.

(2) RINEX(Receiver Independent Exchange Format)파일

(3) 미지수는 수신기의 좌표 3개와 시계오차 1개, 총 4개 $X_i, Y_i, Z_i, dt_i$, 따라서 거리식이 총 4개 이상이 필요

CHAPTER

# 05 GPS 오차 요인

CHAPTER 05

# GPS 오차 요인

## 가. GPS 거리 측정의 오차

수신기 $i$의 좌표가 $(X_i, Y_i, Z_i)$이고 위성 $k$의 좌표가 $(X^k, Y^k, Z^k)$라면 위성-수신기간의 실제 거리 $\rho_i^k$는 아래와 같이 간단하게 계산될 수 있다. 그러나 수신기 좌표는 모르는 값이기 때문에 미지수이고 따라서 이 거리 또한 미지수가 된다 (여기서 수신기는 아래에 있기 때문에 아래첨자, 위성은 위에 있기 때문에 윗첨자를 사용하였다.)

$$\rho_i^k = \sqrt{(X^k - X_i)^2 + (Y^k - Y_i)^2 + (Z^k - Z_i)^2} \quad (5-1)$$

GPS 수신기 $i$를 이용하면, 위성 $k$과의 코드 의사거리(Pseudo-range) $P_i^k$가 측정(관측)된다. 하지만, 이 거리는 실제 거리인 $\rho_i^k$와는 다른 값일 것이다. 왜냐하면, 거리측정에는 오차가 있을 것이기 때문이다. 따라서 여러 가지 오차 중 가장 큰 오차인 수신기 시계 오차 $dt_i$만을 적용한다면 아래와 같은 식을 만들 수 있다.

$$P_i^k = \rho_i^k + cdt_i \quad (5-2)$$

여기서는 다른 오차 요인들을 추가하여 GPS 기본 관측방정식을 만들어 보고자 한다.

**측정거리 = 실제거리 + 수신기시계오차 + 오차1 + 오차2+ ... + 오차N**

그러기 위해서, 오차의 종류에 대해 간단히 살펴보고 GPS 관측방정식을 이해해보자. 그림 5-1에서 보는 것과 같이 위성 자체의 위치오차 및 위성시계오차가 있을 수 있고, 위성에서 발신된 GPS 신호가 수신기까지 도달하기까지 전리층 및 대류층에 의한 전파신호 지연이 있을 수 있으며, 전파신호가 주변 물체에 반사되어 수신기로 전달되는 멀티패스 등의 오차도 있다. 또한 GPS 수신기 자체의 시계오차 및 노이즈 등이 있을 수 있다.

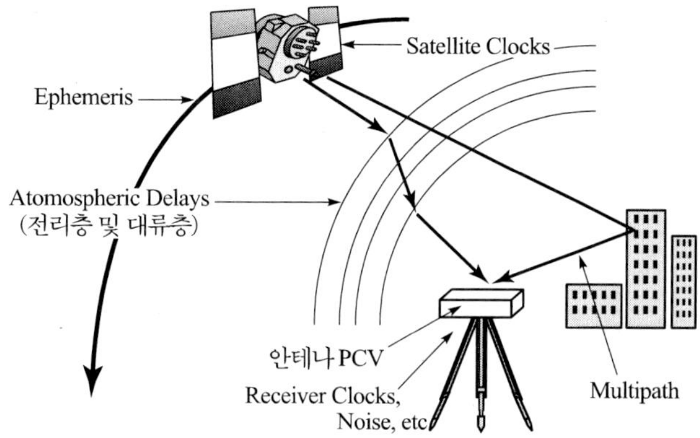


그림 5-1. GPS 거리 측정의 오차 요인들

앞서 본 것과 같이 거리 측정에는 여러 가지 오차요인이 포함되어 있다. 대략적인 오차의 범위는 표 5-1과 같으나, 위성 배치 상태, 수신기, 주변 환경 등에 따라 크게 달라질 수 있다는 점을 기억하자.

표 5-1. GPS거리측정 오차 요인별 대략의 거리 오차

| GPS거리측정 오차 요인 | 거리 오차의 정도 (m) |
|---|---|
| 위성 시계 오차 | 1~2 m |
| 위성 위치 오차 | 1~2 m |
| 전리층 | 2~30 m |
| 대류권/대기권 | 1~10 m |
| 다중경로(멀티패스) | 0.5~ 2 m |
| 수신기 노이즈 오차 | 0.5~ 1.5 m |
| 수신기 시계 오차 | ~수십km |

## 1) 시계 오차 (위성 및 수신기)

위성 시계의 경우 오차가 매우 적은 원자시계(Atomic clock)를 사용한다. 원자시계의 안정성은 하루당 10-13~10-14초가 달라지는 정도인데, 이는 원자시계가 3백 만년(3,000,000년)에 1초 느려진다는 것을 의미한다. 원자시계라 하더라도 오차는 존재하며 그 정도가 약 5x10-9초 정도이므로 수치상으로는 매우 미약한 정도인 것처럼 보인다. 그러나 거리를 계산하기 위해 빛의 속도인 299,792,458m/sec를 곱해보면 약 1.5m 정도의 오차가 발생한다. 즉, 매우 작은 시계 오차이지만 거리 측정에서는 미터급의 큰 오차를 발생시키는 것이다.

하지만 다행히 GPS 관제소에서는 이러한 GPS 시계 오차를 모니터링하여 GPS 항법 메시지로 송신해주므로 이를 이용하면 보다 정확한 위성 시간을 사용할 수 있다. 더욱이 IGS(International GNSS Service, http://www.igs.org)에서는 GPS 위성이 지나간 이후에 시계 오차를 보다 정확히 예측하여 제공해주므로 이를 활용하면 보다 정확한 측량을 수행할 수 있다(바로 뒤의 위성 위치 오차에서 보다 자세히 설명함).

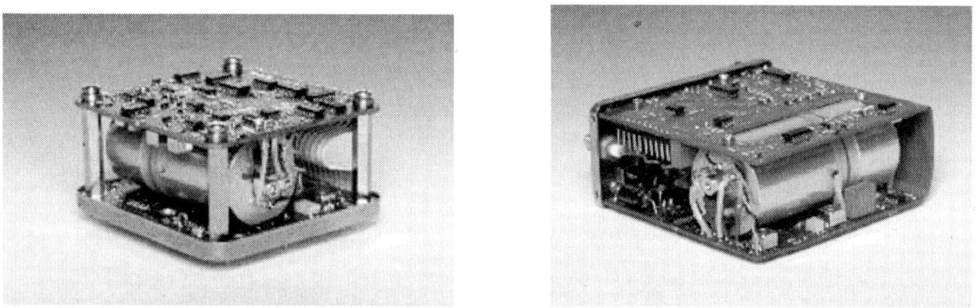

그림 5-2. GPS 위성 시계 (원자 시계)

## 2) 위성 위치 오차

GPS위성은 기준점의 역할을 하므로, GPS 위성의 위치를 정확히 알고 있어야 한다. 따라서 GPS 지상 관제국에서는 위성의 움직임을 일정 시간 동안 (약 1주일분) 모니터링 하여 향후 어떤 궤도로 이동할지를 예측(오차범위 수 미터이내)하고 예측된 정보를 위성으로 업로드한다. 우리가 GPS 수신기에서 받는 항법메세지에 들어 있는 궤도 정보가 바로 이것이다. 이렇게 정확한 예측이 가능한 이유는 GPS 위성은 약 2만km 상공에 있어 궤도가 아주 안정적이어서 궤도 예측 정확도가 아주 높기 때문이다. 그럼에도 불구하고 태양, 달 등의 만유인력, 태양풍 등으로 인하여 예측하지 못하는 오차요인이 존재하므로 위성 위치에는 오차가 존재하게 된다. 일반적으로 이정도의 내용만 숙지하고 있어도 충분하므로 보다 자세한 내용을 알고 싶은 경우가 아니라면 아래 내용은 건너뛰도록 한다.

기준점 측량과 같은 정확한 위치결정을 하고 싶은 사람을 위해서 IGS에서는 위성이 지나간 후 정확히 산출된 위성 위치 및 시계 오차를 제공한다. 그림 5-4와 같이 Broadcast 즉 위성에서 항법메세지로 전달해주는 위성 위치 정보의 정확도가 약 1m 가량인데, 이를 실시간(Ultra-Rapid 타입의 경우)으로 5cm레벨의 정확도로 향상된 위성 위치 정보를 제공해준다. 또한 12~18일 이후에는 Final 타입으로 2.5cm레벨의 정확도의 데이터를 여러 사이트[13]에서 다운로드 받아 사용할 수 있도록 해주고 있다.

Centra Bureau, Jet Propulsion Laboratory, USA IGS CB
CDDIS Global Data Center, Godard Space Flight Center, USA CDDIS
SOPAC Global Data Center, Scripps Institute of Oceanography, USA SOPAC
IGN Global Data Center, Institute Geographique National, France IGN
KASI Global Data Center, Korean Astronomy and Space Center, S. Korea KASI

그림 5-3. IGS 데이터 다운받을수 있는 FTP사이트 리스트

| Type | | Accuracy | Latency | Updates | Sample Interval |
|---|---|---|---|---|---|
| Broadcast | orbits | ~100 cm | real time | -- | daily |
| | Sat. clocks | ~5 ns RMS<br>~2.5 ns SDev | | | |
| Ultra-Rapid (predicted half) | orbits | ~5 cm | real time | at 03, 09, 15, 21 UTC | 15 min |
| | Sat. clocks | ~3 ns RMS<br>~1.5 ns SDev | | | |
| Ultra-Rapid (observed half) | orbits | ~3 cm | 3 - 9 hours | at 03, 09, 15, 21 UTC | 15 min |
| | Sat. clocks | ~150 ps RMS<br>~50 ps SDev | | | |
| Rapid | orbits | ~2.5 cm | 17 - 41 hours | at 17 UTC daily | 15 min |
| | Sat. & Stn. clocks | ~75 ps RMS<br>~25 ps SDev | | | 5 min |
| Final | orbits | ~2.5 cm | 12 - 18 days | every Thursday | 15 min |
| | Sat. & Stn. clocks | ~75 ps RMS<br>~20 ps SDev | | | Sat.: 30s<br>Stn.: 5 min |

그림 5-4. IGS(International GNSS Service) 제공 위성 위치 및 시계 오차 정보 종류

예를 들어, 측량한 날짜가 2016년 4월 14일(목)이고 Final 타입의 정보를 다운받고자 한다면 **GPS Week이 1892이고 4번째 날(일0/월1/화2/수3/목4)**이므로, 다운로드 사이트에 접속하여 1892를 선택하고 ftp접속 후 18924에 해당하는 데이터를 다운받으면 된다. 주의할 점은 IGS, IGR, IGU와 같이 여러 가지 이름을 갖고 있는데, Final은 IGS를 받아야 한다. IGR은 Rapid, IGU는 Ultra-rapid를 의미한다.

13) IGS ftp: http://kb.igs.org/hc/en-us/articles/202054393-IGS-FTP-Sites
Central Bureau, Jet Propulsion Laboratory, USA ftp://igscb.jpl.nasa.gov/
https://igscb.jpl.nasa.gov/components/prods_cb.html
CDDIS Global Data Center, Godard Space Flight Center, USA ftp://cddis.gsfc.nasa.gov/
SOPAC Global Data Center, Scripps Institute of Oceanography, USA ftp://garner.ucsd.edu/
IGN Global Data Center, Institut Geographique National, France ftp://igs.ensg.ign.fr/
KASI Global Data Center, Korean Astronomy and Space Center, S. Korea ftp://nfs.kasi.re.kr/

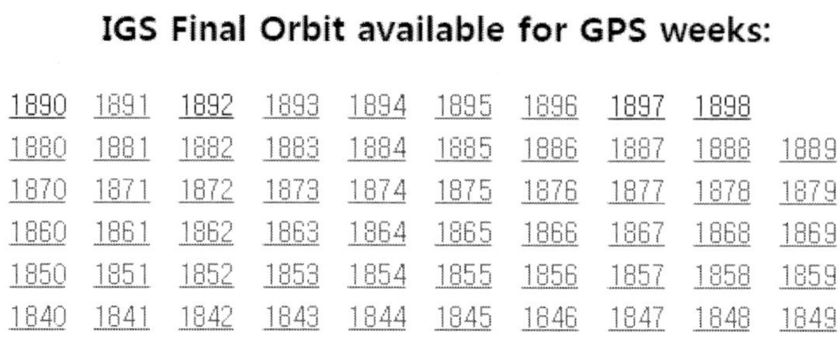


그림 5-5. GPS Week별로 궤도 정보 제공

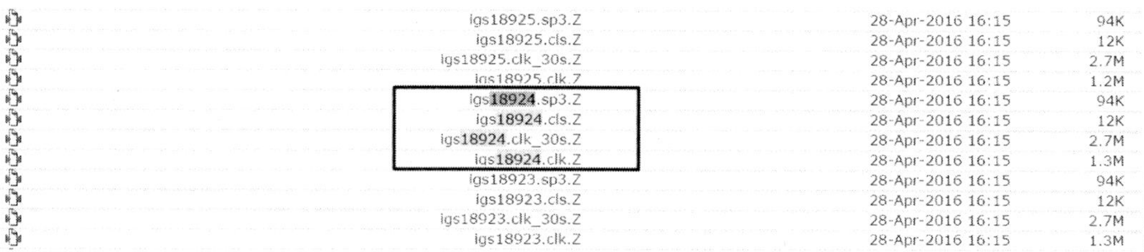


그림 5-6. IGS 제공 데이터 (IGS로 시작하는 것이 Final 타입, IGR은 Rapid, IGU는 Ultra-rapid를 의미)

표 5-2. IGS 파일 설명

| 파일 확장자 | 설명 | |
|---|---|---|
| sp3 | Precise satellite orbits and clocks | 정밀 궤도 및 시계 정보 |
| cls | IGR GPS clock combination summary report | IGS GPS 시계 조합 정보 |
| clk | IGR GPS satellite and station clocks | IGS GPS 위성 및 수신기 시계 정보 |

## 3) 전리층

**전리층**(Ionosphere)이란 지상으로부터 **약 50km이상에서 1,000km 사이에 존재하는 전자/양이온층**을 말한다. 이는 GPS신호 전달에 영향을 미치는데, 이러한 영향을 제거하기 위해 전리층 모델을 사용하거나 L1, L2 두 개의 주파수를 이용한 선형조합을 사용한다.

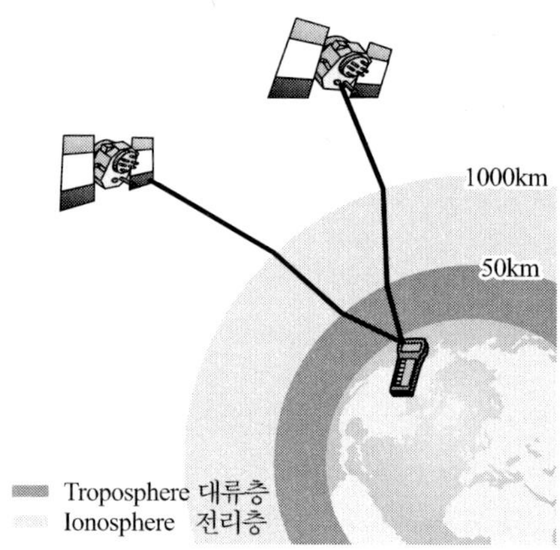


그림 5-7. 전리층 및 대류권에 의한 거리 측정 오차

GPS신호가 전리층을 통과하며 영향을 받게 되는데 주파수에 따라 영향을 다르게 미치는 특성이 있다. **코드의 경우에는 신호가 지연 되게 만들어 의사거리가 길게 측정**(전달 시간이 길어지므로)되고, **반송파에 기반한 의사거리의 경우 반대로 짧게 측정**되도록 만든다. 그림 5-8에서 0보다 위에 있는 값들은 코드의 경우로서 거리가 길게 측정되어서 양(+)의 값을 가지는 것을 볼 수 있고, 아래 있는 값들은 반송파의 경우로서 거리가 짧게 측정되어 음(-)의 값을 갖는 것을 볼 수 있다.

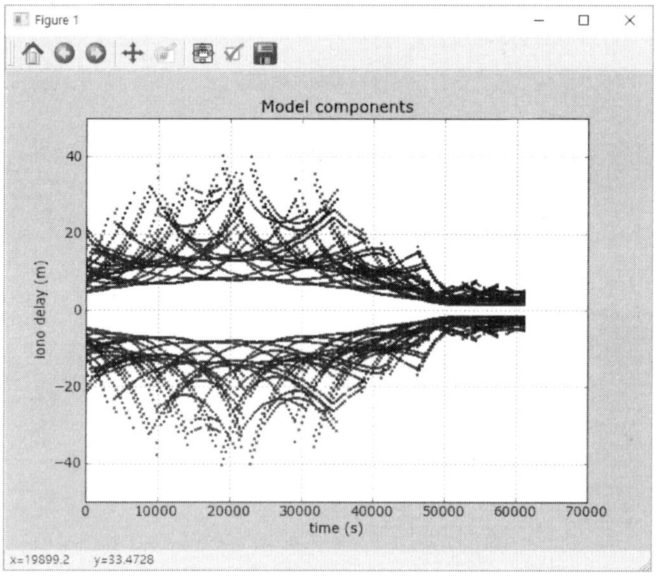


그림 5-8. 전리층 지연 효과 (코드(위) 길이 길어짐 및 반송파(아래) 길이 짧아짐)

전리층의 양은 TEC (Total Electron Content)이라는 수치로 보여주게 된다. TEC은 전자/양이온이 현재 얼마나 많이 있는지를 보여주는 지표로 쓰이는데, 1 TEC 단위는 1제곱미터 당 $10^{16}$개의 electron이 존재하는 것을 의미한다. **TEC 수치가 높을수록 GPS 위치 정확도에 악(惡)영향**을 미치게 되며, 이는 **태양의 흑점의 개수와도 관계**(11년 주기)가 높다.

전리층 TEC 지도는 미국 NASA[14] 등에서 인터넷으로 실시간으로 볼 수 있다.

14) http://iono.jpl.nasa.gov/latest_rti_global.html

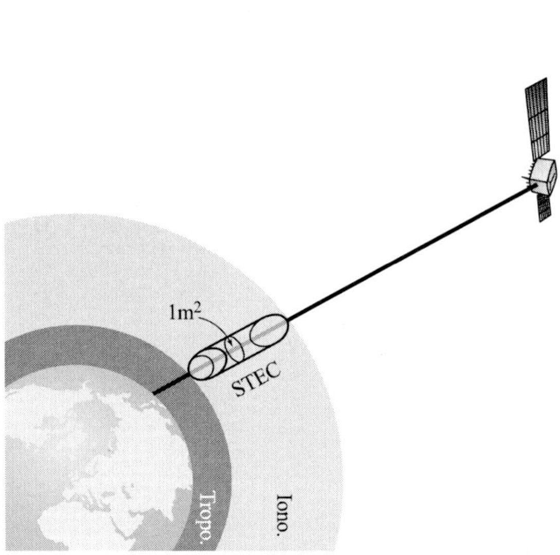


그림 5-9. 전리층에서 1제곱미터 범위의 의미

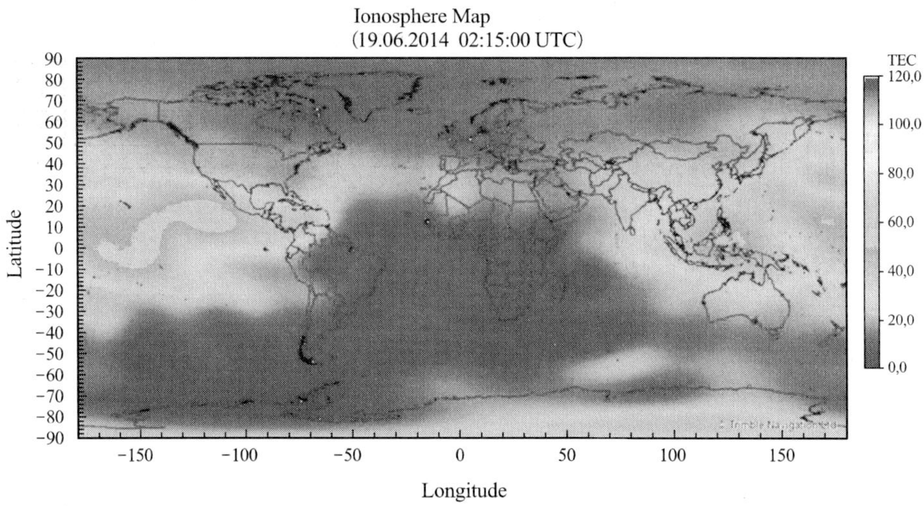


그림 5-10. 특정 시각에서의 전세계 전리층 TEC 지도

그림 5-11은 태양의 흑점개수를 모니터링하여 점으로 그래프를 형성하고 향후 어떻게 될지 예측한 그래프이다. 2009년을 저점으로 하여 2016년까지 흑점의 수가 증가세를 보이다가 향후에는 흑점의 수가 적어질 것으로 예측되고 있으며, 따라서 이와 관련성 있는 전리층의 효과도 향후 몇 년간 적어질 것으로 보인다. 즉 GPS사용자 측면에서는 좋은 품질의 위치 결과를 얻을 수 있을 것으로 보인다.

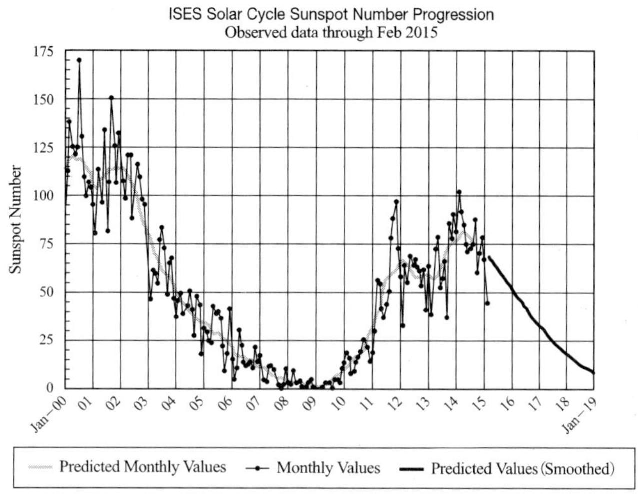


그림 5-11. 흑점의 수 측정 값 및 예측치

일반적으로 앞서 설명한 내용만 숙지하고 있어도 충분하다. 따라서 아래 내용은 건너뛰어도 좋다.

전리층에 대한 데이터를 직접 사용하고 싶은 경우에는 IGS에서 제공하는 데이터를 활용할 수 있다. IGS(International GNSS Service, http://www.igs.org)에서는 전리층 및 이후 설명할 대류권 오차에 대한 정보 또한 보다 정밀하게 제공해준다. 그림 5-12에 따르면 IGS에서 제공해주는 데이터는 대류권의 경우 4mm오차 레벨의 정확도를 보이며, 전리층의 경우에는 2~8TECU(**L1 반송파의 경우 1 TECU이 약 16cm의 오차를 유발**한다).

**Atmospheric Parameters**

| Type | Accuracy | Latency | Updates | Sample Interval |
|---|---|---|---|---|
| Final tropospheric zenith path delay | 4 mm | < 4 weeks | weekly | 2 hours |
| Ultra-Rapid tropospheric zenith path delay | 6 mm | 2-3 hours | every 3 hours | 1 hour |
| Final ionospheric TEC grid | 2-8 TECU | ~11 days | weekly | 2 hours; 5 deg (lon) x 2.5 deg (lat) |
| Rapid ionospheric TEC grid | 2-9 TECU | <24 hours | daily | 2 hours; 5 deg (lon) x 2.5 deg (lat) |

그림 5-12. IGS의 전리층 및 대류권 정보 제공

다운로드하기 위해서는 IGS가 데이터를 지원하는 기관의 ftp 다운로드 사이트[15]에 접속하여 원하는 타입의 대기 보정 정보를 다운로드 받을 수 있다. 사이트 마다 ftp폴더 구조가 약간씩 다른 점을 주의해야 한다. 예를 들어, IGN Global Data Center 사이트에서 접속하게 되면, "/pub/igs/products/ionosphere/"에서 해당 년도 및 율리우스 일에 해당하는 폴더에서 다운로드 받을 수 있다. 예를 들어, 2016년 4월 14일(목)이면 율리우스 일(Julian Day)가 105이므로 "2016/105" 폴더 내에서 isgs 또는 igrg로 시작하는 파일을 다운로드 받고 압축파일을 풀어 사용한다. 율리우스 일은 앞서 "2장 라. 시간"에서 설명한 사이트 등에서 확인할 수 있으며, 또는 구글 등에서 Julian Day라고 검색하여 변환하면 알 수 있다.

**/pub/igs/products/ionosphere/2016/105/의 색인**

| 이름 | 크기 | 수정된 날짜 |
|---|---|---|
| [상위 디렉토리] | | |
| c1pg1050.16i.Z | 186 kB | 16. 4. 15. 오후 9:44:00 |
| c2pg1050.16i.Z | 188 kB | 16. 4. 15. 오후 9:44:00 |
| codg1050.16i.Z | 320 kB | 16. 4. 22. 오후 9:45:00 |
| corg1050.16i.Z | 323 kB | 16. 4. 15. 오후 9:44:00 |
| e1pg1050.16i.Z | 0 B | 16. 4. 15. 오후 9:44:00 |
| ehrg1050.16i.Z | 288 kB | 16. 4. 15. 오후 9:44:00 |
| emrg1050.16i.Z | 327 kB | 16. 4. 16. 오후 9:44:00 |
| esag1050.16i.Z | 153 kB | 16. 4. 22. 오후 9:45:00 |
| esrg1050.16i.Z | 153 kB | 16. 4. 15. 오후 9:44:00 |
| igrg1050.16i.Z | 175 kB | 16. 4. 15. 오후 9:44:00 |
| igsg1050.16i.Z | 184 kB | 16. 5. 1. 오후 9:45:00 |
| jplg1050.16i.Z | 160 kB | 16. 4. 17. 오후 9:45:00 |
| jprg1050.16i.Z | 160 kB | 16. 4. 15. 오후 9:44:00 |
| topex/ | | 16. 5. 29. 오후 11:31:00 |
| uhrg1050.16i.Z | 276 kB | 16. 5. 4. 오후 9:47:00 |
| upcg1050.16i.Z | 116 kB | 16. 4. 28. 오후 9:46:00 |
| uqrg1050.16i.Z | 1.2 MB | 16. 5. 4. 오후 9:47:00 |
| valid/ | | 16. 5. 29. 오후 7:56:00 |

그림 5-13. IGS 전리층 보정 데이터 다운로드

표 5-3. IGS 전리층 데이터 확장자

| 파일명 | 설명 |
|---|---|
| igsg--.yyi | Final Ionospheric TEC grid (여기서 yy는 년도, 2016년이면 16) |
| igrg--.yyi | Rapid Ionospheric TEC grid (여기서 yy는 년도, 2016년이면 16) |

15) IGS ftp: http://kb.igs.org/hc/en-us/articles/202054393-IGS-FTP-Sites
Central Bureau, Jet Propulsion Laboratory, USA ftp://igscb.jpl.nasa.gov/
CDDIS Global Data Center, Godard Space Flight Center, USA ftp://cddis.gsfc.nasa.gov/
SOPAC Global Data Center, Scripps Institute of Oceanography, USA ftp://garner.ucsd.edu/
IGN Global Data Center, Institut Geographique National, France ftp://igs.ensg.ign.fr/
KASI Global Data Center, Korean Astronomy and Space Center, S. Korea ftp://nfs.kasi.re.kr/

## 4) 대류권/대기권

**대류권/대기권**(Troposphere)은 지상으로부터 약 50km이하에서 존재하는 대기층을 말한다. 에베레스트 산의 높이가 대략 10km이고 산 정상에서 산소 호흡이 쉽지 않아 산소마스크를 쓰는 경우를 본적이 있을 것이다. 즉, 그보다 더 높이 올라가서 20km이상부터는 대기현상이 거의 없어진다고 생각하면 된다.

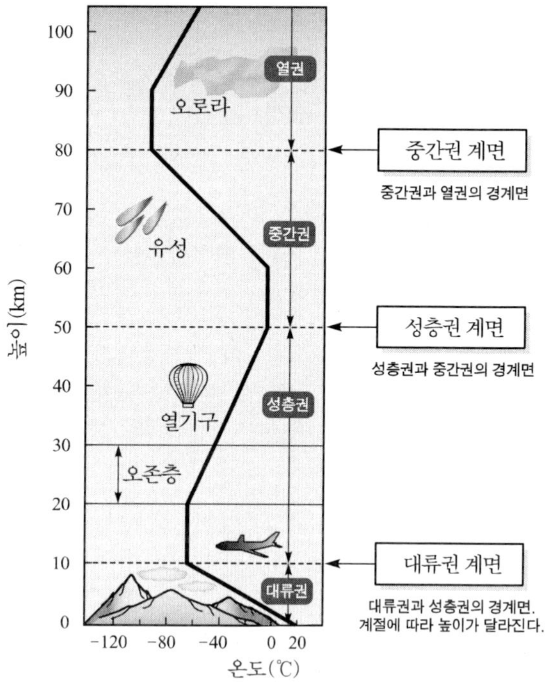


그림 5-14. 대기권의 구조

대류권 또한 GPS신호에 영향을 미치지만, **전리층에 비해 상대적으로 그 영향력이 적다.** 그리고 **전리층과는 다르게 그 영향이 주파수와 상관없으며,** GPS신호가 대류권을 통과하면서 **코드나 반송파에 기반한 의사거리가 길게 측정**되게 된다. 일반적으로 높은 정확도가 요구되지 않는다면, 수학적인 모델을 사용하기도 한다.

대류권은 두 가지로 분류할 수 있는데, **수분 입자를 중심으로 한 습윤영역**(Wet part)과 **대기 입자를 중심으로 이루어진 건조영역**(Dry part)이다. 수분이라고 하면 구름을 연상하면 되며, 습윤영역을 구름 또는 수분입자가 존재하는 고도까지로 생각하면 되겠다.

Wet : 0~11km 영역, 수분
Dry : 0~40km 영역, 대기 입자

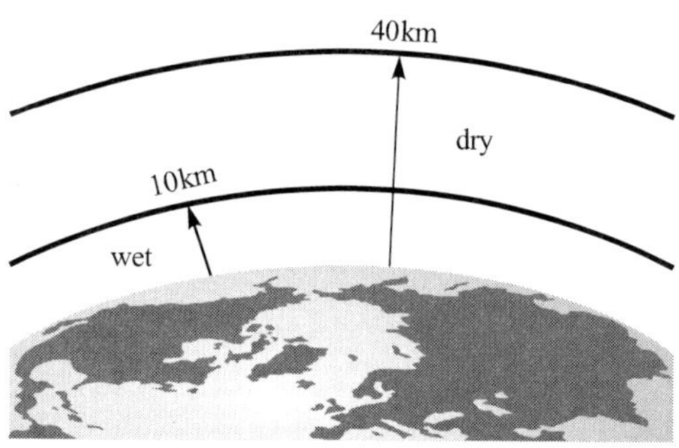


그림 5-15. 대류층(대기층) Wet영역과 Dry영역

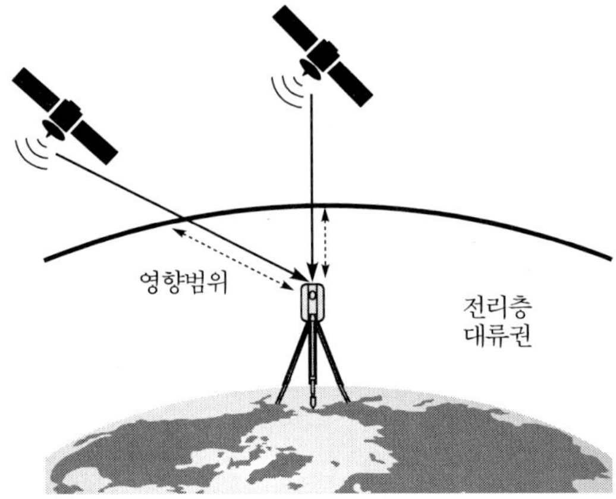


그림 5-16. 낮은 고도각을 갖는 위성일수록 전리층/대류권의 영향을 많이 받음

GPS신호가 대기를 수직으로 통과하는 경우가 비스듬히 통과하는 경우에 비해 대기의 영향을 적게 받는다. 따라서 위도가 증가함에 따라 영향도 커지게 되며 극지방에서 최대치를 보인다. 왜냐하면 고위도 지방일수록 해당 지역에서 GPS 궤도는 저고도를 보이게 되기 때문이다.

대류권의 영향은 모델링 식을 이용하여 cm급으로 추정하게 되며, 대표적으로 Hopfield나 Saastamoinen 모델 등을 이용한다.

일반적으로 앞서 설명한 내용만 숙지하고 있어도 충분하므로 아래 내용은 특별한 경우 아니면 건너뛰어도 좋다.

대류권에 대한 데이터를 직접 사용하고 싶은 경우에는 IGS에서 제공하는 데이터를 활용할 수 있다. IGS에서 다운로드하기 위해서는 IGS ftp 다운로드 사이트에 접속하여 원하는 타입의 전리층 보정 정보를 다운로드 받을 수 있다. 사이트 마다 ftp폴더 구조가 약간씩 다른 점을 주의해야 한다. 예를 들어, IGN Global Data Center 사이트[16)]에서 접속하게 되면, "/pub/igs/products/sphere"에서 해당 년도 및 율리우스 일에 해당하는 폴더에서 다운로드 받을 수 있다. 예를 들어, 2016년 4월 14일(목)이면 율리우스 일(Julian Day)가 105이므로 "2016/105" 폴더 내에서 zpd 또는 tro 확장자를 갖는 파일을 다운로드 받고 압축파일을 풀어 사용한다.

표 5-4. IGS 대류층 데이터 확장자

| 파일명 | 설명 | |
|---|---|---|
| sssswwww.zpd | Site zenith path delay files (Final) | ssss: 사이트 ID[17)]<br>wwww: GPS week |
| igs60_wwwwd_hh.tro | Zenith path delay files (Ultra rapid) | wwww: GPS week<br>d: day of week (0~6)<br>hh: 시간 |

16) IGS 대기보정 정보 ftp: http://kb.igs.org/hc/en-us/articles/202054393-IGS-FTP-Sites
17) https://igscb.jpl.nasa.gov/network/list.html

## 5) 멀티 패스

**멀티패스**(Multipath)는 GPS신호가 수신기 주변의 건물 등의 물체에 부딪혀 반사, 굴절되어 들어오는 경우를 말한다. 따라서 발생 여부나 오차량 등을 예측하기 어려우며, 대략 코드 기반 의사거리의 경우 10~20m 또는 그 이상의 오차가 발생하기도 한다.

그림 5-17과 같이 신호가 건물 등에 가려져 단절되는 것과 다르게 부딪혀 반사 굴절되어 수신기에 수신되는 형태이므로 차이점이 있다.

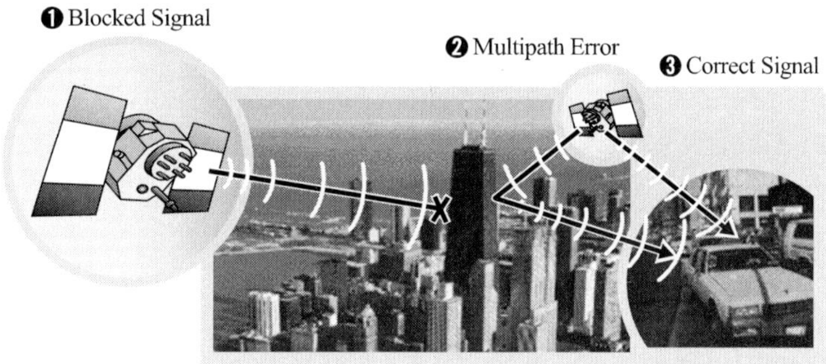


그림 5-17. 단절되는 신호와 멀티패스 신호와의 차이

또한 위성의 고도각이 낮을수록 멀티패스의 영향이 크다. 그림 5-18에서 위성의 고도각이 낮아질수록 멀티패스에 의해 거리측정의 일관성이 떨어지는 것을 볼 수 있는데, 이는 곧 정밀도가 낮음을 의미한다. 도심지역과 같은 곳에서는 이러한 영향이 아주 크게 된다.

멀티패스를 최소화하기 위해 안테나 설계 등을 통해 해결하고자 노력 중에 있는데 대표적인 설계방식이 **쵸크링 안테나**(Choke ring antennas)이다. 이 방식은 땅으로 반사되어 들어오는 GPS 신호 등을 제거하고 낮은 건물에 반사되어 들어오는 신호의 영향을 감소시킬 수 있다. 그러나 높은 주변 건물 등에 반사되어 들어오는 멀티패스의 제거는 여전히 불가능하다.

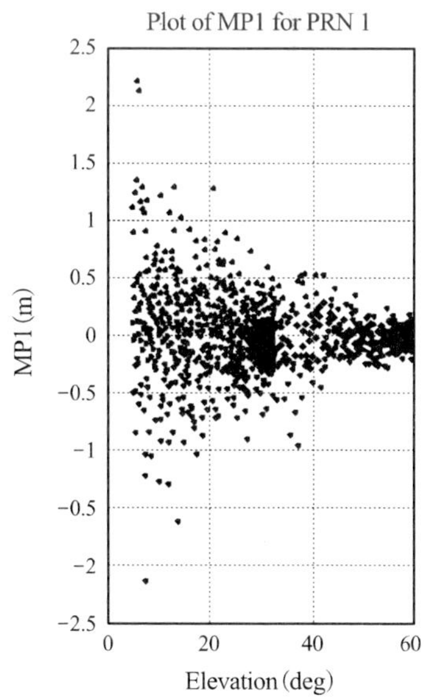


그림 5-18. 위성 고도각에 따른 멀티패스의 크기

그림 5-19. Choke ring type antennas

## 6) 수신기 오차

수신기 자체에도 시계 오차(수십m에서 수십km까지)이외에 수신기 자체의 노이즈(수m) 등의 오차 요인이 존재한다.

그림 5-20은 고가의 수신기와 저가의 수신기간의 동일 환경에서 운용했을 때, 수신기 노이즈 및 멀티패스로 인한 영향을 그래프화 한 것이다. 고가의 수신기가 노이즈의 크기가 훨씬 작고 관측의 정밀도가 현저히(수 m) 높은 것을 볼 수 있다.

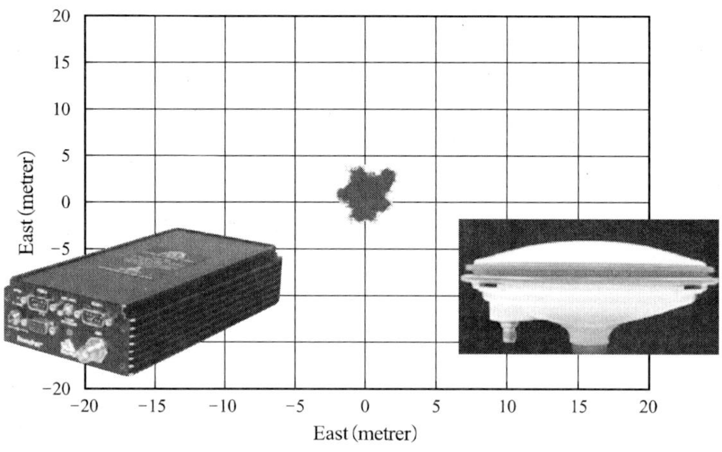

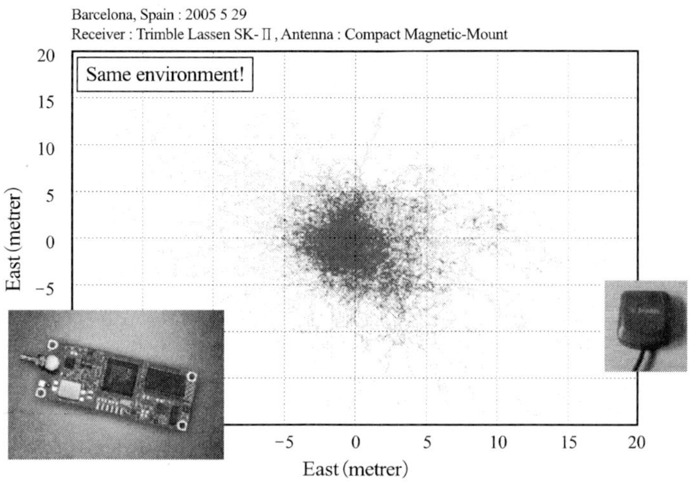


그림 5-20. 수신기의 타입에 따른 멀티패스로 인한 노이즈의 크기 비교 (자료: gAGE)

## 나. 오차 고려한 GPS 관측 방정식

앞서 설명한 거리 측정과 관련한 오차를 모두 넣어서 아래와 같은 형태로 GPS 거리 관측 방정식을 만들 수가 있다.

**GPS측정거리** = 실제거리 + 전리층에 의한 거리 오차 + 대류층에 의한 거리 오차 + 수신기 시계오차에 의한 거리 오차 + 위성시계오차에 의한 거리 오차 + 수신기 노이즈에 의한 거리 오차 + 멀티패스에 의한 거리 오차

그런데, 앞서 배운 것과 같이 GPS위성-수신기간의 거리 측정은 코드를 이용할 수도 있고, 반송파를 이용할 수도 있다. 따라서 이를 각각 나누어 식을 만들 수 있다.

각각의 항목들을 수학기호로 표시하여 GPS 관측방정식을 만들어보면 아래 식과 같이 완성된다.

먼저 코드식을 보자. 그림 5-21과 같이 위성과 수신기간의 실제거리가 있다고 하면 (당연히 모르는 값이다), 코드를 이용하여 거리를 측정해보면 이 관측값은 당연히 실제거리와 차이가 있을 것이고 어떤 부분에서 차이가 생기냐면, 위성시계오차, 전리층, 대류권 등등의 요인으로 거리 측정값에 오차가 발생한다. 따라서 이를 반영하여 코드 측정거리와 실제거리와의 관계식을 만들 수 있다.

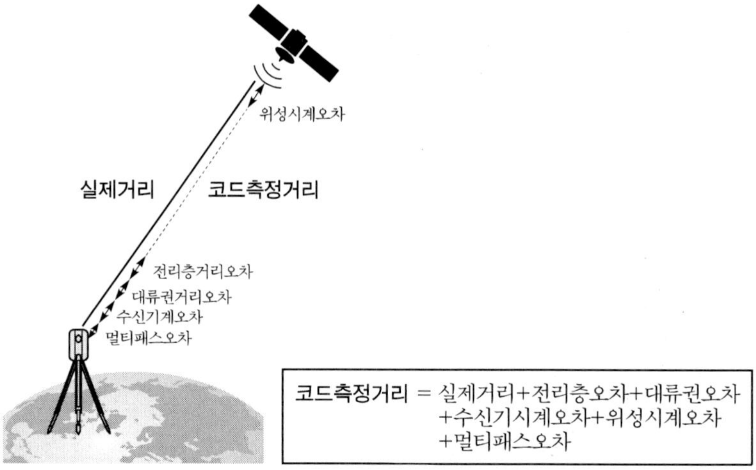


그림 5-21. 코드기반 거리측정 시 실제거리와 측정거리간의 관계식

수학기호를 이용하여 나타내면 아래와 같이 나타낼 수 있다. 좌변에 위치한 $P_i^k$는 수신기 $i$와 위성 $k$간에 코드를 이용하여 측정한 코드기반 의사거리(Pseudorange의 P를 사용)이며, 단위는 거리 이므로 meter이다. $\rho_i^k$는 실제거리이며, 위성과 수신기의 좌표를 안다면 직선거리 식으로 구해낼 수 있겠다. $I_i^k/f_1^2$는 전리층(Ionosphere)에 의한 거리 오차, $T_i^k$ 는 대류권(Troposphere)에 의한 거리 오차, $cdt^k$는 위성 시계오차에 빛의 속도를 곱한 거리값, $cdt_i$는 수신기 시계 오차에 빛의 속도를 곱한 거리값이다. $M_i^k$는 GPS신호 중 코드 의사거리 측정 중 멀티패스로 인해 생기는 거리 오차이다. 모두 단위는 거리 이므로 meter이다. $b$는 다른 오차요인에 비해 덜 중요한데 수신기에서 발생하는 주파수(혹은 채널) 사이의 편이(interchannel or interfrequency bias)[18]이다.

나머지 아래 첨자 1, 2의 경우 어느 반송파에 실려 있던 코드였는지를 지칭하는 것이며, 따라서 $P_{i,1}^k$ 은 L1반송파에 실려 있던 코드를 이용하여 관측한 값이라는 뜻이다.

18) $b_{i,2}$와 같이 1이 아닌 2로 번호가 매겨져 있는 이유: L1 반송파를 기준으로 하여 상대적으로 L2 반송파를 1번 bias, L1의 코드를 2번 bias, L2의 코드를 3번 bias로 번호를 매기기 때문에 번호가 조금 다르게 붙였으며, 틀린 것이 아니다.

$$
\begin{aligned}
P_{i,1}^k &= \rho_i^k + \frac{I_i^k}{f_1^2} + T_i^k + c(dt_i - dt^k) + b_{i,2} + M_{i,1}^k + e_{i,1}^k \\
P_{i,2}^k &= \rho_i^k + \frac{I_i^k}{f_2^2} + T_i^k + c(dt_i - dt^k) + b_{i,3} + M_{i,2}^k + e_{i,2}^k \\
\rho_i^k &= \sqrt{(X^k - X_i)^2 + (Y^k - Y_i)^2 + (Z^k - Z_i)^2}
\end{aligned}
\tag{5-3}
$$

이제 반송파의 경우를 살펴보자. 그림 5-22와 같이 위성과 수신기간의 실제거리가 있다고 하자(당연히 현재는 모르는 값). 반송파를 이용하여 거리를 측정해보면 반송파로 관측한 거리값은 위성 신호를 추적하기 시작한 후 변화한 파장의 개수에 해당하는 거리이므로, 아주 작은 값이다. 따라서, 위성시계오차, 전리층, 대류권 등등의 거리 측정값에 오차에 추가하여 몇 개의 반송파 파장이 있었는지를 나타내는 모호정수를 포함시켜야 측정거리와 실제거리간의 관계식을 만들 수 있다.

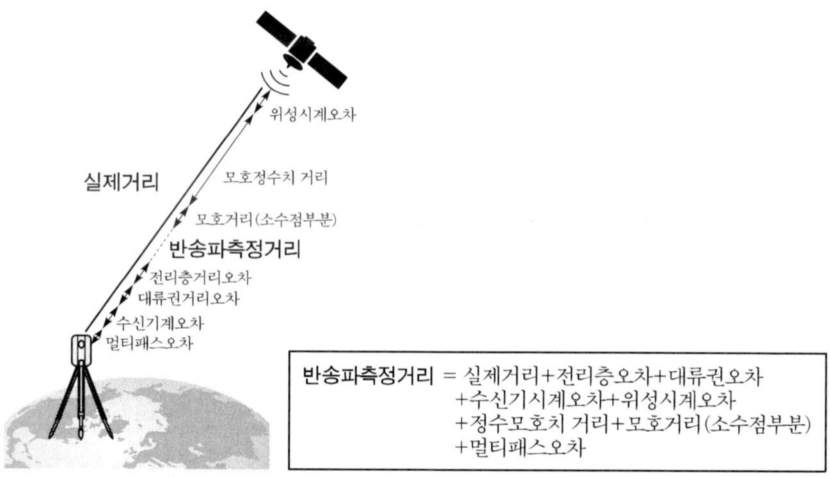


그림 5-22. 반송파 기반 거리측정 시 실제거리와 측정거리간의 관계식

반송파의 경우에도 수학기호를 이용하여 나타내면 아래와 같이 나타낼 수 있다. $\Phi_i^k$는 수신기 $i$와 위성 $k$간에 반송파를 이용하여 측정한 의사거리이다. 아래 첨자로 위치한 1,2는 반송파인 L1과 L2를 의미한다. 즉, $\Phi_{i,1}^k$ 는 L1 반송파를 이용하여 측정한 의사거리를 의미한다. 모두 단위는 거리 이므로 meter이다. $m_i^k$는 반송파 기반 거리 측정 중 멀티패스 거리 오차이다. 코드 식에 대문자를 사용한 이유는 일반적으로 오차의 크기가 크기 때문이다.

$N_{i,1}^k, N_{i,2}^k$ 는 모호정수로서 L1과 L2의 파장 길이가 다르기 때문에(L1은 약 19cm, L2는 약 24cm) 반송파별로 다른 값을 갖게 된다. $\lambda_1(\phi_0^k - \phi_{i0})$은 수신기 $i$와 위성 $k$간의 거리에서 반송파의 개수가 정수인 거리를 빼고 남는 부분의 거리를 말한다.

$$\Phi_{i,1}^k = \rho_i^k - \frac{I_i^k}{f_1^2} + T_i^k + \lambda_1 N_{i,1}^k + c(dt_i - dt^k) + \lambda_1(\phi_0^k - \phi_{i_0}) + m_{i,1}^k + \epsilon_{i,1}^k$$
$$\Phi_{i,2}^k = \rho_i^k - \frac{I_i^k}{f_2^2} + T_i^k + \lambda_2 N_{i,2}^k + c(dt_i - dt^k) + b_{i,1} + \lambda_2(\phi_0^k - \phi_{i_0}) + m_{i,2}^k + \epsilon_{i,2}^k$$
$$\rho_i^k = \sqrt{(X^k - X_i)^2 + (Y^k - Y_i)^2 + (Z^k - Z_i)^2} \quad (5\text{-}4)$$

각 항목을 다시 정리해보면,

$\Phi_{i,1}^k\ \Phi_{i,2}^k$ : L1, L2 반송파를 이용하여 측정된 반송파 의사거리 (단위: m)

$P_{i,1}^k\ P_{i,2}^k$ : L1상의 코드, L2상의 코드를 이용하여 측정된 코드 의사거리 (단위: m)

$\rho_i^k$ : 수신기 $i$와 위성 $k$간의 실질적인 기하학적 거리 (단위: m)

$f_1, f_2$ : L1, L2 반송파의 주파수 (약 1.5GHz, 1.2GHz)

$\frac{I_i^k}{f_1^2}, \frac{I_i^k}{f_2^2}$ : 수신기 $i$와 위성 $k$ 사이에 존재하는 전리층($I_i^k$)에 의한 지연 거리 (단위: m)

$T_i^k$ : 수신기 $i$와 위성 $k$ 사이에 존재하는 대류층에 의한 지연 거리 (단위: m)

$\lambda_1, \lambda_2$ : L1, L2 반송파의 파장 길이 (약 0.19m, 0.24m)

$N_{i,1}^k, N_{i,2}^k$ : 모호정수

$\phi_{i0}, \phi_0^k$ : 수신기 $i$와 위성 $k$에서 반송파의 개수를 정수개로 만들고 남는 부분의 위상 (단위: cycle)

$dt_i, dt^k$ : 수신기 $i$와 위성 $k$ 의 시계 오차 (단위: 초)

$c$ : 빛의 속도 (299,792,458 m/sec)

$b_{i,1}, b_{i,2}, b_{i,3}$ : GPS 수신기 $i$에서 발생하는 편이 오차(bias)

$M_{i,1}^k, M_{i,2}^k, m_{i,1}^k, m_{i,2}^k$ : 다중 경로 오차 (단위: m)

$e_{i,1}^k, e_{i,2}^k, \epsilon_{i,1}^k, \epsilon_{i,2}^k$ : 기타 잔여 오차

상기식을 중요한 오차들만 남겨서 약간 단순화된 형태로 나타내면 아래의 형태로 만들 수 있다. 여기서 좌변은 측정된 거리값, 즉 이미 알고 있는 값으로 이해하면 되고, 식의 우변은 모르는 미지수들로 생각하면 된다.

$$\begin{aligned} P_{i,1}^k &= \rho_i^k + c(dt_i - dt^k) + \frac{I_i^k}{f_1^2} + T_i^k + e_{i,1}^k \\ P_{i,2}^k &= \rho_i^k + c(dt_i - dt^k) + \frac{I_i^k}{f_2^2} + T_i^k + e_{i,2}^k \\ \Phi_{i,1}^k &= \rho_i^k + c(dt_i - dt^k) - \frac{I_i^k}{f_1^2} + T_i^k + \lambda_1 N_{i,1}^k + \epsilon_{i,1}^k \\ \Phi_{i,2}^k &= \rho_i^k + c(dt_i - dt^k) - \frac{I_i^k}{f_2^2} + T_i^k + \lambda_2 N_{i,2}^k + \epsilon_{i,2}^k \end{aligned} \tag{5-5}$$

위에서 전리층 효과 $I_i^k/f_1^2$ 및 대류층 효과 $T_i^k$를 모델링 기법에 의해 추정 가능하다고 하면 이를 상수로 취급하여 좌변으로 넘길 수 있고, 위성 시계 오차 $dt^k$ 또한 알고 있다고 하면 아래와 같은 보다 단순화된 식을 만들 수 있다(L1반송파 코드의 예). 우변에는 $\rho_i^k$ 내부에 들어 있는 수신기 좌표값 $(X_i, Y_i, Z_i)$과 수신기 시계오차 $cdt_i$만이 미지수로 남았다.

어디선가 많이 본식일 것이다. 앞서 4장 라에서 GPS 수신기의 위치결정을 위해 우리가 사용했던 식이 바로 이것이다. 미지수가 4개이므로, 위성을 4개 이상 관측하여 식을 4개 이상 만들면 수신기 위치 및 시계 오차를 알아낼 수 있었다. 이 식이 일반적으로 우리가 사용하고 있는 스마트폰 등에서 위치를 결정하는 방법이라고 이해하면 된다.

$$P_{i,1}^k - T_i^k + \frac{I_i^k}{f_1^2} + cdt^k = \rho_i^k + cdt_i + e_i^k \tag{5-6}$$

$$\Rightarrow \left(P_{i,1}^k\right)_0 = \rho_i^k + cdt_i + e_i^k \tag{5-7}$$

## 다. 정밀도 저하 (DOP)

DOP(Dilution of Precision)는 위성 배치가 잘 되었는지를 나타내주는 수치로서, GPS측량 계획 수립 시 아주 중요한 개념이다. **좋은 위성 분포일수록 낮은 DOP를 보이며 높은 위치 정밀도**를 확보할 수 있다는 것을 의미한다. 다시 말해 **일종의 위치 결정의 정밀도로 해석**하면 되고 보다 쉽게 생각하자면 **일종의 표준편차**와 같은 수치로 보면 된다. 표준편차가 작을수록 관측값이 몰려있는 것을 잘 알고 있을 것이다. DOP도 작은 수치일수록 관측을 여러 번 하더라도 유사한 결과를 낸다(즉 고정밀도)고 이해하면 된다.

GPS 위성의 궤도는 아주 안정적이어서 예측이 가능하므로, 원하는 시간대의 DOP가 추정가능하며 이를 통해 측량하고자 하는 날짜 및 시간에 획득가능한 정밀도의 대략적인 예측이 가능하다.

그림 5-23을 통해 DOP개념을 이해해보자. 두 위성에서 의사 거리를 측정하였고, 거리 측정에는 오차가 있다(즉, 거리 오차범위 두께의 원이 만들어짐). 이 때 수신기의 위치는 두 원이 교차하는 교집합 범위 내에 존재할 것이다. 즉, 이 범위가 좁을수록 수신기 위치 결정의 정밀도가 높고 넓을수록 정밀도가 낮게 될 것이다. 첫 번째 경우는 위성이 적절한 거리로 떨어져 있어서 수신기의 위치 범위가 더 좁게 만들어진다(즉 정밀도가 높음). 반면에 두 번째 경우는 위성간 거리가 서로 가까워 교집합의 범위가 넓어지며 따라서 정밀도가 낮아진다. DOP 수치의 경우 첫 번째 경우의 수치가 두 번째 보다 작은 값을 갖게 된다.

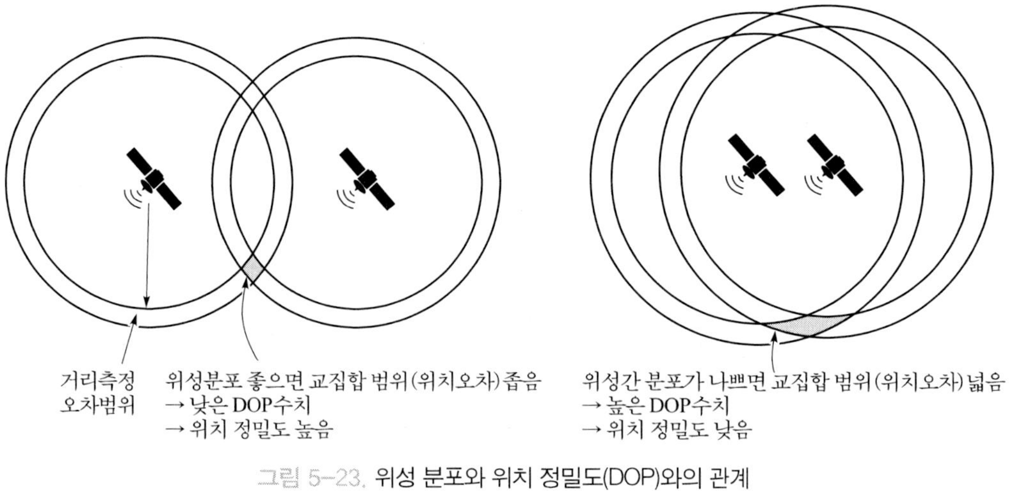


그림 5-23. 위성 분포와 위치 정밀도(DOP)와의 관계

DOP에는 아래의 4가지 종류가 있는데, 이 중 HDOP와 VDOP는 실제 측량에서 아주 많이 사용하는 것이므로 꼭 기억해두도록 한다. **단위는 미터(meter)이다.** 즉, GPS로 측정한 수신기의 좌표가 지도좌표계로 (Easting, Northing)=(191264.119, 286436.407)m 이라고 한 경우 HDOP가 2.3m라고 한다면, 측정한 좌표의 신뢰범위는 좌표를 기준으로 반경 2.3m 범위(1표준편차 신뢰도이므로 68% 신뢰도)이다. 다시 말해 "내 수신기는 (191264.119, 286436.407)m에서 반경 2.3m 범위 내에 위치한다" 라고 해석하면 정확한 해석이다.

GPS 위성은 하늘 위에 존재하므로 수직위치결정의 정확도가 수평위치결정의 정확도보다 낮음을 이미 언급하였는데, 마찬가지로 **일반적으로 HDOP보다 VDOP가 큰 수치를 보이게 된다.**

표 5-5. DOP의 종류

| DOP의 종류 | 한글 | 설명 |
|---|---|---|
| GDOP (Geometric DOP) | 기하학적 DOP | 수신기의 위도, 경도, 높이, 시계 전체의 정밀도를 하나의 수치로 표현한 것 |
| PDOP (Positional DOP) | 위치 DOP | 수신기의 위도, 경도, 높이의 정밀도를 하나의 수치로 표현한 것 |
| HDOP (Horizontal DOP) | 평면위치 DOP | 수신기의 위도, 경도 (즉 수평위치)의 정밀도를 하나의 수치로 표현한 것 |
| VDOP (Vertical DOP) | 수직위치 DOP | 수신기의 높이의 정밀도를 수치로 표현한 것 |

그림 5-24는 GPS 또는 GLONASS만을 이용하는 경우와 두 시스템을 모두 이용하는 경우의 DOP차이를 보여주고 있다. 많은 위성을 사용할수록 DOP값이 낮아지며 정밀도가 증가하는 것을 확인할 수 있다.

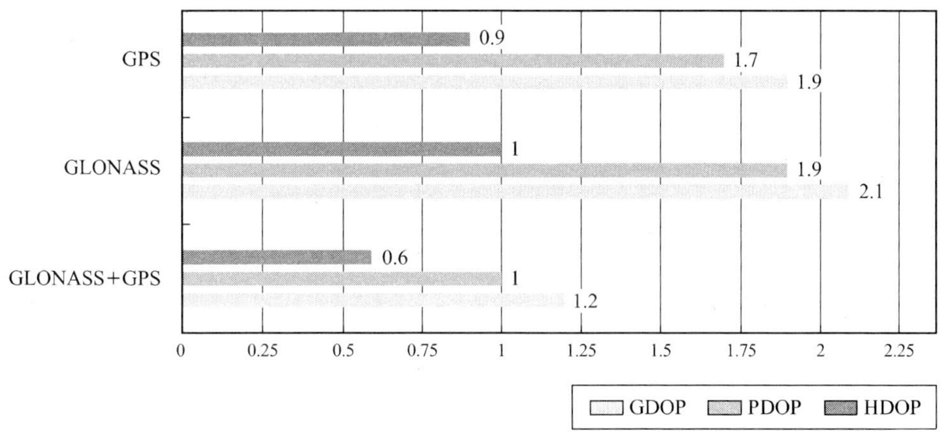


그림 5-24. DOP 비교 (GPS만, GLONASS만 사용 vs. GPS+GLONASS 모두 사용)

## 라. 가시성(Visibility)과 임계각(Mask angle)

앞서 언급한 DOP가 낮은 값을 갖더라도 그림 5-25와 같이 건물이나 산, 나무 등 지형지물에 의해 위성 신호가 수신되지 못한다면 위치 정확도가 하락할 것이다. 따라서 신호의 **가시성**(visibility) 또한 GPS 측량 결과 품질에 직결되므로 항상 주의해야할 부분이다.

수신기 기준으로 낮은 고도의 위성은 위치 정확도 품질에 악영향을 줄 수 있다. 왜냐하면 그림 5-26과 같이 **고도가 낮을수록 위성에서 발사된 신호가 수신기까지 도달하기까지 거쳐야 할 전리층과 대류층의 두께가 현저히 커지기 때문**이다. 따라서 이러한 저 고도의 위성에서 발사된 신호는 수신이 되더라도 사용하지 않도록 설정하는 위성의 고도각을 **임계각**(Mask angle)이라 하며, 설정된 값 이상의 위성만을 사용하도록 한다. 즉, 이는 가시성과 직결되는 값이 된다.

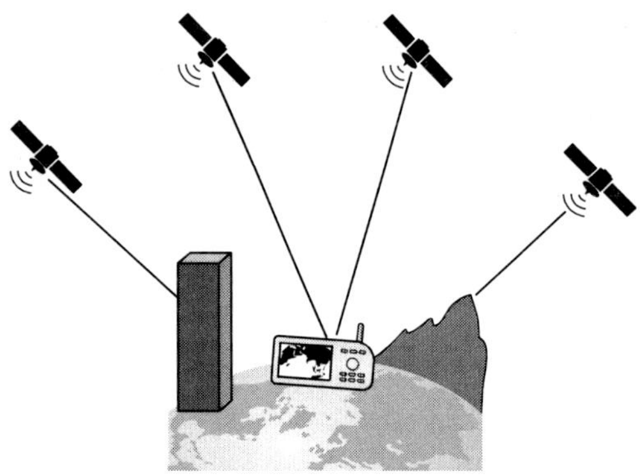

그림 5-25. 나쁜 가시성의 예 및 그 영향

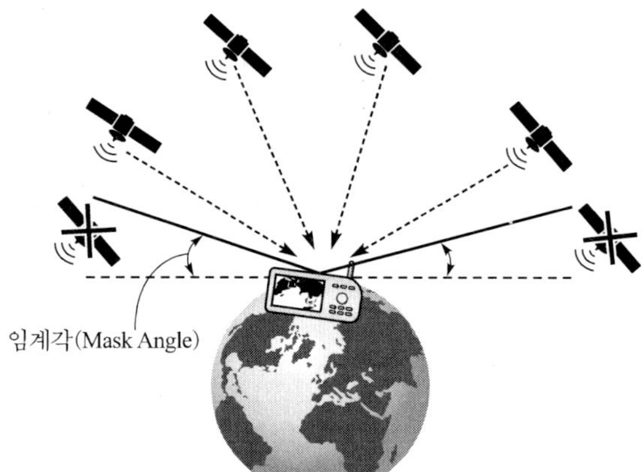


그림 5-26. 임계각 설정으로 낮은 고도각 위성데이터는 이용하지 않음

가시성을 판단하기 위해 많이 사용되는 도표중의 하나가 바로 Skyplot이다. Skyplot은 그림 5-27과 같이 원형의 형태로 제공되며, 원 바깥에는 북쪽 방향을 0도로 하여 시계방향으로 증가하는 방위각이 표시되어 있다. 또한 원의 중앙으로 갈수록 고도각이 증가하는 것을 개의 위성이 가시권 범위 내에 존재하며, 한쪽으로 치우치지 않은 분포를 보이는 위성의 상태를 확인할 수 있다.

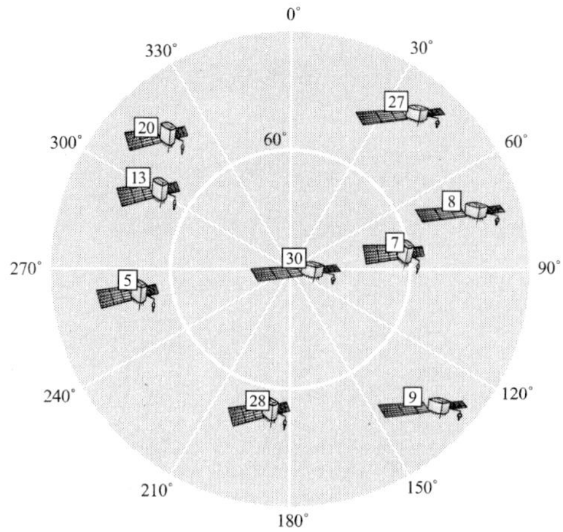

그림 5-27. Skyplot의 예

## 마. 안테나고 측정 오차

우리는 그림 5-28과 같이 GPS수신기를 측량하고자 하는 위치에 삼각대를 설치하여 측량한다. 이 때, GPS 수신기에서 계산되어 나오는 표고는 수신기 위치의 표고이므로 여기서 안테나 높이(안테나 고)만큼 빼주어야 실제 측정하고자 위치의 표고가 계산된다. 이 때 안테나고를 장비 상황에 따라 **경사방향 안테나고**(Slant height)로 측정할 수도 **수직방향 안테나고**(Vertical Antenna height)를 측정할 수도 있다. 만약 경사방향 안테나고를 측정했다면, 수직방향 안테나고를 계산을 통해 알아내야 하는데, 일반적으로 소프트웨어 등에서 수직방향으로 변환을 해준다. 하지만 이 때 **안테나의 반지름과 같은 규격을 설정**해주어야 한다.

$$\text{안테나 고 } H = \sqrt{S^2 - R^2} - C \tag{5-8}$$

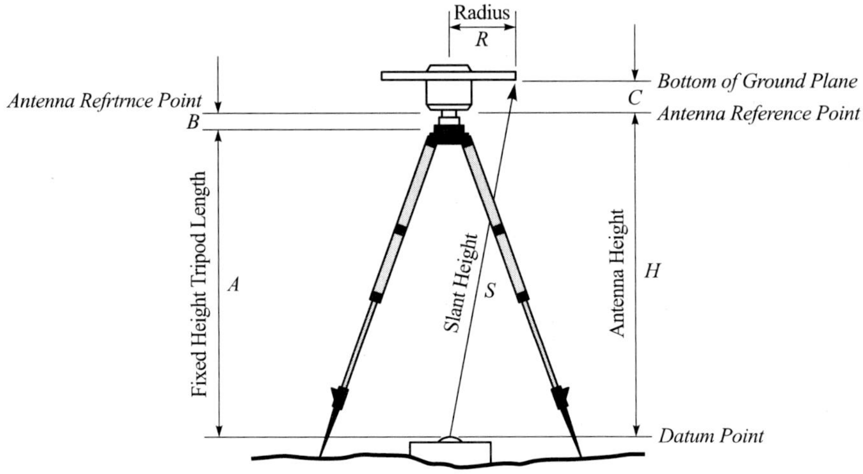


그림 5-28. 안테나 고의 측정
(http://www.ngs.noaa.gov/RSD/forms/obslog.pdf)

추가적으로 앞서 설명한 안테나의 ARP(Antenna Reference Point)까지의 수직방향 안테나고 $H$를 구한 후 실제 GPS 신호가 수신이 되고 위치가 계산되는 APC(Antenna Phase Center)까지의 높이를 더해주어야 보다 정확한 안테나고가 계산된다. 그림 5-29의 경우 L1 반송파의 경우 ARP의 높이에 8.54cm를 더해주어야 실제 안테나 높이가 된다.

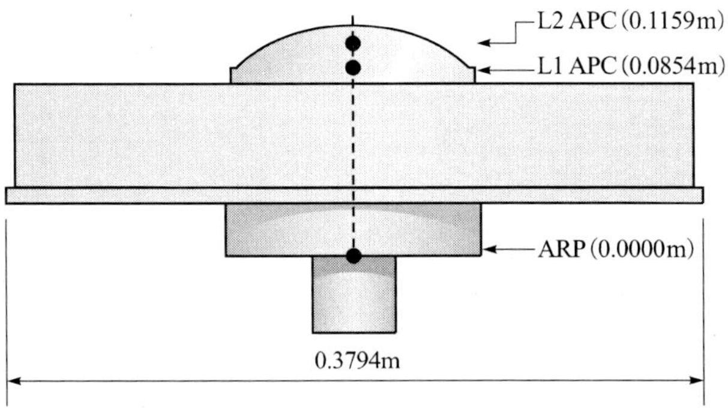


그림 5-29. ARP(Antenna Reference Point)와 APC(Antenna Phase Center)

## 바. 싸이클 슬립(Cycle Slip)

싸이클 슬립(Cycle Slip)은 GPS 신호 관측도중에 **장애물, 낮은 신호/잡음비**(signal to noise ratio, 잡음 대비 신호가 상대적으로 약하다는 뜻임), **수신기 불량, 신호 간섭/재밍** 등에 의해 GPS 신호가 일시적으로 단절되는 현상을 의미하며, 싸이클 슬립이 발생하면 단절된 시간 중 반송파 파장이 얼마나 증가 또는 감소했는지 알 수가 없으므로 **모호정수를 다시 결정**하여야 하는 불편함이 생긴다. 그림 5-30에서도 $t_0$에서 어떠한 이유에서 싸이클 슬립이 발생하였고 이로 인해 새로운 모호정수를 계산했다.

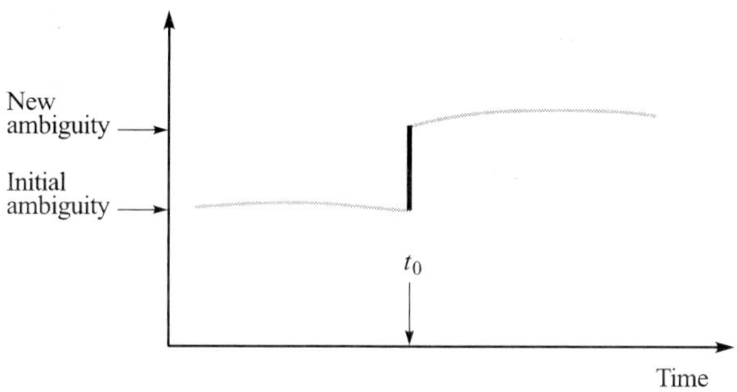


그림 5-30. 싸이클 슬립에 의해 새롭게 모호정수를 결정

## 사. 간섭/재밍

**간섭/재밍**(Interference/jamming)는 GPS신호를 약하게 만들거나 GPS신호 수신을 불가능 하게 되는 현상 또는 행위를 말한다.

간섭은 주로 의도되지 않은 경우를 말하는데 약한 라디오 간섭은 GPS신호를 약하게 만들 수있고 강한 간섭은 GPS 신호 수신 자체를 불가능하게 만들 수도 있다. 따라서, 수신기가 간섭방지(interference protection) 기능을 장착해야 이러한 영향을 덜 받을 수 있겠다.

재밍은 인위적으로 GPS신호 수신에 영향을 미치는 것을 말하며, 이는 안전에 심각한 위협이 될 수도 있기 때문에 GPS 재밍 장치(GPS Jammer)의 판매는 불법인 경우가 많다. 하지만 인터넷 등에서 쉽게 관련 장비를 찾아볼 수가 있는 상황이다.

그림 5-31. 인터넷에서 쉽게 유통되고 있는 GPS Jammer

## 아. 개념 정립 문제

### 기사시험 기출 문제

(1) GPS 위성으로부터 직접 수신된 전파 이외에 부가적으로 주위의 지형·지물에 의해 반사된 전파로 인해 발생하는 오차는?

㉮ MultiPath ㉯ Cycle slip ㉰ CEP ㉱ DOP

(2) 사이클 슬립에 대한 설명이다. 틀린 것은?

㉮ 반송파 위상치의 값을 순간적으로 놓침으로 인해 발생하는 오차이다.
㉯ 주로 GPS 안테나 주위의 지형 · 지물에 의한 주파 단절로 발생된다.
㉰ 사이클 슬립은 이동측량에서 많이 발생하며, 위성의 고도가 높은 경우에도 많이 발생한다.
㉱ 사이클 슬립은 기선 소프트웨어에서 자동처리할 수 있다.

(3) 다음 중 GPS측량에 있어서 사이클 슬립(cycle slip)의 주된 원인은?

㉮ 위성의 높은 고도각 ㉯ 낮은 신호잡음
㉰ 나무, 교량 밑 등의 장애물 ㉱ 높은 신호강도

(4) GPS측량 시 측위의 정확도를 나타내는 계수 중 기하학적 정밀도 저하율을 나타내는 것은?

㉮ HDOP ㉯ VDOP ㉰ RDOP ㉱ GDOP

(5) 다음 중 GPS시스템의 주요 오차원인과 가장 거리가 먼 것은?

㉮ 위성 시계오차 ㉯ 위성 궤도오차
㉰ 코드오차 ㉱ 전리층과 대류권에 의한 오차

(6) GPS 측량의 오차에 관한 설명 중 틀린 것은?

㉮ 전리층 통과 시 전파의 운반지연량은 기온, 기압, 습도 등의 기상 측정에 의해 보정될 수 있다.
㉯ 기선해석에서 고정점의 좌표정확도는 신점의 위치정확도에 영향을 미친다.
㉰ 일중차의 해석 처리만으로는 GPS 위성과 GPS 수신기 모두의 시계오차가 소거되지 않는다.
㉱ 동 기종의 GPS 안테나는 동일방향을 향하도록 설치함으로써 전파 입사각에 의한 위상의 엇갈림에 대한 영향을 줄일 수 있다.

(7) DOP(Dilution of Precision)에 대한 설명 중 적당하지 않은 것은?

㉮ 높은 DOP는 위성의 기하학적인 배치 상태가 나쁘다는 것을 의미한다.
㉯ 수신기를 가운데 두고 4개의 위성이 정사면체를 이룰 때, 즉 최대 체적일 때 GDOP, PDOP 등이 최소가 된다.
㉰ DOP 상태가 좋지 않을 때는 정밀측량을 피하는 것이 좋다.
㉱ DOP 수치가 클 때는 DGPS 방법을 이용하여 관측하여야 한다.

(8) GPS 측위 작업 중 DOP(Dilution of Precision)에 관련한 설명 중 옳지 않은 것은?

㉮ DOP는 위성의 기하학적 배치상태가 정확도에 어떻게 영향을 주는가를 추정할 수 있는 척도이다.
㉯ DOP는 위성의 위치, 높이, 시간에 대한 함수관계가 있다.
㉰ 계산된 DOP값이 큰 수치로 나타나면 정확도가 높다는 의미이다.
㉱ DOP에는 세부적으로 GDOP, PDOP, HDOP, VDOP 및 TDOP 등이 있다.

(9) 위성의 고도가 낮아지면서 증대되는 오차는?

㉮ Anti-Spoofing ㉯ 궤도오차 ㉰ 시계오차 ㉱ 대기오차

(10) 위성의 배치에 따른 정확도의 영향을 수치로 나타낼 수 있는데 그 중 위치정확도 저하율을 나타내는 것은?

㉮ VDOP ㉯ PDOP ㉰ TDOP ㉱ HDOP

(11) 도심지와 같이 장애물이 많은 경우 특히 증대되는 GNSS 관측오차는?

㉮ 궤도 오차　㉯ 다중경로 오차　㉰ 대기 굴절 오차　㉱ 전리층 지연 오차

(12) 사이클 슬립(cycle slip)이 발생하는 경우와 거리가 먼 것은?

㉮ 높은 지대로 주변에 장애물이 없는 곳에서 측량을 하는 경우
㉯ 태양폭풍에 의해 전리층이 교란된 경우
㉰ 수신기를 갑자기 이동한 경우
㉱ 신호가 단절된 경우

(13) GNSS의 계통적 오차 중에서 위성에 의하여 발생하는 오차는?

㉮ 다중경로 오차　㉯ 궤도 오차
㉰ 전리층 굴절 오차　㉱ 안테나 편심 오차

(14) GNSS 측량에서 수평 측위 정밀도와 관련되는 위성의 정도 저하율(DOP)은?

㉮ PDOP　㉯ TDOP　㉰ HDOP　㉱ VDOP

(15) GNSS 단독측위의 정확도에 영향을 미치는 요소가 아닌 것은?

㉮ 위성궤도 정보의 정확성　㉯ 관측 위성의 배치
㉰ 전리층과 대류권의 영향　㉱ 위성의 의사 잡음 부호

(16) GNSS 신호가 대기권을 통과할 때의 현상으로 옳은 것은?

㉮ 일반적으로 전리층 지연효과가 대류층 지연효과보다 적게 난다.
㉯ 이중 주파수 수신데이터를 이용하면 전리층 지연효과의 제거가 가능하다.
㉰ 대기에 포함되어 있는 수증기량은 지연효과에 영향을 주지 않는다.
㉱ 대기 중에 있는 질소나 산소는 신호 지연에 영향을 주지 않는다.

(17) 다중경로(멀티패스)오차를 줄일 수 있는 방법으로 적합하지 않은 것은?

㉮ 높은 안테나 고도로부터 위성의 신호를 수신한다.
㉯ 안테나로 들어오는 위성신호의 앙각(Mask Angle)을 낮춘다.
㉰ 안테나의 설치환경(위치)를 잘 선택한다.
㉱ Choke Ring 안테나와 같이 Ground Plane이 장착된 안테나를 사용한다.

(18) GNSS 관측 도중 장애물 등으로 인하여 GNSS 신호의 수신이 일시적으로 단절되는 현상은?

㉮ 사이클 슬립(Cycle slip)　㉯ SA(Selective Availability)
㉰ AS(Anti Spoofing)　㉱ 모호 정수(Ambiguity)

## 개념 정립 문제

(1) GPS 거리 측정 시 오차 요인을 나열해보라.

(2) GPS 거리 측정 시 오차 요인 중 수신기 시계 오차를 제외하고 일반적으로 가장 크기가 큰 것은?

(3) 멀티패스를 줄이기 위해 많이 사용하는 안테나 타입은?

(4) GPS 재밍과 간섭의 차이가 무엇인가?

(5) 보다 정밀한 위치결정을 위해 위성의 위치 및 시계, 전리층 및 대류권의 보다 정확한 정보를 제공해주는 기관은 어디인가?

(6) 안테나고 측정 시 경사방향 안테나고를 측정 후 수직방향 안테나고로 변환하기 위해 필요한 정보는?

(7) GPS 수신기에서 ARP(Antenna Reference Point)와 APC(Antenna Phase Center)와의 차이가 무엇인가?

(8) 싸이클 슬립이란 무엇이며 어떠한 상황에서 발생하는가?

(9) DOP는 무엇의 약자이며 어떠한 의미를 지니는가?

(10) 임계각 (Mask angle)을 설정하는 이유는 무엇인가?

(11) 안테나고(Slant range)를 측정한 결과 1.254m의 결과를 얻었다. 안테나의 반지름이 9.5cm일 때, 수직방향 안테나고는 얼마인가? 안테나고(Slant range) 측정 위치는 안테나 참조점 ARP(Antenna Reference Point)로부터 3cm 위에 위치한다.

(12) 전리층은 GPS전파 신호인 코드와 반송파에 각각 어떤 영향을 미치는가?

## 정 답

### 기사시험 기출 문제

(1) 가 (2) 다 (3) 다 (4) 라 (5) 다 (6) 가 (7) 라 (8) 다 (9) 라 (10) 나
(11) 나 (12) 가 (13) 나 (14) 다 (15) 라 (16) 나 (17) 나 (18) 가

### 개념 정립 문제

(1) 위성 시계 오차, 위성 위치 오차, 전리층, 대류권/대기권, 다중경로(멀티패스), 수신기 노이즈 오차, 수신기 시계 오차
(2) 전리층 오차
(3) 쵸크링 타입
(4) 재밍의 경우 의도적으로 GPS신호를 약하게 만들거나 GPS신호 수신을 불가능하게 하는 것을 의미한다. 간섭의 경우 의도되지 않은 경우를 말한다.
(5) IGS (International GNSS Service)
(6) 안테나의 반지름 (또는 사각형의 경우 대각선 길이)
(7) ARP는 안테나고가 측정되는 일반적으로 수신기 밑바닥을 의미하며, APC는 실제 GPS 신호가 수신이 되고 위치가 계산되는 위치를 의미한다.
(8) 수신기 불량, 신호 간섭/재밍 등에 의해 GPS 신호가 일시적으로 단절되는 현상을 의미한다. 일반적으로 하늘이 가려지는 장애물을 지나가는 경우나 신호대 잡음비율이 낮아질 때 발생한다.
(9) DOP(Dilution of Precision)는 위성 배치가 잘 되었는지를 나타내주는 수치로서, GPS측량 계획 수립 시 아주 중요한 개념이다. 좋은 위성 분포일수록 낮은 DOP를 보이며 높은 위치 정밀도를 낼 수 있음을 의미한다. 다시 말해 일종의 위치 결정의 정밀도로 해석하면 되고 보다 쉽게 생각하자면 일종의 표준편차와 같은 수치로 보면 된다.
(10) 고도가 낮을수록 위성에서 발사된 신호가 수신기까지 도달하기까지 거쳐야할 전리층과 대류층의 두께가 현저히 커지고, 멀티패스의 영향 또한 커지기 때문
(11) $H=\sqrt{S^2-R^2}-C=\sqrt{125.4^2-9.5^2}-3=1.220m$
(12) 코드의 경우에는 신호가 지연 되게 만들어 의사거리가 길게 측정(전달 시간이 길어지므로)되고, 반송파에 기반한 의사거리의 경우 반대로 짧게 측정

CHAPTER

# 06 오차의 보정과 소거

CHAPTER 06

# 오차의 보정과 소거

GPS 오차 요인에서 살펴보았듯이 GPS 관측값(거리 측정값)은 위성, 수신기, 그리고 그 사이에 있는 전리층/대류권 등 많은 이유로 거리 오차를 갖는다(그림 6-1 참조). GPS를 이용하여 수신기 위치를 정밀하게 결정하려면 이러한 오차들은 곧 걸림돌이다.

그런데 두 대의 GPS 수신기를 이용하여 측량한다면 이러한 오차 요소들을 상당 부분 제거 또는 줄여 측량의 정밀도를 향상시킬 수 있다. 그러면 어떻게 보다 높은 정밀도의 위치 정보를 도출할 수 있을까? 개념은 간단하다.

그림 6-1과 같이 두 대의 수신기가 가까운 거리상(약 15km이하이면 좋음)에 있고 동일한 위성에서 신호를 수신한다면(우측 그림 참조), 동일한 위성을 추적하므로 위성의 오차는 동일할 것이고, 전리층/대류층에 의한 오차 등은 유사한 형태로 발생할 것이므로, **'공통 오차'를 소거 또는 감소**시킬 수가 있게 된다.

본 장에서는 **1대의 수신기를 활용하여 오차 보정 정보를 수신하여 위치 결정 정밀도를 향상시키는** DGPS(Differential GPS)와 **두 대 이상의 수신기에서 생성된 관측데이터를 차분** (differencing)**하여 오차를 소거 또는 감소하는 상대 측위**(Relative GPS)에 대해 각각 알아보도록 한다.

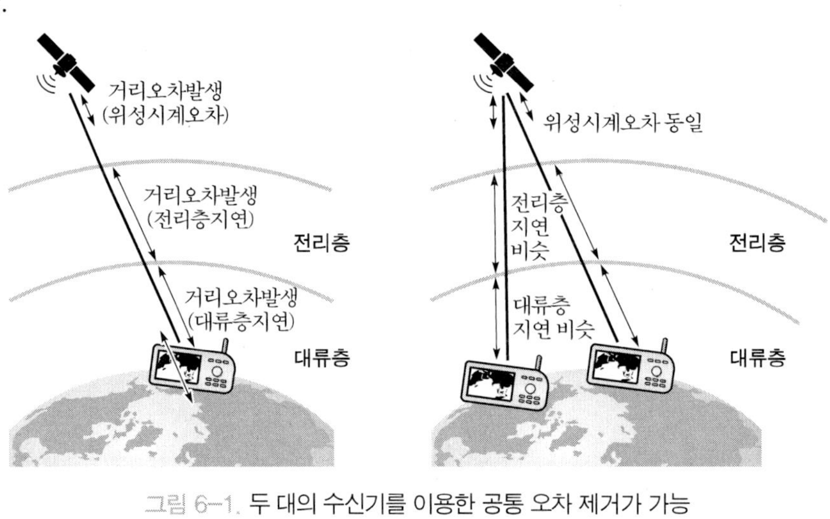


그림 6-1. 두 대의 수신기를 이용한 공통 오차 제거가 가능

## 가. DGPS (Differential GPS)

DGPS는 **일반적으로 코드데이터만을 사용**하고, 외부에서 제공되는 오차 보정 정보를 사용하여 수신기 위치를 결정하는 기법으로서 아래와 같은 절차로 수행된다.

① DGPS서비스용 GPS 수신기가 기지점(위치를 알고 있는점)에 설치되어 있음. 이를 다른말로 기준국(Base 혹은 Reference Station)이라 부름
② 내 GPS 수신기는 미지점에 설치. 이를 일반적으로 이동국(로버, Rover)라 부름
③ 데이터를 동시에 취득
④ DGPS 서비스에서는 기준국에서 오차 분석 (기준국의 위치를 알고 있으므로 수신기의 위치 오차 또는 위성별 거리 오차를 도출)
⑤ 기준국의 데이터를 이동국으로 전달 (위치 오차, 거리 오차 등)
⑥ 이동국에서의 오차를 보정 또는 소거하고 위치를 결정

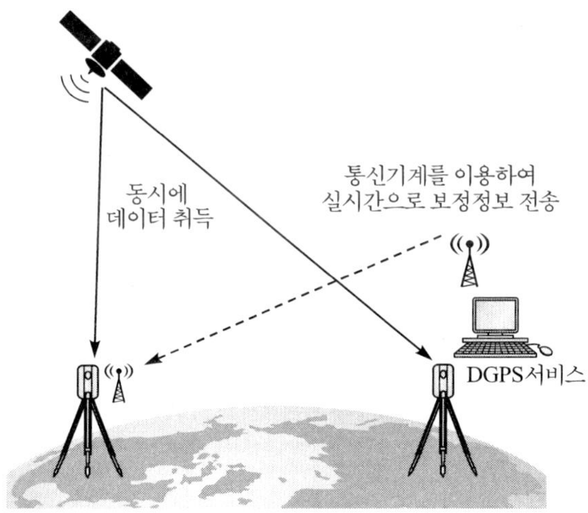


그림 6-2. DGPS

### 1) 오차 보정 방식

오차를 보정하는 방식에는 크게 두 가지 방식이 있는데, **위치오차보정**("Block shift")와 **거리오차보정**("Range correction")이다.

우선 위치오차보정("Block shift") 방식을 그림 6-3으로 살펴보자. 기준국은 알고 있는 위치이므로, 위성 신호를 수신하여 위치를 계산해 보았을 때, 해당 위치에서 위치오차가 얼마만큼 발생하는지 계산이 가능하다. 즉, 그림에서 진한 삼각형이 알고 있는 위치인데 위성신호를 받아 계산해보니 옅은 삼각형으로서 $\triangle X$ 만큼 좌측으로 치우쳤다. 따라서 이 값을 멀지 않은 곳에 위치한(약 15km 이내) 이동국에 전달해줄 경우 이동국에서도 유사한 오차의 패턴을 갖고 있을 것이므로 이동국은 이를 전달받아 자신이 계산한 위치값(점선 삼각형)에 $\triangle X$를 더해주면 오차가 보정된 보다 정확한 위치값(실선 삼각형)을 얻을 수 있을 것이다.

**기준국 :** 위성별 거리 관측 ⇨ 기준국 위치 계산 ⇨ 기준국 원 좌표와 비교
⇨ 위치 오차량 도출 ⇨ 이동국으로 오차 전달
**이동국 :** 위성별 거리 관측 ⇨ 이동국 위치 계산
⇨ 기준국으로부터 위치 오차량 수신 ⇨ 오차량 보정

거리 오차 보정 방식("Range correction")의 경우에는 기준국에서 위치오차를 계산하지 않는다. 기준국에서는 관측된 거리와 실제 거리(기준국의 좌표를 알고 있으므로 위성까지의 거리가 얼마나 되어야하는지는 알 고 있다)를 비교하여 위성별로 거리 오차를 도출한다. 이렇게 도출된 위성별 거리 오차값을 이동국에 전달하게 되면 이동국에서는 자신이 관측한 거리값에 거리 오차를 보정하여 위치 계산에 활용하게 된다. 예를 들어, 위성과 기준국간의 실제 거리가 100m (물론 실제로는 GPS 위성 고도 20000km에 가까운 수치여야 함)여야 하는데 관측거리가 92m였을 경우 -8m만큼의 거리 오차가 발생한 것이고 따라서 8m만큼 더해주어야 한다는 결론이 도출된다. 기준국과 가까운 거리에 위치한 이동국도 유사한 오차가 발생했을 것이므로 이동국에서 관측된 거리값에 8m를 더해준 후 위치 결정을 수행하게 된다.

**기준국 :** 위성별 거리 관측 ⇨ 실제 거리와 비교 ⇨ 위성별 거리 오차 도출
⇨ 이동국으로 거리 오차 전달
**이동국 :** 위성별 거리 관측 ⇨ 기준국으로부터 위치 오차량 수신
⇨ 위성별 거리 보정 ⇨ 이동국 위치 계산

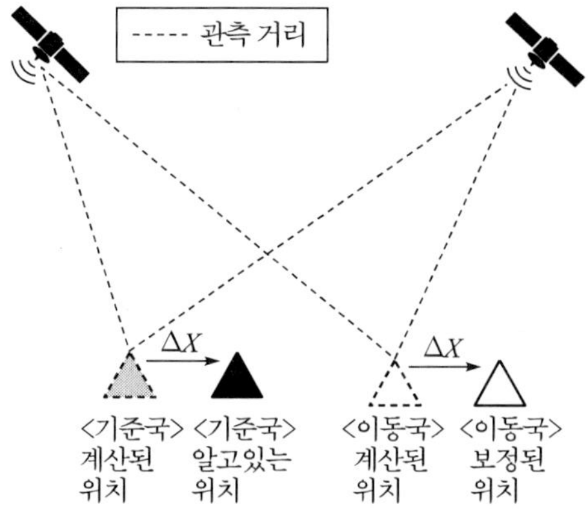


그림 6-3. 위치 오차 보정 방식( "Block shift" ) DGPS

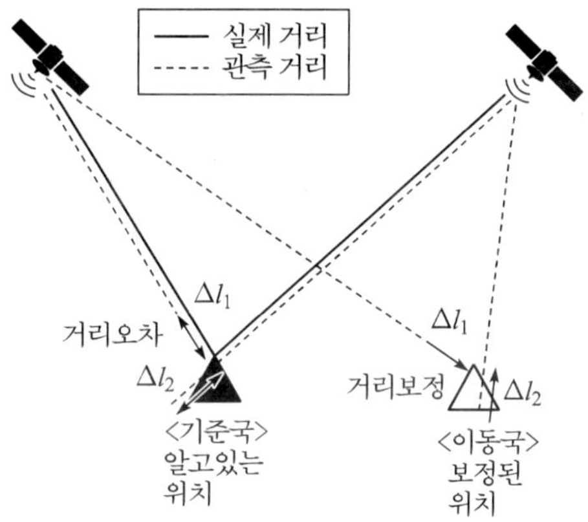


그림 6-4. 거리 오차 보정 방식( "Range correction" ) DGPS

두 보정 방식을 비교해보자면 표 6-1과 같이 정리될 수 있겠다.

표 6-1. 오차보정방식 비교 (위치보정 방식 vs. 거리보정 방식)

| 위치 보정 방식 | 거리 보정 방식 |
|---|---|
| 위치 보정량 도출 및 사용 | 거리 보정량 도출 및 사용 |
| 구현이 상대적으로 쉽다 | 상대적으로 구현이 복잡 |
| 위성별 거리 측정값을 저장하지 않음 | 위성별 거리 측정값을 저장하여 사용 |
| 위치 결정 후 오차를 보정하는 후처리 | 위치 결정전 오차를 보정하는 전처리 |

### 2) DGPS 서비스

오차 보정을 위한 DGPS를 수행하기 위해서는 기본적으로 오차 보정 정보를 생성해주는 GPS수신기를 운용해야 한다. 그러나 한 대당 수신기 가격도 만만치 않을 뿐 아니라 각 수신기별로 운용 인력이 필요하므로 효율성 측면에서 문제가 있다. 그래서 한 대의 수신기만을 가지고도 정확성 있는 측위 결과를 확보할 수 있도록 제 3자가 보정 정보를 제공해주는 서비스가 존재하는데 이를 **DGPS 서비스**라고 한다.

DGPS 서비스를 제공하는 업체 또는 기관은 지역별로 다수의 GPS 기준점을 운용하고 있으며 이를 바탕으로 보정량을 생성한 후 정지 위성, 방송타워 등 통신 매체를 이용하여 해당 보정량을 수신기쪽에 송신한다. 인터넷 연결 환경이 좋은 곳에서는 DGPS 서비스 서버를 운용하며 여기에 접속하는 모든 수신기에 보정 정보를 제공한다.

수신기 쪽에서는 보정 정보를 직접 수신하기 위해서는 라디오 모뎀 등의 통신 장비가 필요하며, 인터넷 서버에 연결하기 위해서는 와이파이 등의 네트워크에 연결되어 있어야 한다.

정지위성을 이용한 DGPS 서비스(**SBAS, 에스바스**)로 대표적인 것이 미국 FAA에서 1999년부터 제공 중인 Wide Area Augmentation System (**WAAS**)가 있다. 측량용이 아닌 항공기의 내비게이션을 위해 개발된 서비스로서 스펙에 따른 오차 정도는 7.6m 정도이나 실제로는 1.5m 가량 되는 것으로 파악되고 있다. 북미에서는 WADGPS, 유럽에서는 ERNOS, 인도에서 GAGAN, 일본 및 동북아에서는 MSAS등의 이름으로 서비스된다.

지상 통신 장비 기반 DGPS 서비스(**GBAS, 지바스**)으로는 호주의 GRAS(A Ground-based Regional Augmentation System) 등이 있다.

민간회사에서도 정지 위성 등을 이용하여 DGPS서비스를 제공 중인데, Navcom의 StarFire의 경우 서비스 레벨별로 SF1은 1m, SF2는 4.5cm의 정확도를 보인다. Trimble의 OmniSTAR의 경우 VBS(1m), XP(10cm), HP(6cm) 등의 서비스를 제공 중이다. 정확도에서 유추할 수 있듯이 VBS는 1주파 코드식을 이용하여 처리되며, XP 및 HP의 경우 L1/L2 2주파 반송파정보 처리를 수행한다. 따라서 해외 등에서 측량을 수행할 경우 요긴하게 활용할 수 있겠다.

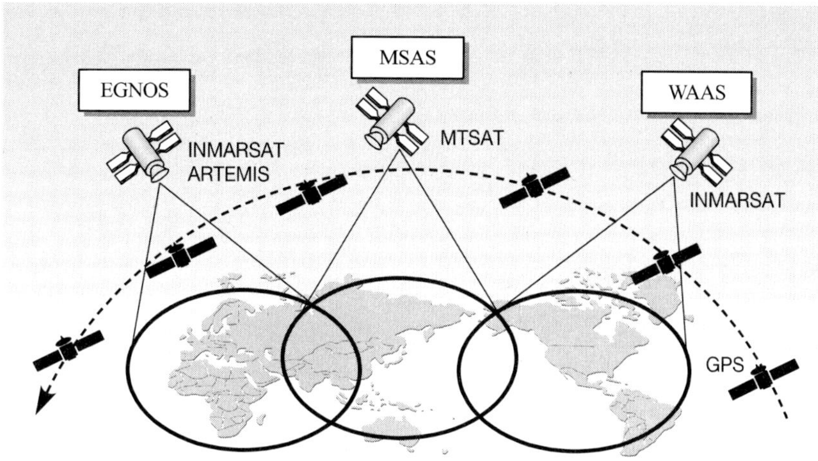


그림 6-5. WAAS, MSAS, EGONS 서비스 지역

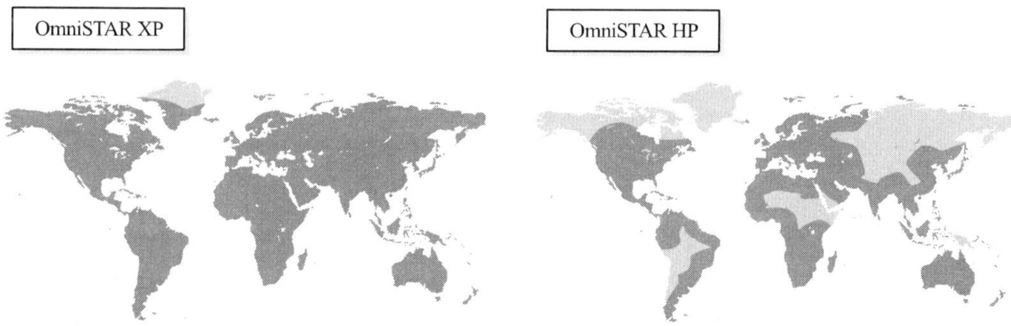


그림 6-6. OmniSTAR 서비스 지역

## 나. 상대측위(Relative GPS)

상대측위 방식에는 단일차분(Single Difference), 이중차분(Double Difference), 삼중차분(Triple Difference) 등의 방법이 있으며, 이 중 측량용 GPS 소프트웨어 등에서 가장 많이 사용하는 방법은 이중차분이다.

이를 위해서는 GPS 거리 관측 시에 발생하는 여러 거리 오차의 요인을 각각의 오차항목이 어떻게 소거되는지 알아봐야하므로, GPS 기본 관측 방정식을 이용하여 이해해 보는 것이 좋다. GPS 기본 관측 방정식을 아래와 같이 상기해보자.

코드식의 경우 그림 6-7과 같이 위성과 수신기간의 실제거리가 있다고 하면 (당연히 모르는 값이다), 코드를 이용하여 거리를 측정해보면 이 관측값은 당연히 실제거리와 차이가 있을 것이고 어떤 부분에서 차이가 생기냐면, 위성시계오차, 전리층, 대류권 등등의 요인으로 거리 측정값에 오차가 발생한다. 따라서 이를 반영하여 코드 측정거리와 실제거리와의 관계식을 만들 수 있다.

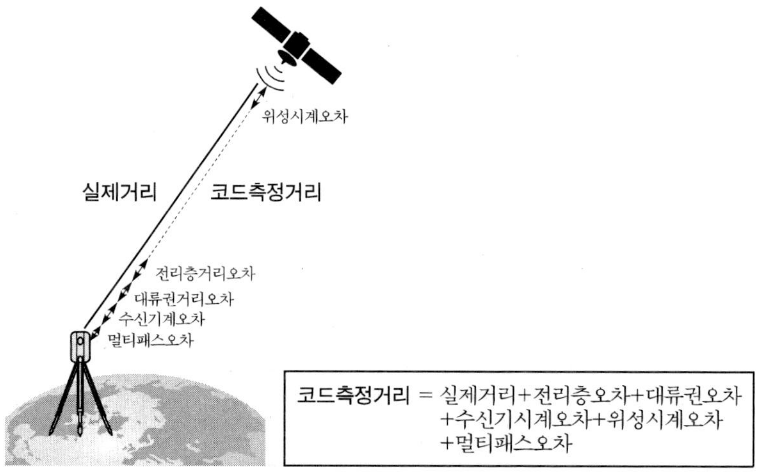


그림 6-7. 코드 기반 거리 측정 오차 요인

수학기호를 이용하여 나타내면 아래와 같이 나타낼 수 있다. 좌변에 위치한 $P_i^k$는 수신기 $i$와 위성 $k$간에 코드를 이용하여 측정한 코드기반 의사거리(Pseudorange의 P를 사용)이며, 단위는 거리 이므로 meter이다. $\rho_i^k$는 실제거리이며, 위성과 수신기의 좌표를 안다면 직선거리 식으로 구해낼 수 있겠다. $I_i^k/f_1^2$는 전리층(Ionosphere)에 의한 거리 오차, $T_i^k$ 는 대류권(Troposphere)에 의한 거리 오차, $cdt^k$는 위성 시계오차에 빛의 속도를 곱한 거리값, $cdt_i$는 수신기 시계 오차에 빛의 속도를 곱한 거리값이다. $M_i^k$는 GPS신호 중 코드 의사거리 측정 중 멀티패스로 인해 생기는 거리 오차이다. 모두 단위는 거리 이므로 meter이다.

나머지 아랫 첨자 1, 2의 경우 어느 반송파에 실려 있던 코드였는지를 지칭하는 것이며, 따라서 $P_{i,1}^k$ 은 L1반송파에 실려 있던 코드를 이용하여 관측한 값이라는 뜻이다.

$$
\begin{aligned}
P_{i,1}^k &= \rho_i^k + \frac{I_i^k}{f_1^2} + T_i^k + c(dt_i - dt^k) + b_{i,2} + M_{i,1}^k + e_{i,1}^k \\
P_{i,2}^k &= \rho_i^k + \frac{I_i^k}{f_2^2} + T_i^k + c(dt_i - dt^k) + b_{i,3} + M_{i,2}^k + e_{i,2}^k \\
\rho_i^k &= \sqrt{(X^k - X_i)^2 + (Y^k - Y_i)^2 + (Z^k - Z_i)^2}
\end{aligned} \tag{6-1}
$$

반송파의 경우를 살펴보자. 그림 6-8과 같이 위성과 수신기간의 실제거리가 있다고 하면 (당연히 모르는 값이다), 반송파를 이용하여 거리를 측정해보면 이 관측값은 위성 신호를 추적하기 시작한 후 변화한 파장의 개수에 해당하는 거리(4장 가.GPS 관측값 참조)이므로, 아주 작은 값이다. 따라서, 위성시계오차, 전리층, 대류권 등등의 거리 측정값에 오차에 추가하여 몇 개의 반송파 파장이 있었는지를 나타내는 모호정수(4장 가.GPS 관측값 참조)를 포함시켜야 측정거리와 실제거리간의 관계식을 만들 수 있다.

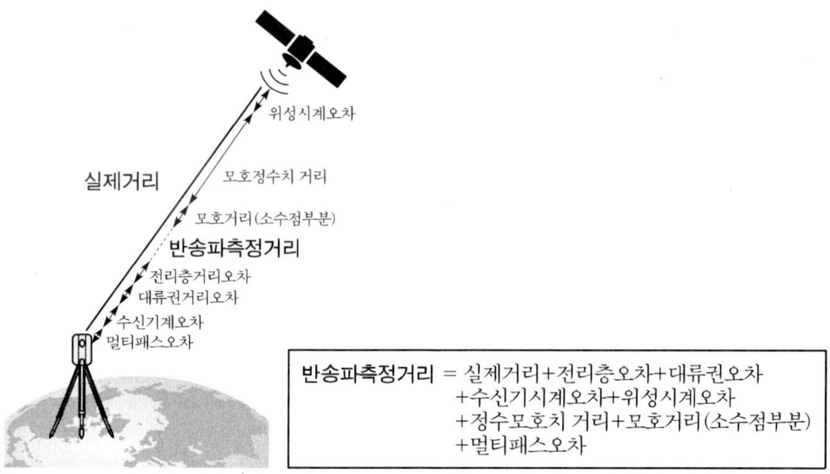


그림 6-8. 반송파 기반 거리 측정 오차 요인

반송파의 경우에도 수학기호를 이용하여 나타내면 아래와 같이 나타낼 수 있다. $\Phi_i^k$는 수신기 $i$와 위성 $k$간에 반송파를 이용하여 측정한 의사거리이다. 아래 첨자로 위치한 1,2는 반송파인 L1과 L2를 의미한다. 즉, $\Phi_{i,1}^k$ 는 L1 반송파를 이용하여 측정한 의사거리를 의미한다. 모두 단위는 거리 이므로 meter이다. $m_i^k$는 반송파 기반 거리 측정 중 멀티패스 거리 오차이다. 코드 식에 대문자를 사용한 이유는 일반적으로 오차의 크기가 크기 때문이다.

$N_{i,1}^k, N_{i,2}^k$ 는 모호정수로서 L1과 L2의 파장 길이가 다르기 때문에 반송파별로 다른 값을 갖게 된다. $\lambda_1(\phi_0^k - \phi_{i0})$은 수신기 $i$와 위성 $k$간의 거리에서 반송파의 개수가 정수인 거리를 빼고 남는 부분의 거리를 말한다.

$$\Phi_{i,1}^k = \rho_i^k - \frac{I_i^k}{f_1^2} + T_i^k + \lambda_1 N_{i,1}^k + c(dt_i - dt^k) + \lambda_1(\phi_0^k - \phi_{i_0}) + m_{i,1}^k + \epsilon_{i,1}^k$$

$$\Phi_{i,2}^k = \rho_i^k - \frac{I_i^k}{f_2^2} + T_i^k + \lambda_2 N_{i,2}^k + c(dt_i - dt^k) + b_{i,1} + \lambda_2(\phi_0^k - \phi_{i_0}) + m_{i,2}^k + \epsilon_{i,2}^k \qquad (6-2)$$

$$\rho_i^k = \sqrt{(X^k - X_i)^2 + (Y^k - Y_i)^2 + (Z^k - Z_i)^2}$$

각 항목을 다시 정리해보면,

$\Phi_{i,1}^k\ \Phi_{i,2}^k$ : L1, L2 반송파를 이용하여 측정된 반송파 의사거리 (단위: m)

$P_{i,1}^k\ P_{i,2}^k$ : L1상의 코드, L2상의 코드를 이용하여 측정된 코드 의사거리 (단위: m)

$\rho_i^k$ : 수신기 $i$와 위성 $k$간의 실질적인 기하학적 거리 (단위: m)

$f_1, f_2$ : L1, L2 반송파의 주파수 (약 1.5GHz, 1.2GHz)

$\frac{I_i^k}{f_1^2}, \frac{I_i^k}{f_2^2}$ : 수신기 $i$와 위성 $k$ 사이에 존재하는 전리층($I_i^k$)에 의한 지연 거리 (단위: m)

$T_i^k$ : 수신기 $i$와 위성 $k$ 사이에 존재하는 대류층에 의한 지연 거리 (단위: m)

$\lambda_1, \lambda_2$ : L1, L2 반송파의 파장 길이 (약 0.19m, 0.24m)

$N_{i,1}^k, N_{i,2}^k$ : 정수 모호치

$\phi_{i0}, \phi_0^k$ : 수신기 $i$와 위성 $k$에서 반송파의 개수를 정수개로 만들고 남는 부분의 위상 (단위: cycle). 원래 모호정수는 정수여야 하지만, 하드웨어적으로 소수점 이하부분이 생성됨.

$dt_i, dt^k$ : 수신기 $i$와 위성 $k$ 의 시계 오차 (단위: 초)

$c$ : 빛의 속도 (299,792,458 m/sec)

$b_{i,1}, b_{i,2}, b_{i,3}$ : GPS 수신기 $i$에서 발생하는 주파수간 편이

$M_{i,1}^k, M_{i,2}^k, m_{i,1}^k, m_{i,2}^k$ : 다중 경로 오차 (단위: m)

$e_{i,1}^k, e_{i,2}^k, \epsilon_{i,1}^k, \epsilon_{i,2}^k$ : 기타 잔여 오차

## 1) 단일차분 (Single Difference)

이제 GPS 관측방정식을 이용하여 단일차분을 시행해보자. 단일차분을 수행하기 위해서는 그림 6-9와 같이 두 대의 다른 수신기 $i$와 $j$에서 동일한 위성 $k$를 관측해야 한다. 상대 측위이므로 두 대 이상의 수신기가 관측을 위해 사용된다.

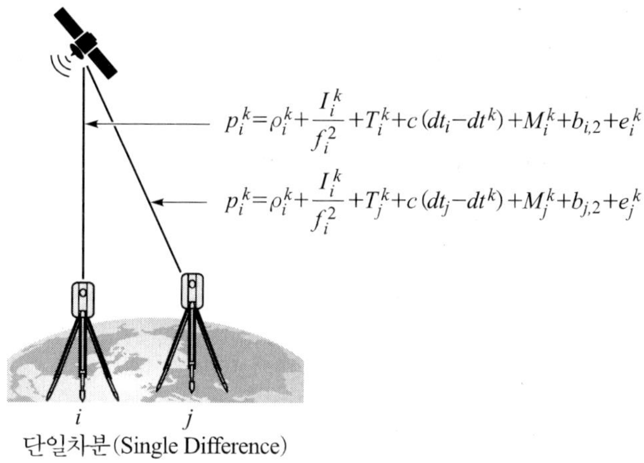


그림 6-9. 단일차분의 형태 (수신기 2개 위성 1개가 이루는 삼각형 형태)

우선 글자 수식으로 이해해보자. 수신기 $i$와 위성 $k$간의 관측방정식이 하나 구성되고, 수신기 $j$와 위성 $k$간의 관측방정식이 또 하나 구성된다.

$$
\begin{aligned}
\text{관측거리}_i^k = {} & \text{실제거리}_i^k + \text{전리층}_i^k + \text{대류권}_i^k \\
& + \text{수신기시계오차}_i - \boxed{\text{위성시계오차}^k} \\
& + \text{수신기주파수간 편이}_i + \text{멀티패스}_i^k
\end{aligned}
$$

$$
\begin{aligned}
\text{관측거리}_j^k = {} & \text{실제거리}_j^k + \text{전리층}_j^k + \text{대류권}_j^k \\
& + \text{수신기시계오차}_j - \boxed{\text{위성시계오차}^k} \\
& + \text{수신기주파수간 편이}_j + \text{멀티패스}_j^k
\end{aligned}
$$

이 두 식간에 차분을 하게 되면, 공통 인자인 위성 시계오차가 완전히 소거가 되는 것을 볼 수 있다. 이제 아래 첨자가 수신기 $i, j$로 두 개가 되었고, 윗 첨자는 위성 하나 그대로이므로 $k$ 하나이다.

$$
\begin{aligned}
\text{단일차분거리}_{ij}^k = {} & \text{실제차분거리}_{ij}^k + \text{전리층}_{ij}^k + \text{대류권}_{ij}^k \\
& + \text{수신기시계오차}_{ij} + \text{수신기주파수간 편이}_{ij} + \text{멀티패스}_{ij}^k
\end{aligned}
$$

GPS 관측방정식을 이용하여 다시 단일차분을 수행해보자. L1에 포함된 C/A코드의 경우를 예를 들어 살펴보면, 아래와 같이 i와 j 수신기별로 아래와 같은 GPS 관측식이 만들어진다.

$$\begin{aligned} P_{i,1}^k &= \rho_i^k + \frac{I_i^k}{f_1^2} + T_i^k + c(dt_i - dt^k) + b_{i,2} + M_{i,1}^k + e_{i,1}^k \\ P_{j,1}^k &= \rho_j^k + \frac{I_j^k}{f_1^2} + T_j^k + c(dt_j - dt^k) + b_{j,2} + M_{j,1}^k + e_{j,1}^k \end{aligned} \tag{6-3}$$

이제 이중 두 식을 이용하여 차분을 수행한다. 완전히 소거되거나 그 크기가 현저히 줄어들게 되는 부분을 박스로 나타내었다.

$$P_{i,1}^k = \rho_i^k + \boxed{\frac{I_i^k}{f_1^2}} - \boxed{T_i^k} + c(dt_i - \boxed{dt^k}) + b_{i,2} + M_{i,1}^k + e_{i,1}^k \quad \text{수신기}i\text{-위성}k\text{간 코드 수도레인지}$$

$$P_{j,1}^k = \rho_j^k + \boxed{\frac{I_j^k}{f_1^2}} - \boxed{T_j^k} + c(dt_j - \boxed{dt^k}) + b_{j,2} + M_{j,1}^k + e_{j,1}^k \quad \text{수신기}j\text{-위성}k\text{간 코드 수도레인지}$$

$$P_{ij,1}^k = \rho_{ij}^k + \frac{I_{ij}^k}{f_1^2} - T_{ij}^k + c \cdot dt_{ij} + b_{ij,2} + M_{ij,1}^k + e_{ij,1}^k$$

$$P_{ij,1}^k = \rho_{ij}^k + \frac{I_{ij}^k}{f_1^2} + T_{ij}^k + cdt_{ij} + b_{ij,2} + M_{ij,1}^k + e_{ij,1}^k \tag{6-4}$$

$P_{ij,1}^k = P_{i,1}^k - P_{j,1}^k$ 와 같이 아래 첨자가 수신기 $i, j$로 두 개이고, 윗 첨자는 $k$ 하나인 것을 이해하자. 우선 중요한 부분은 **위성 시계의 오차가 소거**된 것을 볼 수 있다. 두 수신기가 가까운 거리(약 15km 이하)에 위치하고 있다면, 전리층 오차 $\frac{I_{ij}^k}{f_1^2}$ 와 $T_{ij}^k$ 는 소거가 되지는 않았지만, 그 영향이 현저히 작아지게 된다. 즉 가까운 거리에서는 전리층과 대류권의 영향이 거의 유사하기 때문이다.

이제 GPS 반송파 식에 대하여 단일차분을 적용한 경우를 살펴보자. 아래 식에서와 같이 코드 의사거리와 마찬가지로 위성 시계오차는 제거, 전리층 및 대류층 오차는 감소하게 된다. 코드식과는 다르게 모호정수 $N$과 위성 쪽의 반송파 위상의 소수점 이하 부분 $\phi_0^k$이 존재하므로, 이에 대해서도 차분이 수행되고 위성 쪽 반송파 소수점 이하부분 $\phi_0^k$가 소거되었다. 모호정수도 차분이 수행된 것을 알 수 있다.

$$\Phi^k_{i,1} = \rho^k_i - \frac{I^k_i}{f_1^2} + T^k_i + \lambda_1 N^k_{i,1} + c(dt_i - dt^k)\lambda_1(\phi^k_0 - \phi_{i_0}) + m^k_{i,1} + \epsilon^k_{i,1}$$ 수신기$i$-위성$k$위상의 사거리

$$\Phi^k_{j,1} = \rho^k_j - \frac{I^k_j}{f_1^2} + T^k_j + \lambda_1 N^k_{j,1} + c(dt_j - dt^k)\lambda_1(\phi^k_0 - \phi_{j_0}) + m^k_{j,1} + \epsilon^k_{j,1}$$ 수신기$i$-위성$k$위상의 사거리

Single Difference

$$\Phi^k_{ij,1} = \rho^k_{ij} - \frac{I^k_{ij}}{f_1^2} + T^k_{ij} + \lambda_1 N^{*k}_{ij,1} + cdt_{ij} + m^k_{ij,1} + \epsilon^k_{ij,1}$$

Non-integer ambiguity! $N^{*k}_{ij,1} = N^k_{ij,1} + (\phi_{j_0} - \phi_{i_0})$

$$\Phi^k_{ij,1} = \rho^k_{ij} - \frac{I^k_{ij}}{f_1^2} + T^k_{ij} + \lambda_1 N^{*k}_{ij,1} + cdt_{ij} + m^k_{ij,1} + \epsilon^k_{ij,1} \quad (6-5)$$

다시 말해 단일차분기법은 두 수신기에서 수신되는 정보로 두 개의 방정식을 만들고 이들의 차를 구한다. 그림 6-10과 같이 수신기 2대 위성 1개로 이루어지는 삼각형을 생각하면 된다. 이를 통해 **위성시계오차가 제거**되고 **전리층 및 대류층 오차는 감소**하는 효과를 누리는 기법이다.

단일차분의 경우 실제로 사용되지 않고, 다음에 배울 이중차분을 위해 사용되는 중간과정으로 이해하면 된다. 단일차분을 이해했다면 이제 중요한 이중차분을 배워보자.

## 2) 이중차분 (Double Difference)

이중차분 (Double Difference)을 수행하기 위해서는 수신기가 2대, 위성이 2개 존재해야 한다. 수신기가 2대인 상황에서 위성 1개에 대해 단일차분을 수행할 수가 있고 또 하나의 위성에 대해 단일차분을 수행하면 단일차분 식이 총 2개 생성된다. 2개의 단일차분식끼리 한번 더 차분을 수행하게 되면 이중차분식이 만들어진다.

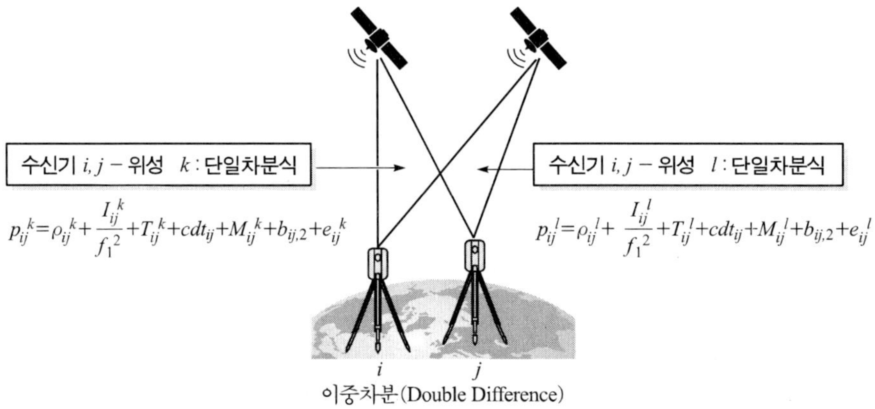


그림 6-10. 이중차분의 형태 (수신기 2개 위성 2개가 이루는 사각형 형태)

우선 코드를 이용하는 경우에 대해 글자 수식으로 알아보자. 앞서 살펴본 단일차분을 통해 아래와 같은 두 개의 단일차분식이 주어진다.

$$\begin{aligned}\text{단일차분거리}_{ij}^{k} = &\ \text{실제차분거리}_{ij}^{k} + \text{전리층}_{ij}^{k} + \text{대류권}_{ij}^{k} \\ &+ \boxed{\text{수신기시계오차}_{ij}} + \boxed{\text{수신기주파수간 편이}_{ij}} + \text{멀티패스}_{ij}^{k}\end{aligned}$$

$$\begin{aligned}\text{단일차분거리}_{ij}^{l} = &\ \text{실제차분거리}_{ij}^{l} + \text{전리층}_{ij}^{l} + \text{대류권}_{ij}^{l} \\ &+ \boxed{\text{수신기시계오차}_{ij}} + \boxed{\text{수신기주파수간 편이}_{ij}} + \text{멀티패스}_{ij}^{l}\end{aligned}$$

이 두 식간에 차분을 하게 되면, 공통 인자인 수신기 시계오차 및 수신기 주파수간 편이가 완전히 소거가 되는 것을 볼 수 있다. 이제 아래 첨자가 수신기 $i, j$로 두 개가 되었고, 윗 첨자 또한 위성 $k, l$ 로서 두 개가 되었다.

$$\text{이중차분거리}_{ij}^{kl} = \text{실제차분거리}_{ij}^{kl} + \text{전리층}_{ij}^{kl} + \text{대류권}_{ij}^{kl} + \text{멀티패스}_{ij}^{kl}$$

GPS 관측방정식을 이용하여 다시 이중 차분을 수행해보자. L1에 포함된 C/A코드의 경우를 예를 들어 살펴보면, 아래와 같이 수신기별로 아래와 같은 단일차분 및 이중 차분 식이 만들어진다.

$P_{ij,1}^{kl} = P_{ij,1}^{k} - P_{ij,1}^{l}$ 과 같이 아래 첨자가 수신기 $i, j$로 두 개이고, 윗 첨자 또한 $k, l$ 두 개인 것을 이해하자. 중요한 부분은 **수신기 시계 오차 및 수신기 편이 오차가 소거**된 것을 볼 수 있다. 전리층 오차 $\frac{I_{ij}^{kl}}{f_1^2}$와 대류권 오차$T_{ij}^{kl}$는 소거가 되지는 않았지만, 그 영향이 단일차분의 경우보다 더욱 더 작아지게 된다.

$$P_{ij,1}^{k} = \rho_{ij}^{k} + \frac{I_{ij}^{k}}{f_1^2} + T_{ij}^{k} + c \cdot dt_{ij} + b_{ij,2} + M_{ij,1}^{k} + e_{ij,1}^{k}$$

$$P_{ij,1}^{l} = \rho_{ij}^{l} + \frac{I_{ij}^{l}}{f_1^2} + T_{ij}^{l} + c \cdot dt_{ij} + b_{ij,2} + M_{ij,1}^{l} + e_{ij,1}^{l}$$

← 2개의 단일 차분

Double Difference ↓

$$P_{ij,1}^{kl} = \rho_{ij}^{kl} + \frac{I_{ij}^{kl}}{f_1^2} + T_{ij}^{kl} + M_{ij,1}^{kl} + e_{ij,1}^{kl}$$

← 이중 차분

$$P_{ij,1}^{kl} = \rho_{ij}^{kl} + \frac{I_{ij}^{kl}}{f_1^2} + T_{ij}^{kl} + M_{ij,1}^{kl} + e_{ij,1}^{kl} \tag{6-6}$$

이제 GPS 반송파 식(L1의 경우)에 대하여 이중 차분을 적용한 경우를 살펴보자. 코드 의사거리와 마찬가지로 수신기 시계오차 및 수신기 편이는 완전히 제거되고, 전리층 및 대류층 오차는 더욱 더 감소하게 된다. 하지만 코드식과는 다르게 이중 차분된 모호정수 $N$가 존재함을 알 수 있다.

$$\Phi_{ij,1}^{k} = \rho_{ij}^{k} + \frac{I_{ij}^{k}}{f_1^2} + T_{ij}^{k} + \lambda \cdot N_{ij,1}^{*k} + c \cdot dt_{ij} + m_{ij,1}^{k} + \epsilon_{ij,1}^{k}$$

$$\Phi_{ij,1}^{l} = \rho_{ij}^{l} + \frac{I_{ij}^{l}}{f_1^2} + T_{ij}^{l} + \lambda \cdot N_{ij,1}^{*l} + c \cdot dt_{ij} + m_{ij,1}^{l} + \epsilon_{ij,1}^{l}$$

2개의 단일 차분

$$N_{ij,1}^{*k} = N_{ij,1}^{k} + (\phi_{j_0} - \phi_{i_0})$$

$$N_{ij,1}^{*l} = N_{ij,1}^{l} + (\phi_{j_0} - \phi_{i_0})$$

Double Difference

$$\Phi_{ij,1}^{kl} = \rho_{ij,dt}^{kl} - \frac{I_{ij}^{kl}}{f_1^2} + T_{ij}^{kl} + \lambda_1 N_{ij,1}^{kl} + m_{ij,1}^{kl} + \epsilon_{ij,1}^{kl}$$

이중 차분

$$\Phi_{ij,1}^{kl} = \rho_{ij,dt}^{kl} - \frac{I_{ij}^{kl}}{f_1^2} + T_{ij}^{kl} + \lambda_1 N_{ij,1}^{kl} + m_{ij,1}^{kl} + \epsilon_{ij,1}^{kl} \qquad (6-7)$$

이중 차분을 다시 정리해보면, 하나의 위성에 대하여 단일차분하고 동시에 다른 위성에 대하여도 단일차분 시행하여 두 방정식을 만든다. 그리고 이들 두 관측방정식을 서로 빼주면 이중 차분식이 성립된다. **수신기 시계 편차 및 수신기 주파수간 편이에 의한 오차가 완전히 제거되고 전리층 및 대류층의 영향도 아주 작아지는 효과**를 누릴 수 있다.

실제 데이터 처리 시 전리층 및 대류층 효과와 멀티패스(multipath)오차가 무시할 정도로 작아졌다고 가정해보자. 그렇다면 코드식의 경우 아래 수식과 같이 미지수가 이동국(Rover)의 좌표만 남게 된다.

$$P_{ij,1}^{kl} = \rho_{ij}^{kl} + \cancel{\frac{I_{ij}^{kl}}{f_1^2}} + \cancel{T_{ij}^{kl}} + \cancel{M_{ij,1}^{kl}} + e_{ij,1}^{kl}$$

$$P_{ij,1}^{kl} = \rho_{ij}^{kl} + e_{ij,1}^{kl} \qquad (6-8)$$

반송파식에 대한 경우에는 미지수가 이동국(Rover)의 좌표 및 모호정수만 남게 된다. 즉 반송파식이 코드식 보다 모호정수로 인해 더 복잡한 것을 볼 수 있다. 이 식을 이용하면 최대 **cm레벨의 정확도**를 얻을 수가 있다.

$$\Phi_{ij,1}^{kl} = \rho_{ij,dt}^{kl} - \frac{I_{ij}^{kl}}{f_1^2} + T_{ij}^{kl} + \lambda_1 N_{ij,1}^{kl} + m_{ij,1}^{kl} + \epsilon_{ij,1}^{kl}$$

$$\Phi_{ij,1}^{kl} = \rho_{ij,dt}^{kl} + \lambda_1 N_{ij,1}^{kl} + \epsilon_{ij,1}^{kl} \tag{6-9}$$

반송파 이중차분 식의 경우에 이동국(Rover)의 좌표 $(X_j, Y_j, Z_j)$와 모호정수 $N_{ij}^{kl}$을 미지수로 두고 아래와 같이 선형화를 수행한 후 행렬형태로 만들 수가 있다.

$$\begin{aligned}\rho_{ij}^{kl} = \rho_{ij,0}^{kl} &+ \frac{-(X^l - X_{j,0})}{\rho_{j,0}^l}\Delta X_j + \frac{-(Y^l - Y_{j,0})}{\rho_{j,0}^l}\Delta Y_j + \frac{-(Z^l - Z_{j,0})}{\rho_{j,0}^l}\Delta Z_j \\ &+ \frac{(X^k - X_{j,0})}{\rho_{j,0}^k}\Delta X_j + \frac{(Y^k - Y_{j,0})}{\rho_{j,0}^k}\Delta Y_j + \frac{(Z^k - Z_{j,0})}{\rho_{j,0}^k}\Delta Z_j\end{aligned}$$

미지수를 좌변으로 남기고 상수를 우변으로 옮긴 후 4개의 미지수의 계수 등을 행렬형태로 정렬하면 아래와 같은 형태로 정리될 수 있다.

$$\begin{bmatrix} \frac{(X^k - X_{j,0})}{\rho_{j,0}^k} - \frac{(X^l - X_{j,0})}{\rho_{j,0}^l} \\ \frac{(Y^k - Y_{j,0})}{\rho_{j,0}^k} - \frac{(Y^l - Y_{j,0})}{\rho_{j,0}^l} \\ \frac{(Z^k - Z_{j,0})}{\rho_{j,0}^k} - \frac{(Z^l - Z_{j,0})}{\rho_{j,0}^l} \\ \lambda_1 \end{bmatrix}^T \begin{bmatrix} \Delta X_j \\ \Delta Y_j \\ \Delta Z_j \\ N_{ij,1}^{kl} \end{bmatrix} = \left[\Phi_{ij,1}^{kl} - \rho_{ij,0}^{kl}\right] \tag{6-10}$$

이와 같은 **이중차분은 반송파 데이터 처리에 가장 널리 쓰이는 기법**이며, 상기에서 본 것과 같이 이중차분에서 미지수는 이동국(Rover)의 좌표와 모호정수가 된다. 또한 이중차분에서 차분된 대기층 효과와 multipath는 너무 작아서 기선의 길이가 짧을 경우에는 무시할 수 있다. **짧은 기선일 때(10-15km이하) 위치 결정의 정확도는 cm정도이나 그 기선 거리가 멀어질수록 정확도는 저하**된다.

이중차분은 보통 위성 2개당 1개가 만들어진다. 그림 6-11의 경우 위성이 총 5개이므로 이론적으로는 총 조합 개수가 ${}_5C_2 = \frac{5 \times 4}{2} = 10$개와 같이 계산될 수 있다. 하지만 실제로는 조합 중에서 독립적인 위성조합은 4개뿐이다. 즉, 위성 고도가 제일 높은 3번 위성을 기준으로 잡고 기준 위성과 나머지 위성간의 조합 개수인 총 4개의 이중차분을 만든다.

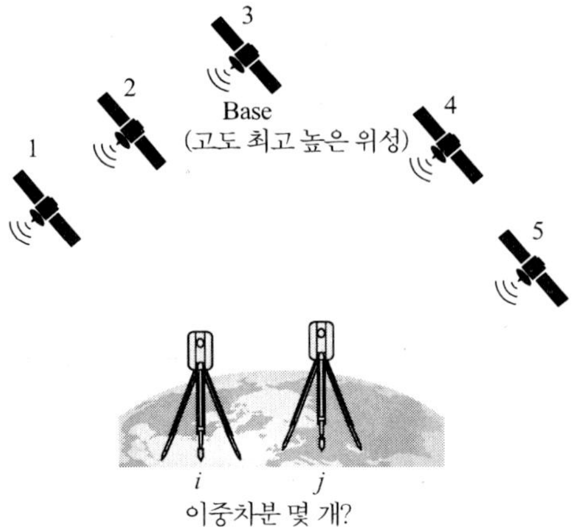


그림 6-11. 이중차분 식의 개수 구하기

### 3) 삼중차분 (Triple Difference)

**삼중차분** (Triple Difference)은 **이중 차분을 두 번의 연속된 시간에 대해 시행**하여 두 개의 이중차분식을 구하고, 그 둘의 차이를 구하는 것이다. 이미 이중차분을 통해 위성시계편차, 수신기 시계 편차 등을 모두 소거된 상황에서 **모호정수까지 제거**하는 방법이다. 모호정수란 신호가 수신된 시점의 반송파 파장 개수를 의미하므로 신호가 단절되는 싸이클 슬립(Cycle Slip)등이 발생하지 않으면 상수(Constant)이기 때문에 시간이 지나도 변하지 않게 된다. 따라서 연속된 시간에 이중차분 식을 차분하면 변하지 않는 모호정수 또한 소거되게 되는 것이다. 앞에서 설명한 것처럼 삼중차분법을 이용하게 되면 모호정수까지 소거가 가능하다는 장점이 있긴 하나 삼중차분에 의한 오차전파로 인해 삼중차분관측값에 대한 오차크기가 증가한다는 단점이 있다.

$$P_{ij,1,dt}^{kl} = \rho_{ij,dt}^{kl} + \frac{I_{ij,dt}^{kl}}{f_1^2} + T_{ij,dt}^{kl} + M_{ij,1,dt}^{kl} + e_{ij,1,dt}^{kl} \tag{6-11}$$

$$\Phi_{ij,1,dt}^{kl} = \rho_{ij,dt}^{kl} - \frac{I_{ij,dt}^{kl}}{f_1^2} + T_{ij,dt}^{kl} + m_{ij,1,dt}^{kl} + \epsilon_{ij,1,dt}^{kl} \tag{6-12}$$

## 다. 모호정수 예측

이번 장에서는 모호정수는 어떻게 알아낼 수 있는지에 대해 개념적으로 이해 해보자. 앞서 본 것과 같이 반송파를 이용하여 정밀한 GPS측량을 수행하기 위해서는 모호정수를 알아내야 한다.

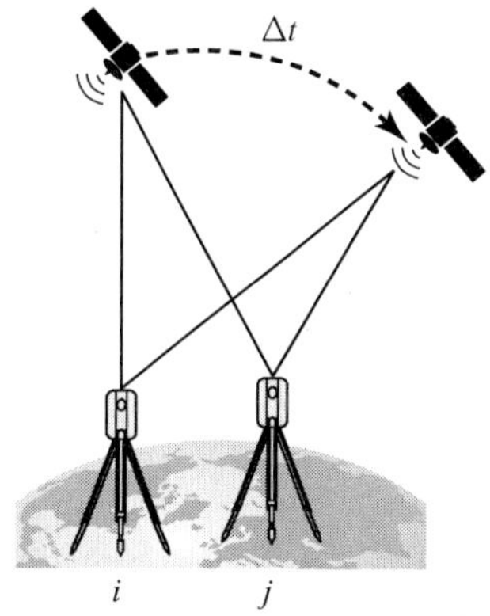

그림 6-12. 장시간 수신을 통한 위성과 수신기간의 기하학적 변화

전통적으로 반송파 기반 GPS측량 시 기선이 길면 모호정수를 결정하기 위해 아주 긴 시간(일반적으로 몇 시간동안) 동안 관측을 해야만 했다. 왜냐하면 중·장기선의 경우 기준국과 이동국 사이에는 무시할 수 없는 전리층, 대류권 등에 의한 차이가 발생한다. 이러한 차이값은 모호정수를 예측하는데 큰 방해요소이다. 따라서 모호정수 예측을 위해서는 위성과 수신기가 이루는 기하학적 형태의 변화가 충분할 정도의 긴 데이터 수신시간이 필요하다.

모호정수를 예측하는 기본적인 방법은 앞서 설명했던 **이중차분식을 이용**한다. 즉 선형화된 이중차분식(수식 6-10)을 최소제곱법을 통해 모호정수 $N_{ij,1}^{kl}$ 을 구해내는데, 정수형태가 아닌 실수형태로 모호정수(다른말고 모호실수, **부동해**, float solution)를 예측한다. 모호실수로부터 모호정수를 결정한 후 결정된 모호정수값을 고정한 후 조정계산을 다시 수행하여, 이동국의 좌표값(모호정수가 결정된 **고정해**, fixed solution)의 계산이 가능하다.

일반적으로 장시간 데이터를 수신하여 모호정수를 예측하는 방법은 한 위치에서 움직이지 않고 정지해 있는 정지측량 수신기에만 활용할 수 있으며 모호정수 예측 또한 아주 오래 걸리는 한계점이 있었다. 따라서 실시간으로 이동하는 수신기의 모호정수를 예측하기 위한 여러 가지 OTF(On-The-Fly)기법이 개발되었는데, 그 중 하나의 개념을 간략히 이해해보자.

기준국(Base)와 이동국(Rover)에서 동시에 위성을 관측하면, 이중 차분(Double difference)를 통해 이동국(Rover) 수신기의 위치와 대략적인 모호정수(여기서는 소수점이 있는 값)를 예측할 수 있다(수식 6-10). 여기까지는 앞서 설명한 정지측량용 방법과 동일하다. 그림 6-12에서 두 개의 위성을 관측했다고 가정하고 예를 들면, 두 위성으로부터 거리를 측정하여 수신기 위치가 파선의 교차점으로 예측되었다. 또한 오차범위를 예측했을 때(DOP개념) 그림 내의 타원체 범위로 결정할 수 있다.

이제 그림에서 해당 타원체 범위를 살펴보자. 가로축이 $l$ 위성에 대한 모호정수이고, 세로축이 $k$ 위성에 대한 모호정수이다. 모호정수가 달라짐에 따라 수신기 위치 예측치가 달라지는 것을 보여주고 있다. 그런데 모호정수는 정수여야 하므로, $N_i^k$, $N_i^l$ 모두 정수값을 가질 경우 수신기 위치는 그림 6-13에서 교차점의 위치가 되므로 따라서 최적의 모호정수가 어떤 값일지 예측할 수 있게 된다.

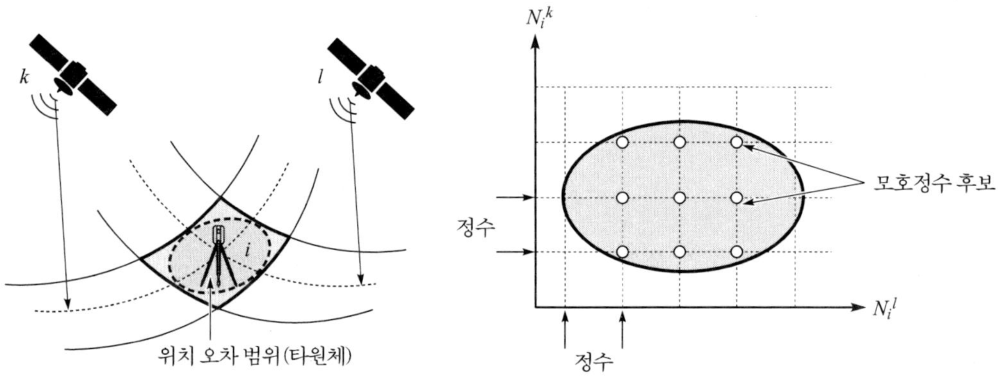


그림 6-13. OTF 모호정수 결정의 개념

## 라. 개념 정립 문제

### 기사시험 기출 문제

(1) 정확한 위치에 기준국을 두고 GPS 위성신호를 받아 기준국 주위에서 움직이는 사용자에게 오차정보를 넘겨주어 정확한 위치를 계산하는 방법은?

㉮ DOP ㉯ DGPS ㉰ SPS ㉱ S/A

(2) 기준국과 이동국간의 거리가 짧을 경우 상대측위를 수행하면 절대측위에 비해 정확도가 현격히 향상되게 되는데 그 이유로 부적합한 것은?

㉮ 위성궤도오차가 제거된다.
㉯ 다중경로오차(multipath)를 제거할 수 있다.
㉰ 전리층에 의한 신호의 전파지연이 보정된다.
㉱ 위성시계오차가 제거된다.

(3) GPS측량 시 2주파 관측데이터를 이용하여 처리하는 주 이유는?

㉮ 위성의 궤도오차를 보정하기 위하여
㉯ 위성의 시계오차를 보정하기 위하여
㉰ 전리층의 오차를 보정하기 위하여
㉱ 수신기에서 발생하는 오차를 보정하기 위하여

(4) 기준국과 이동국 간의 거리가 짧을 경우 상대측위를 수행하면 절대측위에 비해 정확도가 현격히 향상되게 되는데 그 이유로 부적합한 것은?

㉮ 위성궤도오차가 제거된다.
㉯ 다중경로오차(Multipath)를 제거할 수 있다.
㉰ 전리층에 의한 신호의 전파지연이 보정된다.
㉱ 위성시계오차가 제거된다.

(5) GPS 관측오차들 중에서 위성의 시계오차만을 제거하려면 다음 중 무엇을 이용해야 하는가?

㉮ 단일차분 ㉯ 이중차분 ㉰ 삼중차분 ㉱ 차분되지 않은 자료

(6) GNSS 측량에서 전리층의 영향에 대한 설명으로 틀린 것은?

㉮ 반송파의 경우 전리층 지연이 음수(축소)가 된다.
㉯ 코드 신호의 경우 전리층 지연이 양수(연장)가 된다.
㉰ 전리층 지연효과는 선형조합으로 소거할 수 없다.
㉱ 태양활동, 지역, 계절, 주야에 따라 달라진다.

(7) 다음 중 모호정수(ambiguity)를 제거하기 위한 GPS 측위 관측신호는?

㉮ 차분되지 않은 반송파 ㉯ 단일차분된 반송파
㉰ 이중차분된 반송파 ㉱ 삼중차분된 반송파

(8) GPS의 여러 오차 중 DGPS 기법으로 제거되지 않는 것은?

㉮ 의사거리 측정오차 ㉯ 위성의 궤도정보 오차
㉰ 전리층에 의한 지연 ㉱ 대류권에 의한 지연

(9) GNSS 측량시 시계오차가 소거된 3차원 위치 결정을 위해 필요로 하는 최소 위성의 수는?

㉮ 4대 ㉯ 5대 ㉰ 6대 ㉱ 7대

## 개념 정립 문제

(1) DGPS에서 오차를 보정하는 방식의 2종류는 무엇인가?

(2) 단일차분을 통해 완벽히 소거되는 오차는 무엇인가?

(3) 이중차분을 통해 완벽히 소거되는 오차는 무엇인가?

(4) 1개의 이중차분식은 몇 개의 미지수를 포함하고 있는가?

(5) 두 대의 수신기(i와 j)에서 동시에 4개의 위성(1, 2, 3, 4번)을 관측하고 있다. 위성을 각각 다섯 번씩 관측했다. 한 수신기 i점은 알고 있는 위치에 세워졌으며, 반송파 이중 차분을 통해 미지점의 좌표(j점)를 결정하고자 한다. 이 때 이중 차분식이 몇 개가 구성될 수 있으며, 미지수는 총 몇 개인가?

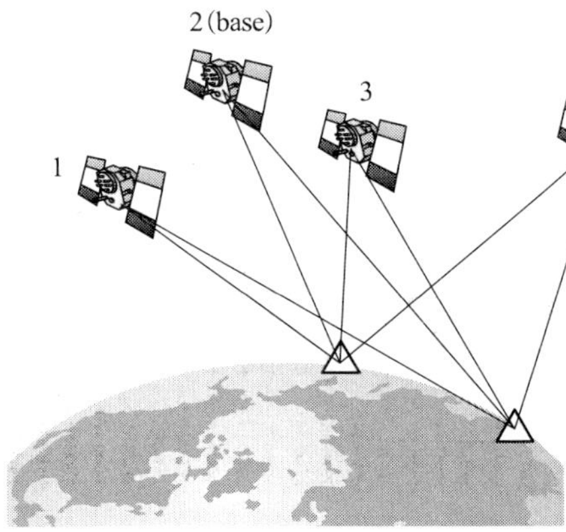


정 답

### 기사시험 기출 문제

(1) 나 (2) 나 (3) 다 (4) 나 (5) 가 (6) 다 (7) 라 (8) 가 (9) 가

### 개념 정립 문제

(1) 위치오차보정("Block shift")와 거리오차보정("Range correction")
(2) 위성 시계 오차
(3) 수신기 시계 오차 및 수신기 편이
(4) 총 4개=이동국(Rover)의 좌표 $(X_j, Y_j, Z_j)$와 모호정수 $N_{ij}^{kl}$
(5) 1번 관측 시 이중 차분 구성: 기준 위성(2번)을 설정한 후 총 3개의 이중차분 가능하다(2번과 1번, 2번과 3번, 2번과 4번). 총 5번 관측하므로 총 15개의 이중 차분식의 구성 가능하다(3개×5번). 미지수는 미지점 j의 좌표 3개 $(X_j, Y_j, Z_j)$ 및 첫 수신시점의 이중차분식에 포함된 모호정수 3개 $N_{ij}^{21}$, $N_{ij}^{23}$, $N_{ij}^{24}$이며 총 6개이다. 첫 수신 후 싸이클 슬립 등이 발생하지 않는 한 모호정수는 변하지 않음을 주의하라.

CHAPTER

# 07 GPS 측량 방법

CHAPTER 07

# GPS 측량 방법

## 가. 개요

GPS측량 방법을 크게 나눈다면, **단독 측위법**(Point Positioning)과 **상대 측위법**(Relative GPS)으로 나눌 수 있다. **단독 측위법은 한 대의 수신기를 이용하여 측위를 수행하는 기법**(**오차 보정 여부에 관계없음**)이고, **상대 측위법은 두 대 이상의 수신기를 사용하여 각각 관측된 관측값을 차분하는 기법을 통해 수신기의 보다 정밀한 위치를 결정**하는 기법이다.

표 7-1. 단독 측위법 vs. 상대 측위법

| 단독 측위법 | 상대 측위법 |
| --- | --- |
| - 한 대의 수신기에서 위성을 관측하여 수신기의 위치 결정<br>- 일반적으로 정밀도 낮음<br>DGPS 서비스로부터 보정 정보를 수신 받아 보정할 경우 정확도 증가 | - 두 대 이상의 수신기를 사용하여 동시 관측<br>- 수신기 하나는 기지점에 설치<br>**차분법(보통 이중차분)**을 통해 오차요인 소거 및 정밀도 향상<br>- 정밀도 높음 |
| [세부 단독 측위 기법]<br>절대 측위(Absolute Point Positioning)<br>DGPS(Differential GPS)<br>PPP(Precise Point Positioning) | [세부 상대 측위 기법]<br>정지 측량 (Static)<br>이동측량 (일반 RTK)<br>이동측량 (네트워크 RTK) |

상대 측위 시 그림 7-1과 같이 미리 알고 있는 점에 위치시킨 수신기를 **기준국** 또는 **기지국**이라고 하고 영어로는 Base(혹은 Reference Station)라고 한다. 미지점에 위치한 수신기를 **이동국**, Rover라고 한다. 항시 사용하는 용어이므로 기억해두도록 하자.

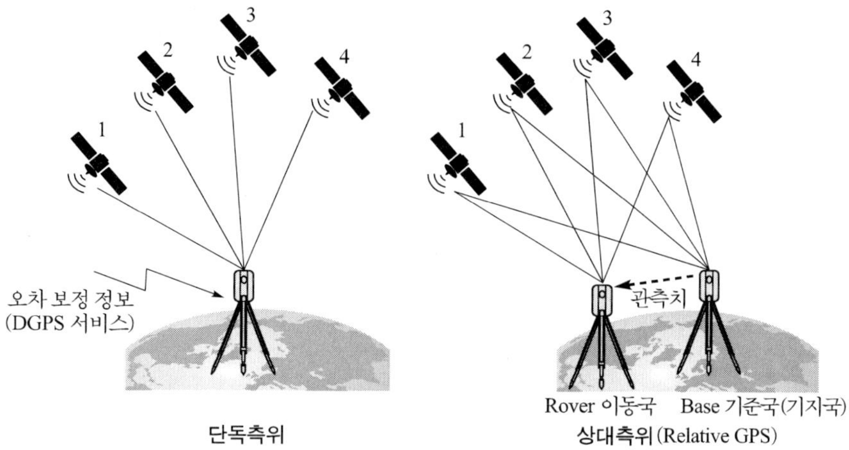


그림 7-1. 단독 측위법 vs. 상대 측위법

단독 측위 및 상대 측위법은 보다 세부적으로 표 7-2 및 표 7-3과 같이 나뉠 수 있다. 우선 절대 측위는 코드를 사용하는 것으로서 일반적으로 수미터~수십미터급의 정밀도를 확보할 수 있는 기법이며, 우리 스마트폰 등에서 일반적으로 사용하고 있는 단독측위법이다. 보다 정밀한 내비게이션을 위해서는 코드 길이나 위치에 대한 보정 정보를 수신 받아 보정하는 DGPS를 사용해야 한다. 또한 PPP(Precise Point Positioning)은 외부에서 제공된 정보드를 이용하여 여러 오차들(5장 참조)을 보다 정확히 제거하여 위치를 결정하여 cm 정밀도를 확보하는 기법이다.

표 7-2. 세부 단독 측위 방법

| 세부 단독 측위 방법 | 보정정보 | 비고 | 정확도 | 응용분야 |
|---|---|---|---|---|
| 절대 측위 | 필요 없음 | 코드사용<br>실시간 항법 | 수 미터<br>~수십 미터 | 내비게이션<br>스마트폰 |
| DGPS | 필요함<br>(실시간 보정) | 코드사용<br>실시간 항법 | 1m이내~수m | 내비게이션 |
| PPP | 필요함<br>(후처리 보정) | 코드, 반송파사용<br>측량(후처리) | 수cm | 기준점 측량 등 |

상대 측위의 경우 두 대 이상의 수신기에서 수신된 관측데이터를 차분(differencing) 기법을 통해 고정밀의 측위 결과를 확보하는 기법으로서, 후처리를 통해 최상의 정확도를 확보하는 정지 측량과 현장에서 실시간에 가깝게 측위값을 획득할 수 있도록 해주는 RTK(Real-Time Kinematic)기법으로 나뉠 수 있다.

표 7-3. 상대 측위법 (Relative GPS)

| 세부 상대 측위 방법 | 기준국 | 비고 | 정확도 | 응용분야 |
|---|---|---|---|---|
| 정지 측량<br>(Static, Fast-static) | 필요함 | 후처리 | mm~cm레벨 | 기준점 측량<br>측지측량<br>지구물리측량 |
| 일반 RTK | | 실시간 | 수 cm | 일반 측량 |
| 네트워크 RTK<br>(Network RTK) | | 실시간 | 수 cm | 일반 측량 |

## 나. 측량 계획 수립

측량 계획을 수립하기 위해서 고려해야할 사항은 표 7-4와 같다. 우선 진행하고자 하는 측량의 목적에 따른 요구 정확도를 설정하고, 해당 정확도를 만족시키기 위한 장비 및 측량 방법을 결정해야 한다. 예를 들어, 수평 수직 10cm의 정확도를 요구하는데, 정밀 측량을 통해 1cm급의 정확도를 확보할 필요는 없기 때문이다.

일반적으로 정확도 확보를 위해 상대측위(Relative GPS)를 수행하는 경우가 많은데, 이런 경우 주변의 기지국이 어디에 있는지 또한 확인해두는 것이 좋다.

표 7-4. 측량 계획 수립 시 고려 사항

요구 정확도
측량 장비
주변 기지국 현황
대상지의 지형지물
위성부분: 관측 가능 GPS 위성 개수
위성-수신기부분: 위성과 수신기간의 기하학적 상태

측량용 GPS SW를 사용하면, 그림 7-2와 같이 측량하고자 하는 날짜 및 시간대에 관측 가능한 위성별 고도각(Elevation), 위성 개수(Visibility), Sky plot 및 DOP 등을 미리 예측해 볼 수 있으므로 이를 확인해보는 것이 필요하다. 또한 인터넷 지도, 스트리트뷰 등을 활용하거나 필요시 대상지를 답사하여 측량 대상지 주변에 지형지물이 어떻게 되어 있는지 확인하여 지형지물에 의한 가시성에 문제가 없는지 확인해볼 필요가 있다.

측량 방법 및 시간이 결정되면, 측점별로 측량 순서를 결정하고 각 지점의 이름(ID)등을 결정한다.

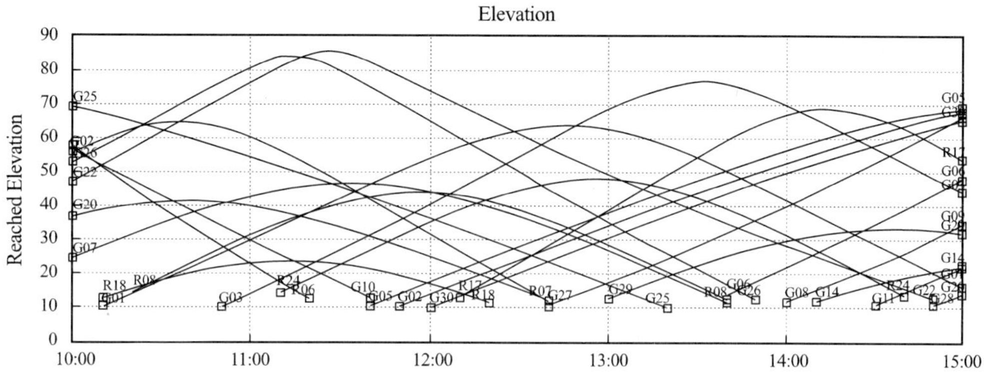


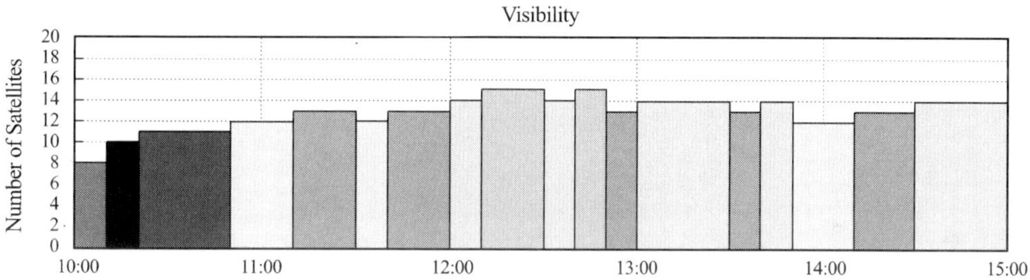


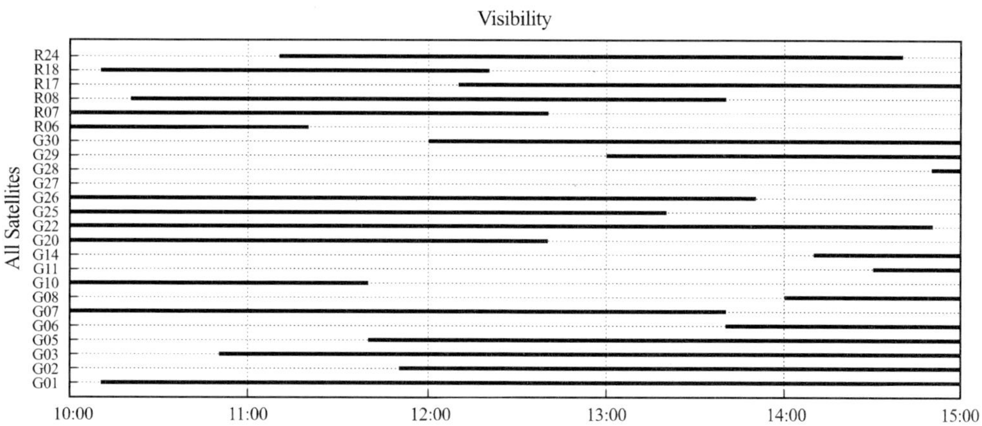

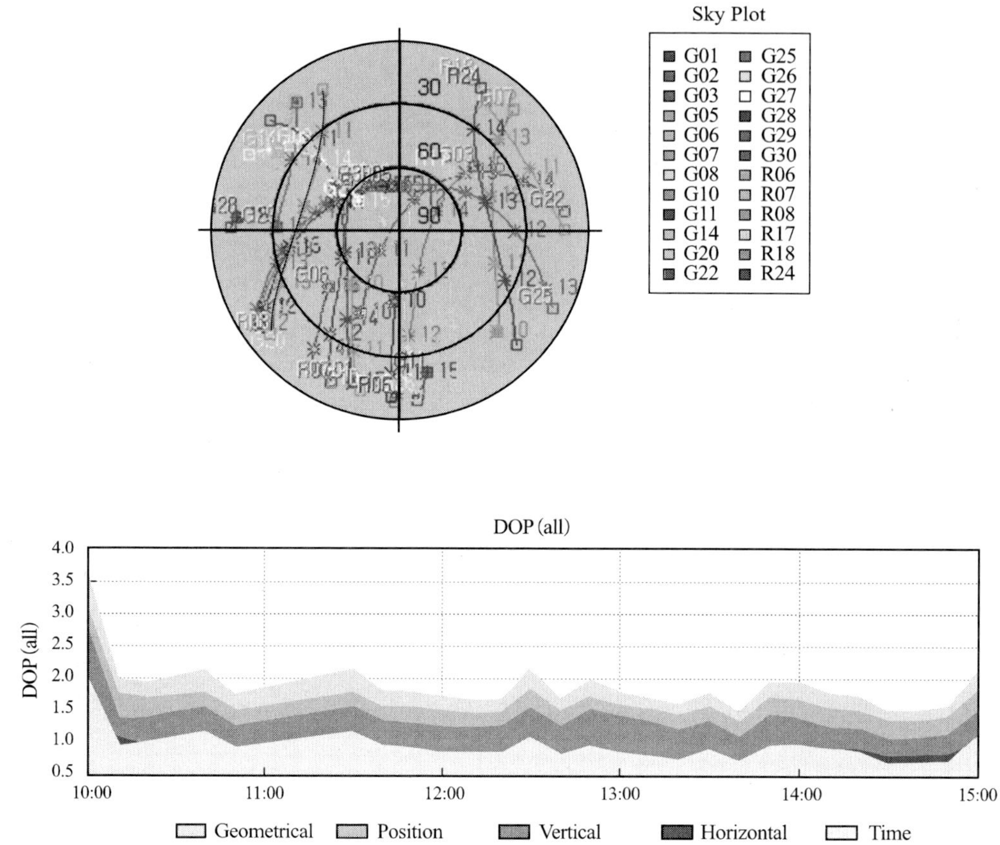


그림 7-2. 측량 계획 시 측량용 GPS SW를 이용하여 미리 예측해볼 수 있는 값들

## 다. 단독 정지 측량 (PPP)

**단독 정지 측량**(Precise Point Positioning)**은 한 대의 GPS수신기를 이용**하여 4개 이상의 위성을 오랜 시간동안 관측하여 수신기의 위치를 결정하는 단독측위법(point positioning)이다. 원리는 앞서 배운 코드의사거리를 이용한 위치 결정 방법(4장 라. 코드 의사거리 기반 위치 결정 방법)과 유사하다고 생각하면 된다. 단, **장시간 수신된 데이터(최소한 몇 시간 또는 24시간 이상)를 기반으로** 여러 오차들(5장 참조)을 보다 정확히 제거하여 위치를 결정하므로 정밀도가 높아진다.

단독 정지 측량은 **한 대의 2주파 수신기**(또는 다주파 수신기)를 이용하여 정밀하게 보정된 위성의 위치와 시간정보(예, IGS(International GNSS Service, http://www.igs.org)의 Final)를 이용하고, 주파수간 연산을 통해 전리층 효과를 제거하여 센티미터 레벨의 위치 정확도를 확보하는 측량 방식이다. 물론 위치 정확도는 수신된 시간이나 사용된 데이터의 품질 등에 따라 센티미터에서 수십센티미터까지 달라질 수 있다. GPS측량에서 가장 골칫거리가 전리층인데, **2주파 수신기를 바탕으로 전리층 영향을 99.9%이상 소거할 수가 있다(8장의 Iono-free 기법)**. 따라서 PPP는 상시관측소가 없거나 있더라도 거리가 현저히 멀어서(수천 km) 상대측위(Relative GPS)를 진행하기 힘들 경우에 사용하기에 매력적인 기법이다.

2주파수 수신기를 이용한 전리층 영향을 소거하는 관측치 결합모델은 이후 8장을 참고하도록 한다.

표 7-5. PPP의 장단점

| 장점 | 단점 |
|---|---|
| 단일 수신기만 있으면 됨 | 2주파 또는 다주파 수신기가 필요 |
| 기준국 필요 없으므로 보정 정보 서비스가 가능하지 않은 지역에서도 운용 가능 | 오랜 수신시간 필요. 초기화 시간이 필요<br>실시간 측량 불가능 |
| 위치 결정 이외에 대기 분석 등의 분야에서 활용 가능 | 정밀한 위성 궤도정보, 시계 정보, 전리층 모델 필요 |

PPP에서 정확성 있는 위치 결정을 위해서 고려하는 오차 요소들을 표 7-6과 같이 정리할 수 있다.

표 7-6. PPP에서 고려하는 오차 요소

| 요소 | 설명 | 비고 |
|---|---|---|
| 위성 부분 | 위성 위치, 시계 오차 | IGS Final 데이터를 이용하여 정확도 증가 |
| | 위성에서 수신기까지 신호가 전달되는 시간 동안 위성의 움직임 | 약 0.07초 |
| | 위성에서 수신기까지 신호가 전달되는 시간 동안 지구 자전 | |
| | 안테나 질량중심과 안테나 중심과의 차이 | - |
| 수신기 부분 | 반송파를 수신되는 정확한 지점 정보 APC(Antenna Phase Center) | "5장 타. 안테나고" 참고 |
| | 안테나고 측정 위치 ARP(Antenna Reference Point) | |
| 대기 부분 | 전리층 | Iono-free로 소거 |
| | 대류층 | 모델값을 이용하여 상당부분 소거 |
| | 태양, 달 등에 의해 발생하는 조석운동(Earth solid tide) | 1~2cm 범위 |

일반적으로 PPP를 수행하기 위해서는 전문 프로그램을 사용하여야 하며, 잘 알려진 프로그램은 표 7-7에서 확인할 수 있고 온라인으로 처리해주는 사이트도 있다(표 7-8). 온라인 사이트의 경우 관측한 RINEX파일을 업로드하면 서버에서 자동으로 보정 데이터(예 IGS의 Final 데이터 등)를 선택하여 PPP 처리 후 결과를 이메일 등으로 보내준다.

표 7-7. PPP를 수행하기 위한 소프트웨어

| | | |
|---|---|---|
| GIPSY-OASIS (GIPSY) | 미국 나사의 JPL(the Jet Propulsion Laboratory) 개발 | https://gipsy-oasis.jpl.nasa.gov/ |
| Bernese Software | 스위스 베른 공대에서 개발 | http://www.bernese.unibe.ch/ |
| CSRS-PPP | Natural Resources Canada에서 개발 | https://webapp.geod.nrcan.gc.ca/geod/tools-outils |
| magicGNSS | 스페인의 GMV에서 개발 | http://magicgnss.gmv.com/ |
| gLAB | Universitat Politecnica de Catalunya (UPC)에서 개발 | http://www.gage.upc.edu/gLAB |
| GAPS | UNB(The University of New Brunswick) 에서 개발 | http://gaps.gge.unb.ca/ |

표 7-8. PPP 온라인 처리 사이트

| | | |
|---|---|---|
| CSRS-PPP | Natural Resources Canada에서 개발 | https://webapp.geod.nrcan.gc.ca/geod/tools-outils |
| magicGNSS | 스페인의 GMV에서 개발 | http://magicgnss.gmv.com/ |
| Automatic Precise Positioning Service (APPS) | GIPSY 소프트웨어 기반 | http://apps.gdgps.net/ |
| GAPS | UNB(The University of New Brunswick)에서 개발 | http://gaps.gge.unb.ca/ |

사용 예를 보이기 위해 여기서는 APPS에 접속하여 PPP를 수행해보았다. 데이터로는 국토지리정보원 사이트[19]에서 2016년 4월 14일에 수원 관측소에서 1시간동안 수신한 데이터 RINEX파일(SUWN105g.16o)을 다운받아 사용하였다. 그림 7-3에서 정지측량(static) 및 2주파 수신기(dual frequency)로 설정되었고, 위성궤도 및 시계값은 JPL의 Final 데이터가 사용될 수 있음을 볼 수 있다. 처리가 완료되면 그림 7-4와 같은 화면을 볼 수 있다.

19) http://map.ngii.go.kr 또는 http://www.gnssdata.or.kr

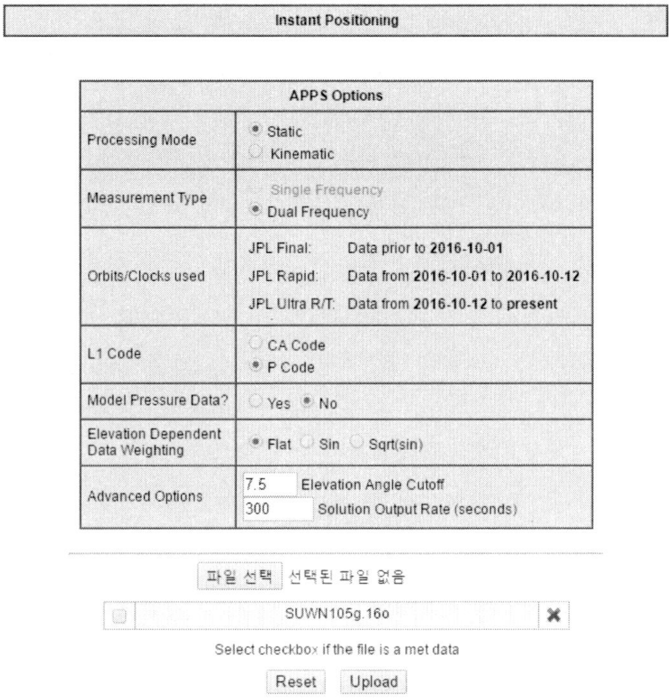


그림 7-3. NASA APPS 사이트에서 온라인 PPP 수행

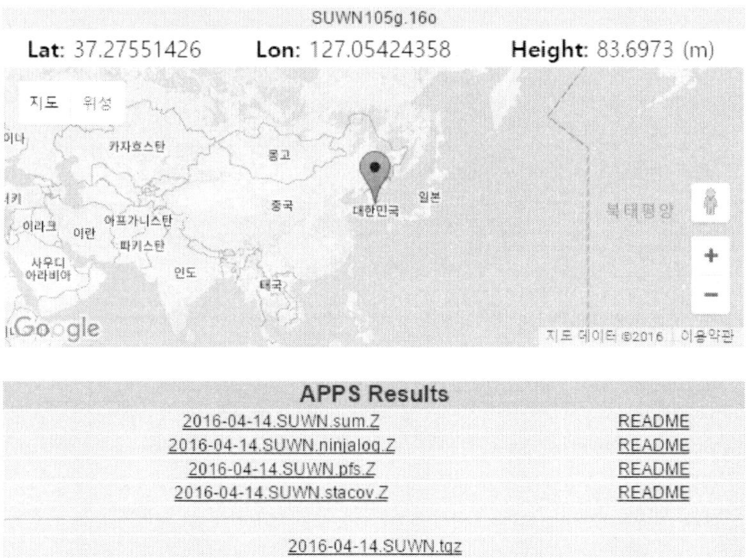


그림 7-4. NASA APPS 사이트에서 PPP 처리된 결과 화면

처리 결과 중 요약 파일(확장자 sum)을 워드패드로 열어보면 그림 7-5와 같이 결과를 확인해볼 수 있다. 좌표계는 ITRF2008로 되어 있음을 볼 수 있고, 서버에서 자동으로 위성이나 수신기의 안테나 정보를 적용한 것을 확인해볼 수 있다. 또한 JPL의 Final 데이터를 사용하여 오차보정을 수행한 것을 볼 수 있고, 최종 계산된 좌표를 3차원 직각좌표계 및 경위도 좌표 등으로 제공됨을 볼 수 있다. 계산된 좌표값의 신뢰도 또한 Sigmas로 제공되어 있다.

고시된 수원관측소 수신기의 좌표는 X=-3062023.563, Y=4055449.033, Z=3841819.213인데, PPP결과는 이와 약간의 차이를 보인다. 보다 장시간 수신된 데이터를 사용하고, 수신기 안테나에 대한 보다 정확한 정보 등을 사용한다면 보다 나은 결과값을 얻을 수 있을 것이다.

참고로 CSRS-PPP와 같은 사이트에서는 결과를 좌표값 및 여러 가지 그래프가 포함된 리포트의 형태로 제공해주기도 하므로 활용해보길 바란다.

```
# APPS Summary file for site SUWN. Produced from RINEX file SUWN105g.16o on
Thu Oct 13 02:20:40 UTC 2016
# The reference frame is ITRF 2008 (with semi-major axis = 6378137 m; flattening
factor = 1/298.257222101)
# Output data rate is 300 seconds. Minimum elevation angle is 7.5 degrees.
# Satellite antenna phase center offset and maps taken from IGS Standards igs08_
1884.atx.
#
# Receiver antenna phase center offset and maps taken from IGS Standards igs08
_1884.atx.
# Receiver antenna phase center offset relative to the antenna reference is 0 m
# The antenna reference point offset from the monument reference, based on the
RINEX file header, is 0 m
#
# Product used to process SUWN105g.16o: JPL Final
#
# Static point positioning mode (a single set of site coordinates are estimated):
#
# Total number of Phase measurements:        85. RMS post-fit Phase
residuals:    0.007 m. Number of excluded Phase measurements:   0
# Total number of Pseudorange measurements:     85. RMS post-fit PRange
residuals:   0.461 m. Number of excluded PRange measurements:  0
#
# Estimated Cartesian coordinates:    X = -3062023.7629 m    Y =
4055448.7978 m    Z = 3841819.1003 m
# Sigmas of Cartesian coordinates:  SigX =     0.0851 m  SigY =     0.0310 m
SigZ =     0.0181 m
# Estimated Geodetic coordinates (WGS84/GRS80):   Lat =  37.27551426 deg
East_Lon = 127.05424358 deg    Height =  83.6973 m
# Sigmas of Geodetic coordinates: SigLat =     0.0375 m      SigLon =
0.0550 m   SigHeight =  0.0640 m
```

그림 7-5. NASA APPS 사이트 PPP처리 결과

## 라. 상대 정지 측량 (Static Relative GPS)

상대 정지 측량 또는 Static이라 불리며, 기준점에 위치한 수신기와 미지점에 위치한 수신기 두 대에서 동시에 위성을 수 분(min)~수 시간 관측한 후, 두 데이터를 컴퓨터로 다운받고 **이중차분**을 통해 오차를 소거하는 방식으로 위치를 결정한다.

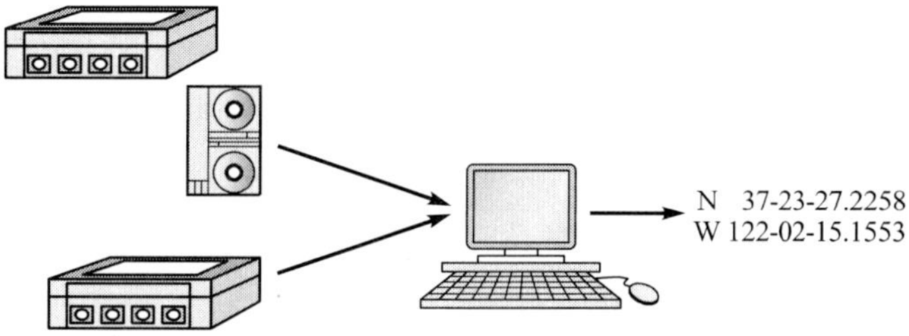


그림 7-6. 상대 정지 측량 (Static Relative GPS)

응용 분야는 측지측량, 기준점 측량, 지구물리측량 등과 같이 mm, cm급의 정밀한 위치 결정이 필요할 경우 사용한다.

관측 시간이 길어질수록 정밀도 또한 좋아지므로, 낮은 정확도 기준점 측량 등의 경우 관측 시간을 짧게 한 정지 측량인 Rapid-Static을 사용하기도 한다. 그렇다 하더라도 컴퓨터로 데이터를 다운 받아 처리하게 되므로 실시간이 아닌 후처리 기법이다.

국토지리정보원 사이트[20]에서는 국토전역에 걸쳐 설치되어 있는 상시관측소의 관측데이터를 다운받을 수 있도록 제공해주고 있다. 따라서 측량 작업자는 1대의 수신기만을 이용하여 관심 지점에 대한 정지 측량을 수행하고, 동일한 시간에 상시관측소에서 수신된 데이터를 다운받아 차분 처리하면 된다.

GPS 수신기 구입 후 제공받거나 구매한 SW를 사용하여 이중차분 기반 상대 정지측량을 수행할 수 있는데, 여기서는 Sokkia Spectrum Survey Office[21]를 예로 들어보겠다.

1대의 수신기를 이용하여 정지측량으로 "Rover"라는 점에 대해 2016년 4월 14일 오후 2시 3분 33초부터 2시6분 43초까지 약 3분간 측량을 수행하였다. 이후 국토지리정보원 사이트에서 근처 상시관측소(KWNJ)에서 2시부터 3시까지 수신된 데이터를 다운받았다. 파일은 표준

20) http://map.ngii.go.kr 또는 http://www.gnssdata.or.kr

21) https://www.sokkia.co.kr/ 나 구글에서 "spectrum survey office "를 검색하여 다운받아 사용할 수 있다. Demo모드로 5점까지 무료로 처리 가능하므로 실습용으로 활용하는데 무리가 없다.

포맷인 RINEX로 변환되어 있다.

표 7-9. 상대 정지측량 실습 예

| | 정지측량을 통해 기록한 데이터 | 국토지리정보원 상시관측소 데이터 |
|---|---|---|
| 명칭 | Rover | KWNJ |
| 수신시간 | 약 3분 | 1시간 |
| 파일 이름 | Rover.16O<br>Rover.16N | KNWJ.16O<br>KNWJ.16N |

① Sokkia사의 Sokkia Spectrum Survey Office를 써서 후처리를 실시한다.
② 프로그램을 실행 후 데모 모드로 진입한다.
③ "New Job"을 선택하고 Job name 및 저장할 디렉토리를 설정한다.

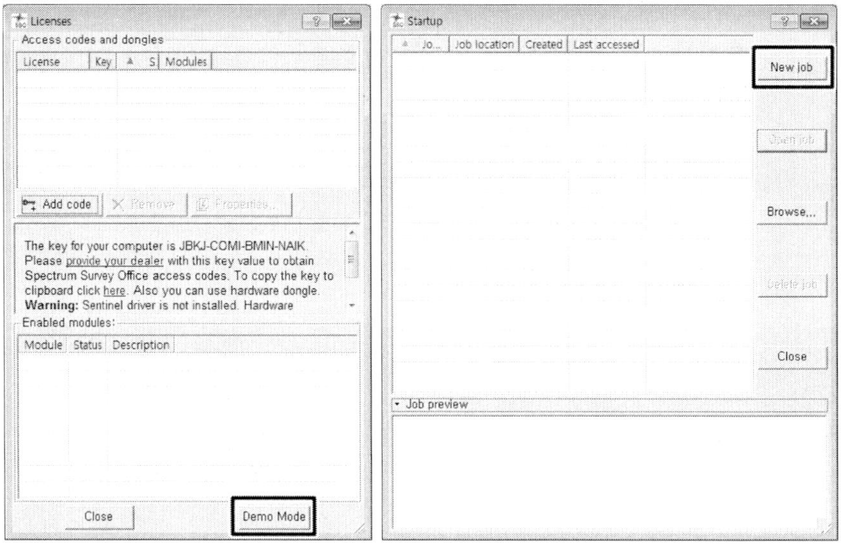


그림 7-7. Sokkia Spectrum Survey Office를 이용한 후처리 단계 1~3

④ Edit configuration을 선택하고 좌표계 정보를 설정한다. 본 예에서는 TM좌표계 중부원점을 사용한다. 프로그램에서 미리 설정되어 있지 않으면, Custom버튼을 눌러 Add한 후 그림 7-8과 같이 투영 파라미터(투영원점 등)를 설정해준다. 앞서 2장에서 설명한 좌표계에 대한 충분한 이해를 해둘 필요가 있다. Geoid정보의 경우 Sokkia 코리아 사이트 자료실에서 KNGeoid14.gff파일을 다운받아 설정하면 된다(2장 타원체고 정표고 참고). Coordinate type을 Grid로 설정하면 TM 지도 좌표계로 처리결과를 볼 수가 있다.

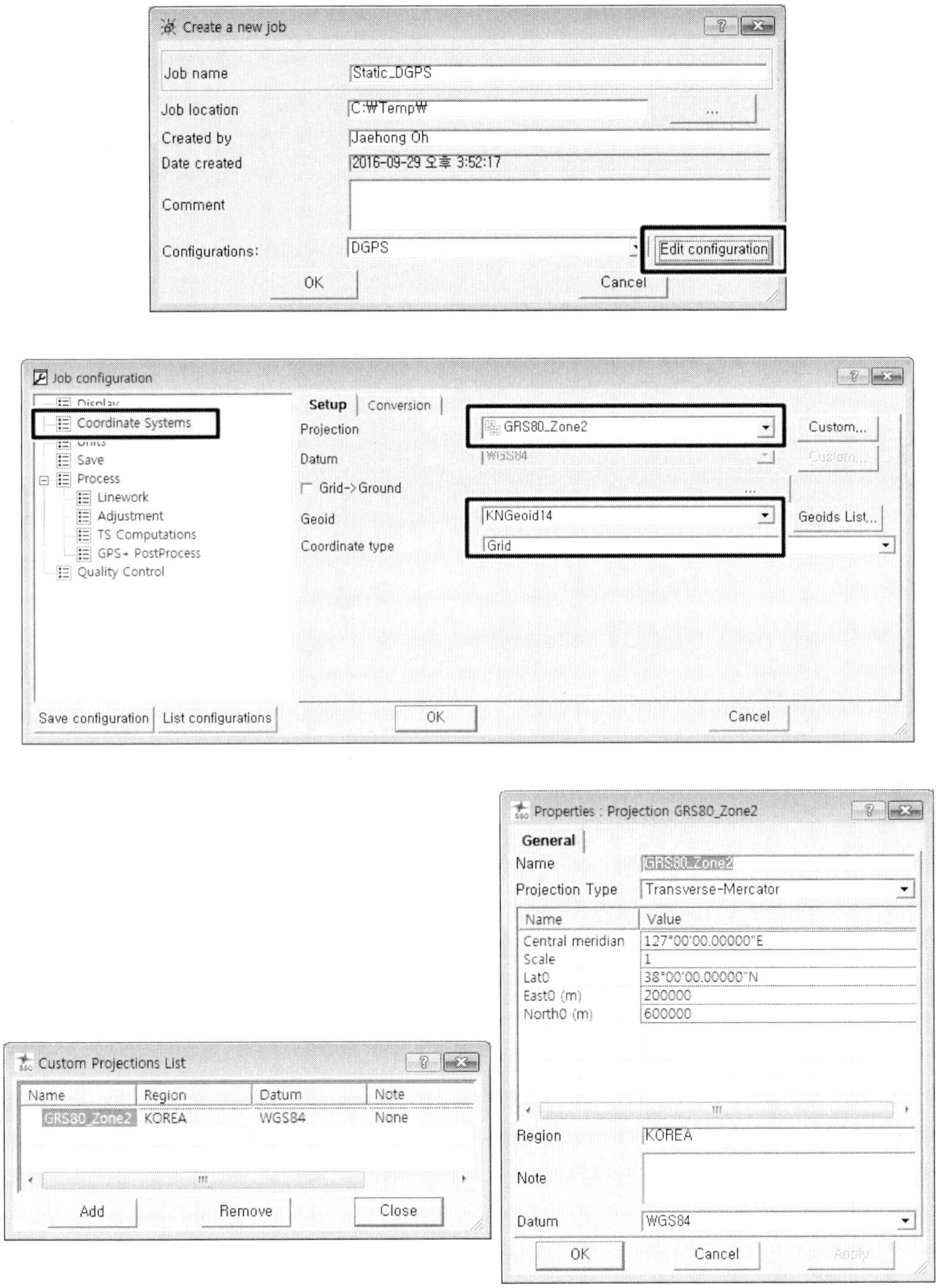


그림 7-8. Sokkia Spectrum Survey Office를 이용한 후처리 단계 4

⑤ 정지측량을 통해 확보한 파일 중 확장자가 'O' 로 끝나는 파일을 마우스로 화면으로 끌어다 놓는다. 또한 상시관측소 데이터 또한 확장자가 'O' 로 끝나는 파일을 마우스로 화면으로 끌어다 놓는다. 그림 7-9와 같이 두 점과 이를 연결하는 선(베이스라인)이 만들어진다. 아래 창에서 "GPS Occupation"탭에서 두 지점의 수신 시작시간, 끝시간 및 GPS Week, day 정보 등을 확인해볼 수 있다.

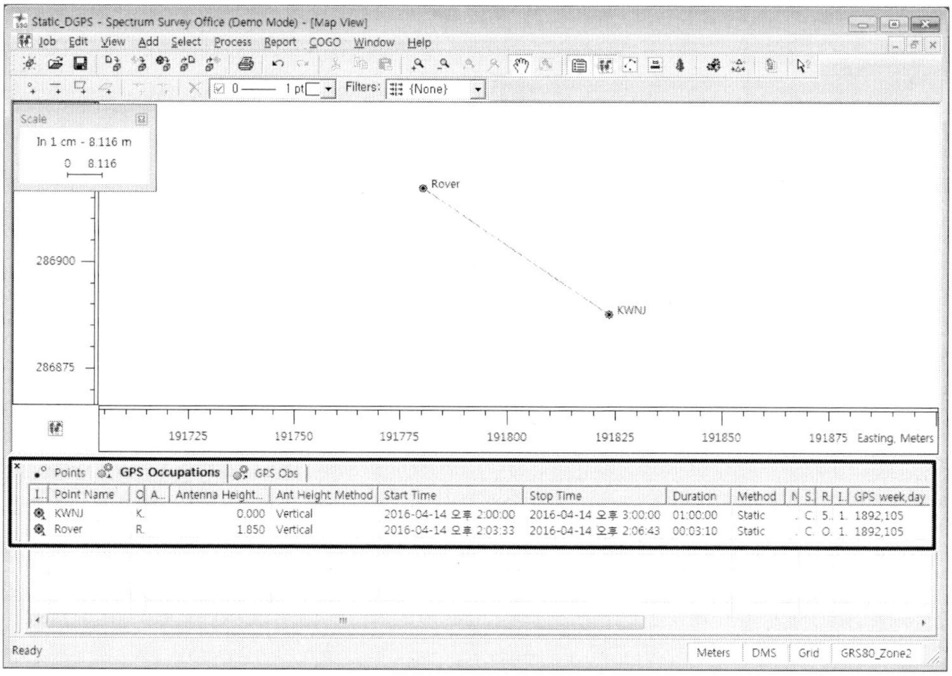


그림 7-9. Sokkia Spectrum Survey Office를 이용한 후처리 단계 5

⑥ Rover의 경우 안테나 고를 입력해준다. 이 때 Vertical인지 Slant인지에 따라 맞춰 설정해야 한다(5장 안테나고 측정오차 참고). Rover의 현재 계산된 좌표값이 (E, N, H)=(286917.287, 191780.232, 37.329)m이다.

⑦ KWJN 데이터는 우리가 기준점으로 사용할 것이므로 "Points" 탭에서 Control항목에 'Both'로 선택하여 수평 및 수직 모두 기준으로 사용될 것임을 명시한다. 해당 점이 삼각형으로 바뀌며 기준점임을 표시해준다. 상시관측소데이터이므로 이미 정확한 좌표값이 읽혀져 있는데 만약 일반적인 기준점이라면 KNWJ를 더블클릭하여 속성에서 정확한 좌표값을 직접 입력해야 한다.

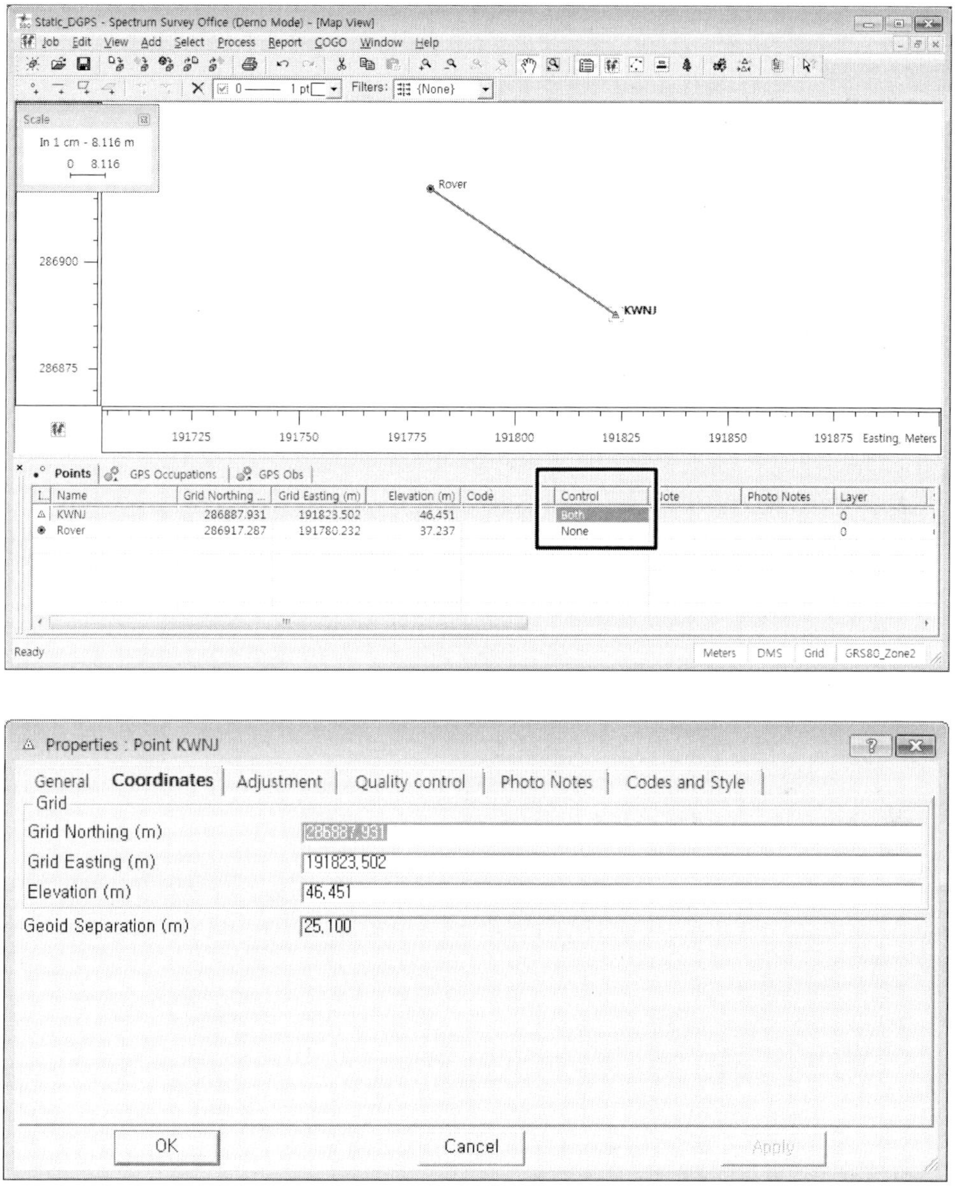


그림 7-10. Sokkia Spectrum Survey Office를 이용한 후처리 단계 6~7

⑧ View메뉴에서 Occupation View를 보면 그래픽하게 두 지점의 데이터의 공통으로 수신된 시간대를 확인할 수 있다. 공통으로 수신된 영역만 처리가 된다.

⑨ Process 메뉴의 GPS+ Post Processing을 선택한다(GPS+란 말은 GPS와 GLONASS를 모두 처리한다는 뜻이다). Rover의 아이콘 색깔이 초록색으로 바뀌며 처리되었음을 알 수 있다.

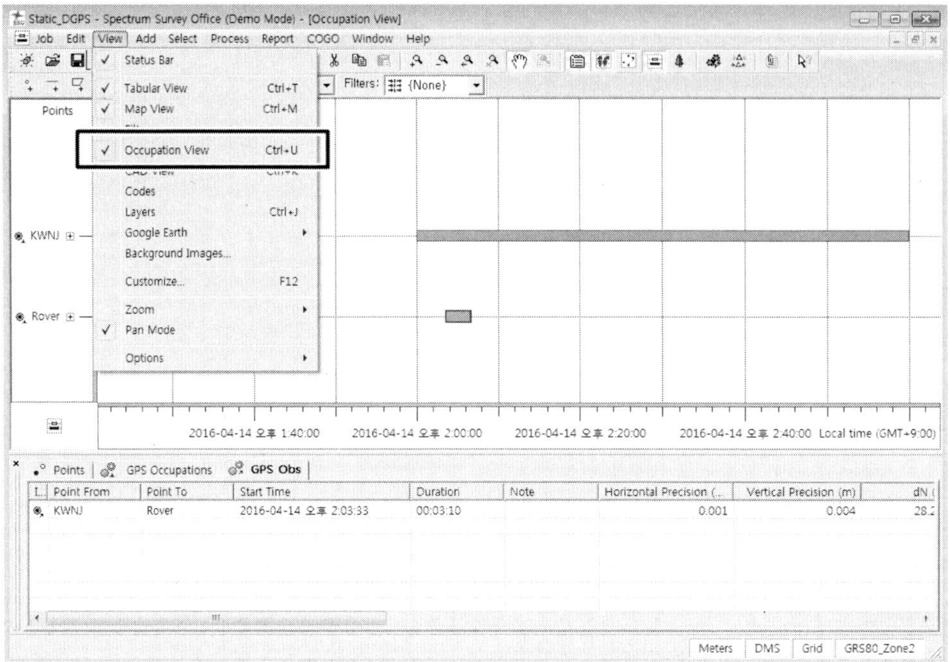


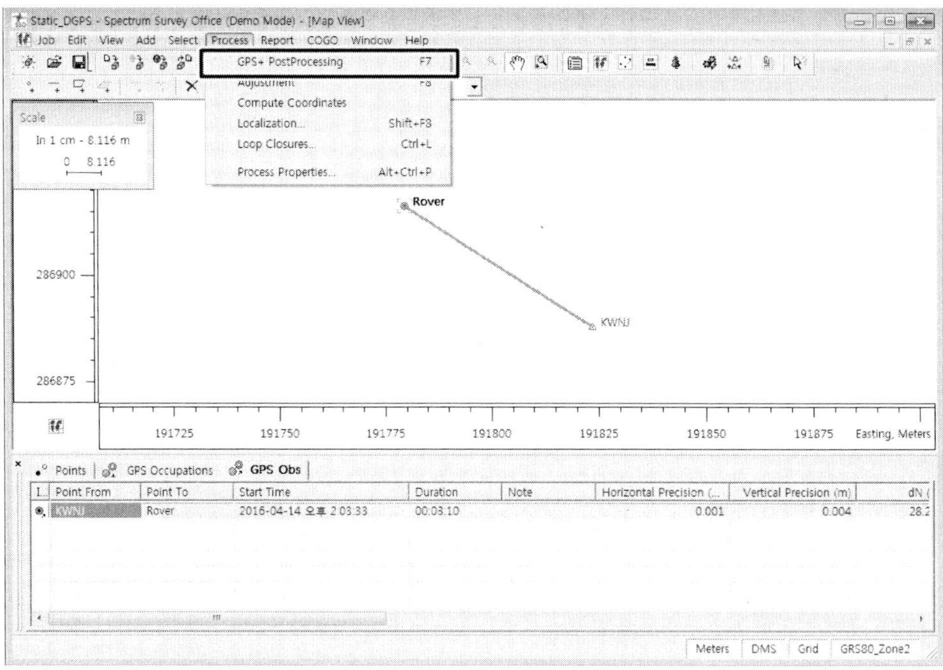


그림 7-11. Sokkia Spectrum Survey Office를 이용한 후처리 단계 8~9

⑩ 처리 결과 확인을 위해 Report메뉴에서 Points를 선택하여 결과 값을 확인한다. Rover의 처리 전 좌표값이 (E, N, H)=(286917.287, 191780.232, 37.329)m이었는데, 처리 후 좌표값이 (E, N)=(286916.189, 191779.339, 42.111)m로 바뀐 것을 확인할 수 있다.

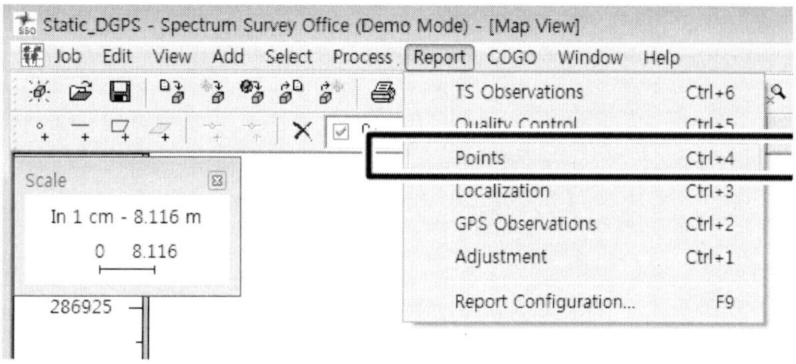


**Project Summary**

Project name: **Static_DGPS.ttp**
Surveyor:
Comment:
Linear unit: **Meters**
Projection: **GRS80_Zone2**
Geoid: **KNGeoid14**

**Points**

| Name | Grid Northing (m) | Grid Easting (m) | Elevation (m) | Code |
|---|---|---|---|---|
| KWNJ | 286887.931 | 191823.502 | 46.451 | |
| Rover | 286916.189 | 191779.339 | 42.111 | |

그림 7-12. Sokkia Spectrum Survey Office를 이용한 후처리 단계 10

⑪ 아래 GPS Obs 탭에서 처리 정밀도는 수평 1mm, 수직 4mm이며, 처리가 PP(Post-Processing 후처리)로 이루어졌음을 나타내고 있다. 또한 Solution Type이 "Fixed"(고정해)인데 이는 모호정수가 정수로 깔끔히 예측되었음을 나타내고 있다. Solution Type이 "Float"(부동해)인 경우는 모호정수를 정수로 예측하지 못하고 실수(float)로 예측하였다는 것을 의미하고 이런 경우 정밀도가 낮아지게 된다.

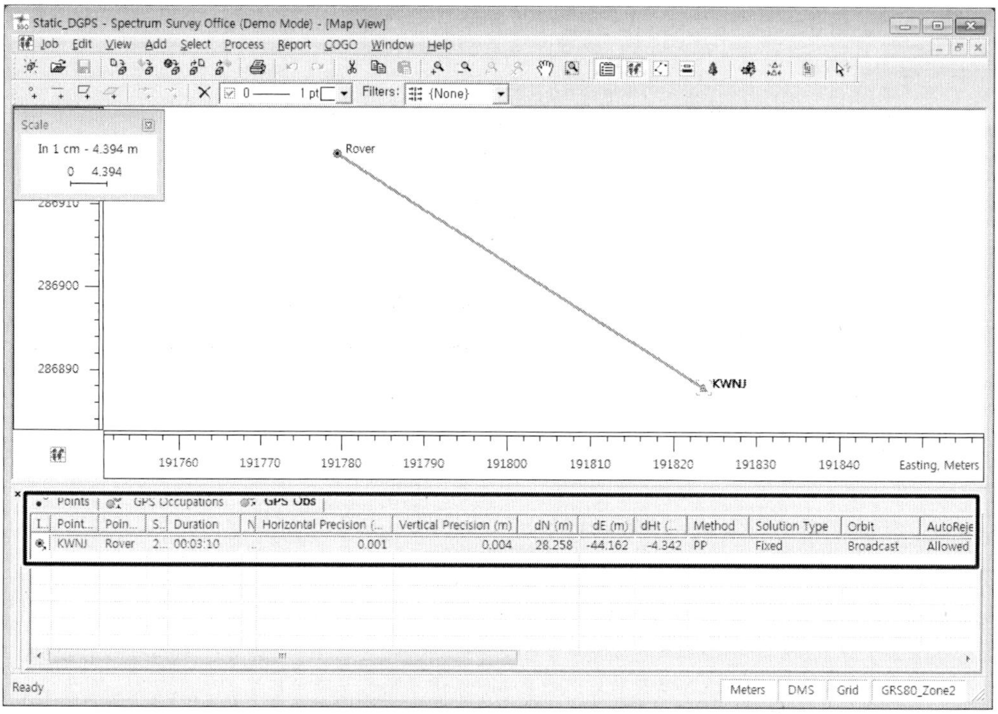


그림 7-13. Sokkia Spectrum Survey Office를 이용한 후처리 단계 11

이러한 SW를 사용하지 않더라도 국토지리정보원 사이트에서도 직접 "GNSS 정밀성과 계산" 기능을 제공해주고 있으므로 이를 이용해볼 수도 있겠다.

## 마. 일반 RTK

**일반 RTK(실시간 이동측량)**는 현장에서 실시간으로 cm급 정밀도의 좌표값을 구할 수 있는 상대측위기법이다. 일반 RTK를 수행하기 위해서는 두 대의 수신기가 필요하게 되며, 한 대는 위치를 알고 있는 기준점에 설치(기준국 또는 Base)하고 나머지 한 대는 이동(이동국 또는 Rover)하며 측량하는 방식이다. DGPS와 다른 점은 기준국 등으로부터 오차보정량을 수신받아 보정하여 처리하지 않고, 관측값간의 **차분법(일반적으로 이중차분)**을 통하여 이동국의 위치를 결정하는 점이다.

기준국과 이동국에서 동시에 GPS 관측값을 수신하되 실시간에 가까운 차분법의 적용을 위해서 실시간 단방향 혹은 양방향 통신을 수행한다. 수신된 관측값뿐만 아니라 기준국으로부터 송신된 관측값이 있으므로 상호 관측된 데이터를 이용하여 실시간 상대측위가 가능하다. 일반적으로 정지상태에서 데이터를 일정시간동안 수신한 후 모호정수가 결정되면 이동측량을 실시하게 된다.

일반 RTK방식의 단점은 기준국과의 거리가 멀어질수록 정밀도가 저하된다는 데 있다. 일반적으로 기준국과 이동국간의 거리가 15km **이내**일 경우 높은 정밀도의 측량을 수행할 수 있다.

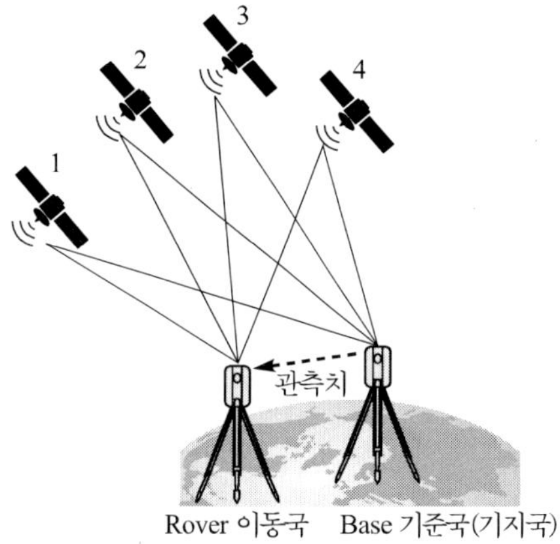


그림 7-14. 일반 RTK

## 바. 네트워크 RTK

**네트워크** RTK(Network RTK)는 이동국(Rover) 인근에 위치한 3개 이상 상시관측소의 관측값을 바탕으로 네트워크 모델링을 통하여 이동국 위치에서의 가상 관측데이터를 생성한다. 가상 관측데이터와 이동국 **관측데이터간의 차분**을 수행하여 정밀한 이동국의 위치를 결정하는 기법이다. 이 방식에 의하면 이동국 위치에서의 최적으로 예측된 관측값이 생성되므로 마치 가상의 기준점이 존재하는 것과 같기 때문에 이를 **가상기준점**(VRS, Virtual Reference Station)이라 부른다. 보정정보를 생성하여 송신하는 방식은 수신기 제조사마다 서로 다른 방식을 제안하고 있으며, 대표적인 것으로 VRS(Virtual Reference Station, Trimble)과 FKP (Flaechen korrektur parameter, Geo++)이 있다.

그림 7-15에서 보면 하나의 기준국에서 직접 이동국으로 관측값을 전송해주는 일반 RTK와는 달리 주변 여러개의 상시관측소의 데이터가 중앙 서버에 실시간으로 전송되어 처리되고, 중앙 서버는 이를 바탕으로 하여 이동국 위치의 최적의 가상 관측값을 생성하여 전송해준다.

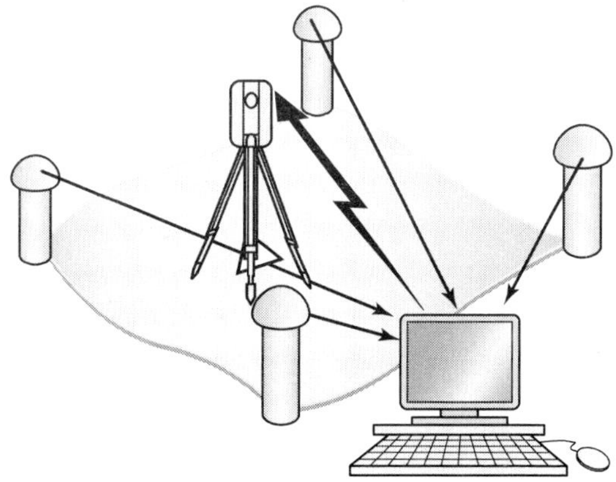

그림 7-15. 네트워크 RTK 개념

## VRS 기반 GPS 위치보정 서비스

VRS방식의 네트워크 RTK를 수행하기 위한 준비물은 다음과 같다.

- 측량용 GPS 수신기 (1주파 수신기도 OK)
- 수신기 작동용 컨트롤러
- 인터넷 연결

그림 7-16. Network RTK수행을 위한 GPS 수신기, 컨트롤러 및 무선 통신 환경(핫스팟)

측량을 수행하면 작동되는 순서는 아래와 같다.

① 인터넷을 연결하고, VRS 서버(예, 국토지리정보원)에 접속한다.

② GPS수신기는 위성으로부터 신호를 수신하고 GPS 컨트롤러에서 대략적인 수신기 위치를 계산한다(코드 사용).

③ 컨트롤러는 계산된 위치를 VRS 서버로 전송한다(인터넷 통해).

④ VRS 서버는 수신기 주변의 상시관측소 데이터를 바탕으로 수신기 위치에서의 위성별 거리 오차 정보를 생성한다.

⑤ VRS 서버는 수신기 위치 근처에 가상 기준국(base)가 있다면 수신될 관측치를 만들어 컨트롤러로 전송한다.

⑥ 컨트롤러에서는 이중차분을 통해 모호정수를 결정하고 정밀한 수신기 위치를 계산한다.

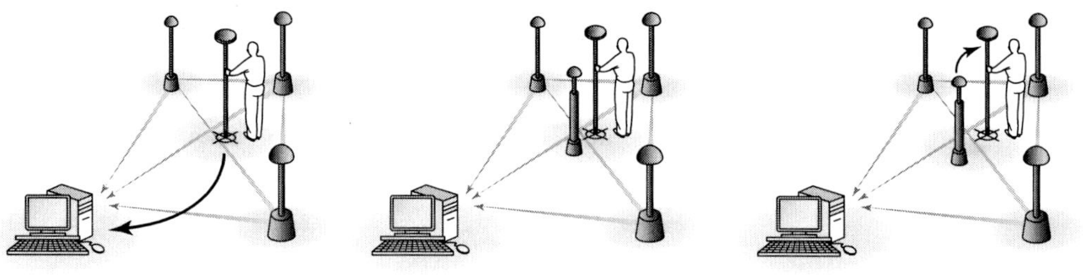


그림 7-17. VRS 기반 GPS 위치보정 서비스

## FKP 기반 GPS 위치보정 서비스

FKP(Flaechen Korrektur Parameter)는 VRS방식과는 달리 서버에서 수신기로 **단방향 네트워크 기반 위치보정 정보를 서비스**하는 방식이다. FKP서버는 기준점으로부터의 거리에 따른 위치보정 정보(area correction parameter 불리운다)를 송신하므로 수신기는 이 신호를 수신 받아 자신의 위치 결정에 활용하게 된다.

우리나라의 경우 국토지리정보원이 2012년 11월부터 FKP-GPS위치보정 서비스를 실시하였다. 'FKP-GPS위치보정서비스'는 **사용자의 위치를 중앙제어국에 전송할 필요가 없이** 사용자가 GPS 보정데이터를 다운 받으면 되는 단방향 접속방식으로 서비스 된다. 무엇보다 이 방식은 **사용자 수의 제한이 없는 장점**이 있다.

국토지리정보원에 따르면 가상기준점(VRS) 방식은 사용자가 중앙제어국 시스템에 접속된 상태를 유지하면서 사용자 위치를 전송해야 하므로 사용자 수에 제한(동시접속 200명)이 있어 동일 시간에 많은 사용자가 집중될 경우에는 수 십 분의 대기시간이 발생하는 등 사용에 불편이 많았다. 또한 가상기준점 방식은 양방향이 접속된 상태를 유지하면서 사용해야 하므로 사용자 수에 제한이 있어 측량분야에 한정적으로 사용됐으며, 범용적으로 이용하는데 한계가 있었지만 'FKP-GPS 위치보정 서비스'는 사용자의 위치를 중앙제어국에 전송할 필요가 없이 중앙제어국이 보내는 신호만 수신해 사용할 수 있어 사용자 수의 제한도 없어지고 대기시간도 기존의 10분의 1수준으로 줄어들었다.

네트워크 RTK는 사용방법이 아주 간단하다. GPS수신기를 구매하면 제조 회사별로 제공하는 수 페이지 내외 분량의 간단한 매뉴얼만 보고도 작동시킬 수가 있으므로 따로 실습과 관한 내용을 설명하지 않겠다. 다시 말하지만 하드웨어이나 소프트웨어를 어떻게 사용하는지가 중요한 것이 아니라 측량이 어떻게 이루어지는지, 보정 정보가 어떠한 과정을 거쳐 생성되어 처리되는지 등에 대한 이해를 하는 것이 더 중요하므로 개념을 잘 이해해두도록 하자.

그림 7-18. FKP 기반 GPS 위치보정 서비스

아래는 쏘끼아장비인 Magnet Field를 활용한 네트워크 RTK 측량을 예로 제시하였다.

① 측량용 GPS 수신기와 컨트롤러를 준비한다. 이때, 컨트롤러는 Wi-fi에 연결되어 있어야 한다(실시간으로 Network RTK 서버에 접속하여 서비스를 받기 위함이다).

② 컨트롤러에서 Magnet Field를 실행하고, 홈화면으로 이동하여 작업→신규작업을 선택한다. 작업 이름 입력 후 GPS측량 기법선택에서 Network RTK를 선택한다.
Network RTK우측의 (...) 버튼을 누르면, 설정 화면으로 들어가게 되는데, Network RTK 기법의 종류(VRS, FKP), 국토지리정보원 Network RTK 서버에 접속할 수 있는 아이디 및 패스워드 등을 설정할 수가 있다.
다음으로 결과값을 받을 좌표계를 설정한다. 본 예에서는 동부원점 TM좌표계로 설정하였고, KNGeoid14를 이용하여 정표고로 바꾼 표고값으로 결과값을 표시하게 설정하였다.
여기까지 진행하면 컨트롤러에서는 Network RTK설정이 완료된 것이다.

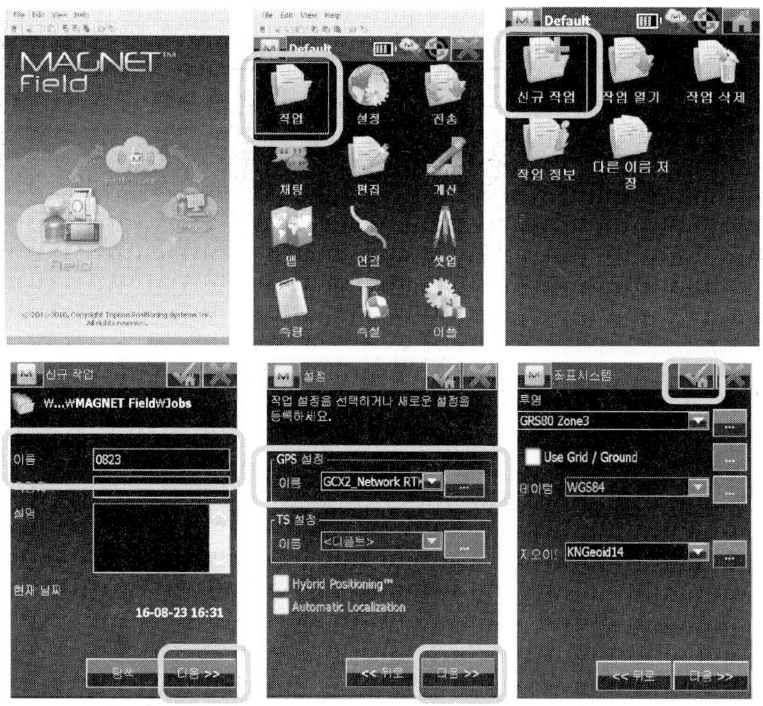


③ 다음으로는 NetworkRTK 측량 설정값으로 GPS수신기와 연결한다. 버튼을 누르면 GPS 수신기와 컨트롤러간의 연결도 진행될 뿐 아니라, 컨트롤러 또한 인터넷을 통하여 Network RTK 서버와 연결된다. 연결되면 '서버에 연결됨'이란 문구가 출력된다.

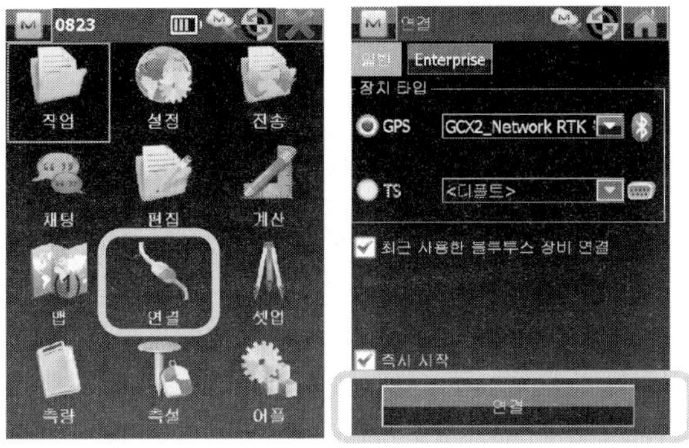


④ 이제 모든 설정이 완료되어 좌표측정/측설 등의 작업을 진행한다. 측량→좌표측정을 선택하면 측정되는 좌표값(Network RTK를 통해 정확도가 향상된 좌표값)을 확인할 수 있다. 본 에에서는 화면 상단에 고정(fixed)으로 모호정수치가 정수로서 잘 예측되어 H/V에 나온 HDOP, VDOP가 0점대로서 정밀한 값인 것을 확인해볼 수 있다. 만약 모호정수치 예측이 잘 안되어 모호실수(實數)값으로 예측하게 된 경우에는 부동해(float, 실수)로 표시되고, 그마저도 안된 경우에는 자동(Auto)으로 표시된다. 이런 경우에는 HDOP나 VDOP가 큰 값으로 표시되어 낮은 정밀도임을 알 수 있게 된다.

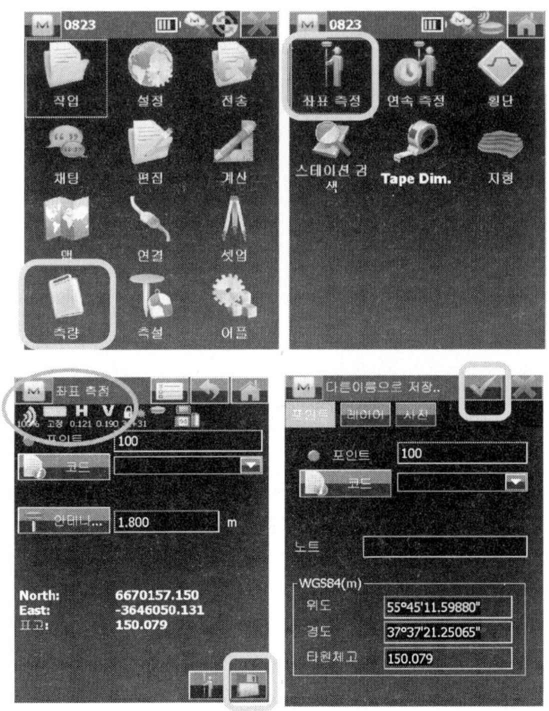

## 사. 위성기준점서비스

### 1) 국내 DGPS 서비스

국내에서는 국립해양측위정보원(http://www.ndgps.go.kr/)에서 인터넷, 스마트폰, DMB 방송, 중파기반 서비스 등 여러 통신수단을 이용하여 GPS 보정 정보를 전송해주고 있다. 이러한 보정정보를 수신받아 처리하기 위해서는 해당 서비스를 지원하는 DGPS 수신기를 사용하여야 한다.

### 2) 국내 상대측위 서비스

측량과 같은 고정밀의 결과를 위해서는 국토지리정보원(www.ngii.go.kr)의 VRS서비스를 가장 많이 활용한다. 국토지리정보원에서 제공 중인 GNSS 서비스는 국토정보플랫폼 사이트(http://map.ngii.go.kr)에 접속하여 국토정보/GNSS측량 메뉴에서 이용할 수 있다. 국토지리정보원은 전 국토에 약 60km 간격으로 배치된 약 60개소의 위성기준점(GPS상시관측소)을 운용하고 있다. 2008년부터 육지부문(국토지리정보원)과 해양부문(위성항법중앙사무소)으로 나뉘어져있던 GPS상시관측소를 연계 하여 서비스를 시작하였다. 이로 인해 간격이 조밀해져 측량의 위치 정확도 품질이 향상되는 긍정적인 효과가 있었다.

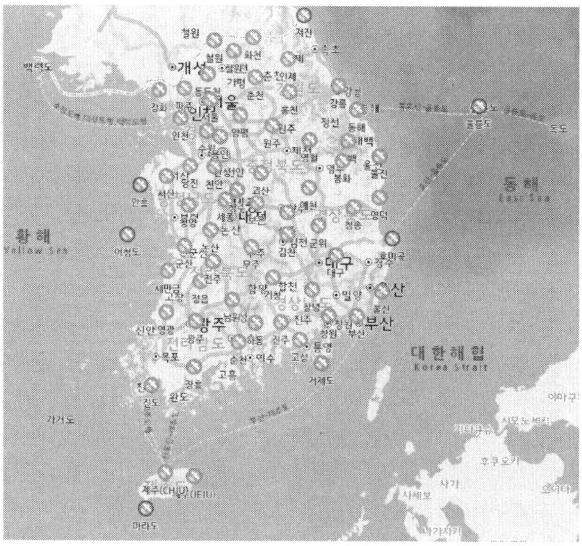

그림 7-19. 국토지리정보원 위성기준점 현황(출처: 국토지리정보원)

### 실시간 보정 서비스 활용

국토지리정보원의 실시간 보정 서비스는 VRS 서비스로 불리며 국토정보플랫폼 사이트(http://map.ngii.go.kr)에 접속하여 국토정보/GNSS측량 메뉴의 네트워크RTK에 안내된 대로 GPS 수신기에서 정보를 설정하여 활용하면 된다.

그림 7-20. 국토교통부 국토지리정보원 VRS/FKP서비스의 접속 방법

### 정지 상대 측위를 위한 데이터 활용

국토지리정보원의 국토정보플랫폼 사이트(http://map.ngii.go.kr)에 접속하여 국토정보/GNSS측량 메뉴에서 GNSS데이터 제공을 선택하면 된다. 그림 7-21과 같이 관측소명을 선택하고 관측일 및 시간대를 입력하여 RINEX 데이터를 다운로드 받을 수 있다. RINEX 파일의 파일명은 AAAADOY0.YYn 및 AAAADOY0.YYo 으로 구성되어 있으며, **AAAA는 관측소 약칭, DOY는 관측일** (001~365: 1월1일~12월31일), **끝의 n은 항법정보 파일**임을 지칭, o는 **관측데이터 파일**임을 지칭한다. 예를 들어, WOLS3650.05o 파일은 울산 2005년 12월 31일에 수신된 관측데이터이다.

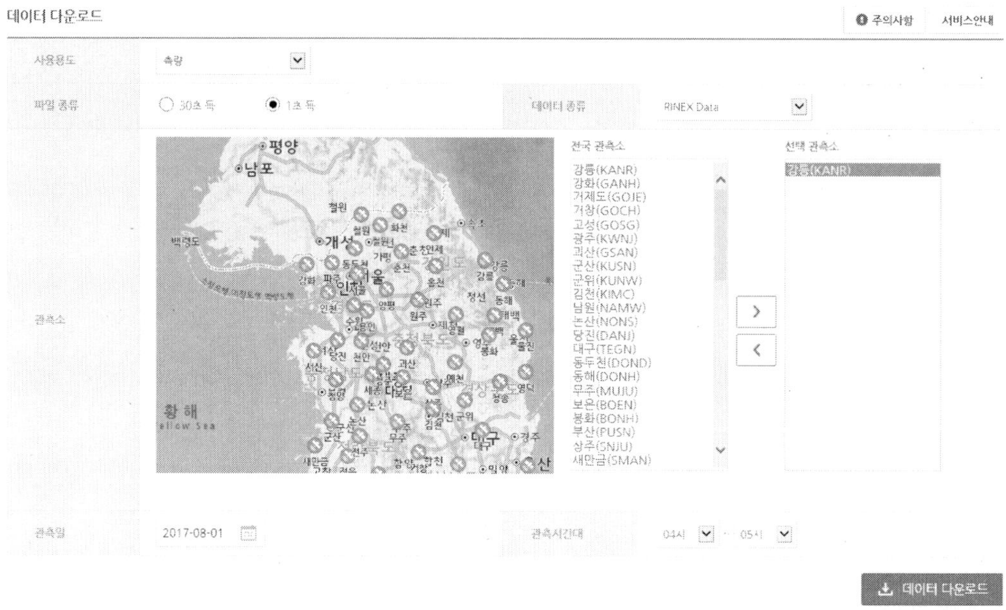


그림 7-21. 국토지리정보원 위성 기준점 RINEX 파일 다운로드

이와 같이 데이터를 다운받아 후처리 SW에서 기선처리(Baseline processing)를 수행하면 되며, 또는 SW를 따로 사용하지 않고서도 국토지리정보원 사이트에서 직접 "GNSS 정밀성과 계산"을 선택하여 온라인으로 분석의뢰하면 처리 후 일정 시간 후 조정이 완료된 후처리 결과값을 받아볼 수가 있다.

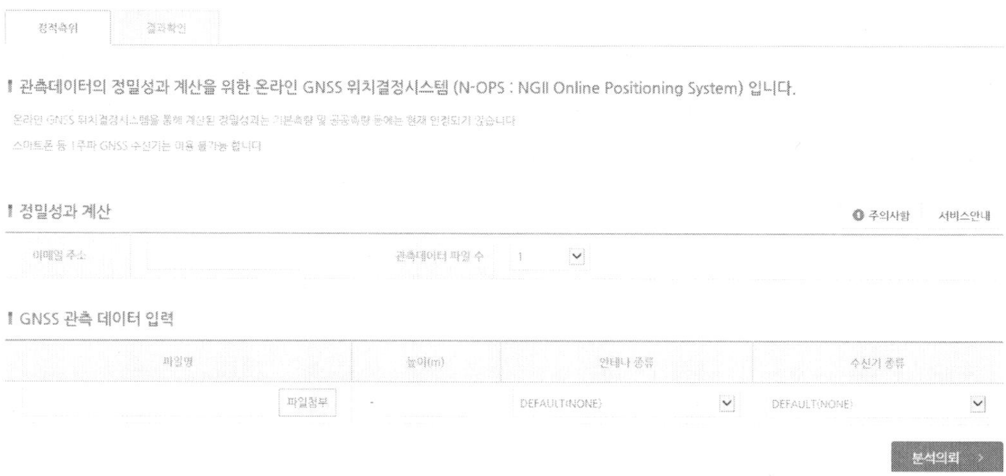


그림 7-22. 국토지리정보원 GNSS 정밀성과 계산 화면

서울특별시에서도 주변지역 고품질 GNSS 서비스를 제공하고 있으며, 관련 정보를 해당 사이트(http://gnss.seoul.go.kr)에서 확인할 수 있다. 국토지리정보원의 서비스와 마찬가지로 기준국의 데이터를 RINEX 데이터 파일로 다운받아 사용할 수 있으며, 실시간 이동측위를 수행하는데 사용할 수도 있다.

2016년 12월부터는 GNSS 관측소를 보유한 8개 기관(국립전파연구원 우주전파센터, 국토교통부 국토지리정보원, 해양수산부 위성항법중앙사무소, 기상청 국가기상위성센터, 서울시, 한국지질자원연구원, 한국천문연구원, 대한지적공사 공간정보연구원)의 관측소를 통합하여 활용하기 위해 GNSS 데이터 통합센터 (www.gnssdata.or.kr)를 서비스하고 있다. 실시간 데이터 및 RINEX 데이터 다운로드 등을 제공해주고 있다.

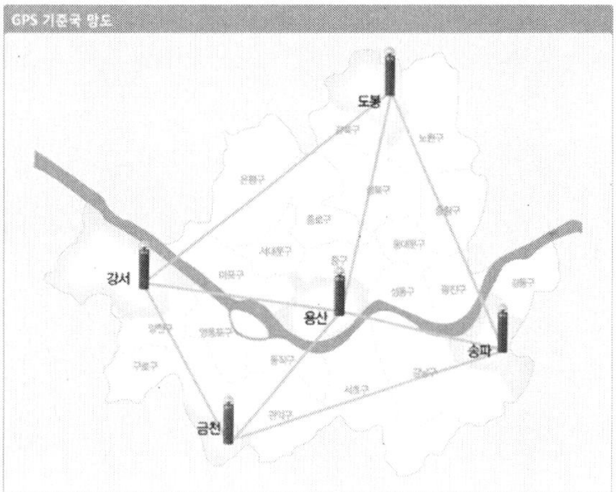


그림 7-23. 서울특별시 위성 기준점 망

그림 7-24. GNSS 데이터 통합센터(www.gnssdata.or.kr)

### 3) 해외의 기준점 서비스(미국, 일본)

**미국의** NGS(The National Geodetic Survey)에서는 **상시관측소**(CORS, Continuously Operating Reference Station)를 운용하고 있다. 2015년 8월 기준으로 약 2,000 여개의 관측소로 구성되어 있다. 각 관측소의 데이터 파일을 다운로드할 수 있도록 되어 있으며, 정지측량한 데이터를 온라인으로 파일을 업로드하여 정지 상대 측위를 수행할 수 있는 기능을 제공해주고 있다(Online Positioning User Service, http://www.ngs.noaa.gov/OPUS/).

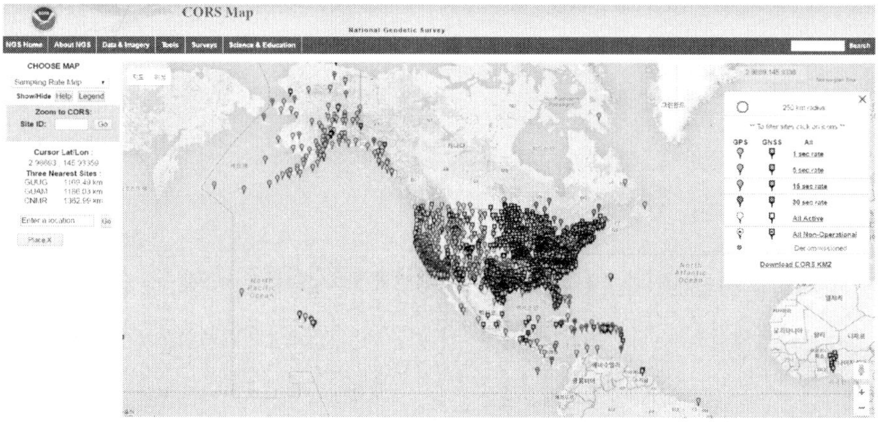


그림 7-25. 미국 NGS CORS 사이트(http://www.ngs.noaa.gov/CORS) 지도

**일본의 국토지리원**(GSI, Geospatial Information Authority of Japan)에서는 GEONET (GNSS Earth Observation Network system)이라는 이름으로 네트워크 RTK GPS 서비스를 1996년부터 개발 및 운용하기 시작하였다. 2003년부터 Trimble의 VRS 시스템을 활용하기 시작하였고, 2013년 4월 현재 1271개의 GPS 상시관측소를 활용한 네트워크 RTK 서비스를 제공 중에 있다. **상시 관측소간의 간격은 약 20km**이며, 우리나라와 마찬가지로 온라인으로 데이터를 제공하고 있으나 해외에서의 접근은 불가한 것으로 보인다(http://terras.gsi.go.jp).

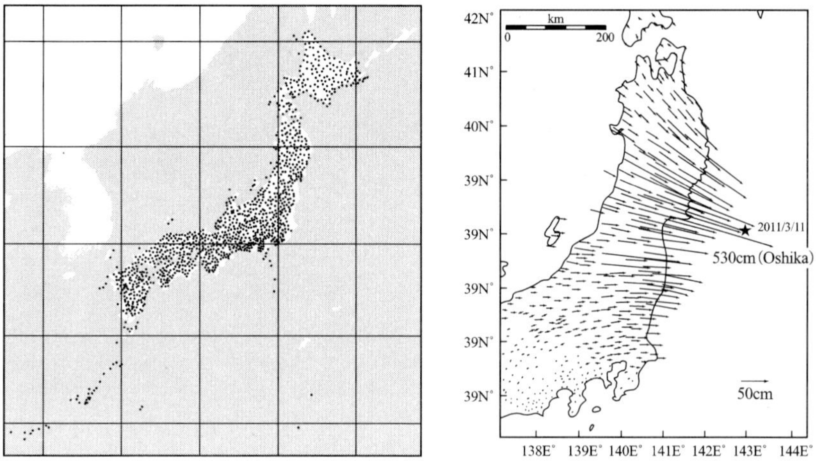


그림 7-26. 일본의 GEONET 분포도 및 이를 이용한 2011년 3월 Tohoku 지진에 의한 지각 수평이동량 산출

## 아. 개념 정립 문제

### 기사시험 기출 문제

(1) GPS를 이용한 측량 중 가장 정밀한 위치결정방법은?

㉮ 스태틱(Static)측량　　㉯ 키네마틱(Kinematic)측량
㉰ DGPS　　㉱ 절대 관측

(2) 다음 GPS 측량방법 중 후처리과정을 거쳐야 측정의 좌표나 거리를 알 수 있는 것은?

㉮ Static 방법　　㉯ 절대관측방법
㉰ Psuedo-Kinematic 방법　　㉱ Real-time-Kinematic 방법

(3) 단독측위, DGPS, RTK-GPS 등에 관한 설명으로 옳지 않은 것은?

㉮ 단독측위 시 많은 수의 위성을 동시에 관측할 때 위성의 궤도정보에 대한 오차는 측위 결과에 영향이 없다.
㉯ DGPS는 미지점과 기지점에서 동시에 관측을 실시하여 양점에서 관측한 정보를 모두 해석함으로써 미지점의 위치를 결정한다.
㉰ RTK-GPS는 위성신호 중 반송파 신호를 해석하기 때문에 코드신호를 해석하여 사용하는 DGPS보다 정확도가 높다.
㉱ RTK-GPS는 공공측량 시 3, 4급 기준점측량에 적용할 수 있다.

(4) 다음의 RTK-GPS에 의한 지형측량방법의 설명 중 옳지 않은 것은?

㉮ RTK-GPS에 의한 지형측량 시 기준점과 관측점 간의 시통이 양호한 경우에는 상공시계의 확보가 필요 없다.

㉯ RTK-GPS에 의한 지형측량 시 기준점과 관측점 간에는 관측데이터를 전송하기 위한 통신장치가 필요하다.

㉰ RTK-GPS에 의한 지형측량 시 관측점의 위치가 즉시 결정되기 때문에 현장에서 휴대용 PC상에 측정결과를 표기하여 확인하는 것이 가능하다.

㉱ RTK-GPS에 의한 지형측량 시 RTK-GPS로 구한 타원체고에 대하여는 지오이드고를 정하여 지오이드면으로부터의 높이로 변환하는 것이 필요하다.

(5) 다음 중 GPS를 이용한 측량 중 가장 정밀한 위치결정방법으로 정밀한 기준점측량이나 학술목적으로 주로 사용하는 방법은?

㉮ 스태틱 (Static) 측량 ㉯ 키네마틱 (Kinematic) 측량

㉰ DGPS (Differential GPS) ㉱ RTK (Real Time Kinematic)

(6) 통합기준점 측량을 위한 GNSS 관측 데이터의 기선해석에 대한 설명으로 옳지 않은 것은?

㉮ GNSS위성의 궤도요소는 정밀력을 사용한다.

㉯ 기선해석 결과는 Float해를 사용한다.

㉰ 기선해석을 2주파로 실시하고 최저 고도각은 15°로 한다.

㉱ 사이클슬립의 편집은 기선해석 소프트웨어를 이용한 자동편집으로 한다.

(7) GNSS의 상대측위에 대한 설명으로 옳지 않은 것은?

㉮ 상대측위는 공간적 상관성이 높은 오차를 최소화하여 정확도 향상이 가능하다.

㉯ 대표적인 실시간 상대측위 기법은 DGPS와 RTK가 있다.

㉰ 센티미터 수준의 정확도 확보를 위해서는 반송파를 사용한다.

㉱ 반송파를 이용하는 상대측위에서는 단일차분을 사용한다.

(8) DGPS에 대한 설명으로 옳지 않은 것은?

㉮ DGPS에서는 2개의 수신기에 관측된 자료를 사용한다.

㉯ DGPS 측량은 실시간 위치결정이 불가능하다.

㉰ 기선의 길이가 길수록 DGPS의 정확도는 낮다.

㉱ 일반적으로 DGPS가 단독측위보다 정확하다.

(9) 통합기준점 GNSS 관측에 대한 설명으로 옳은 것은?

㉮ 연속관측시간의 표준은 12시간으로 한다.

㉯ GNSS위성은 고도각 10° 이상을 사용한다.

㉰ 데이터 취득간격은 60초를 표준으로 한다.

㉱ GNSS관측은 정적간섭측위방식으로 설치한다.

(10) DGPS 측위에 대한 설명 중 틀린 것은?

㉮ 위치를 알고 있는 기지점과 위치를 모르는 미지점에서 동시에 관측한다.
㉯ 동시에 수신 가능한 위성이 최소한 4개 필요하다.
㉰ 기지점과 미지점의 거리가 길수록 측위정확도가 높다.
㉱ 기지점과 미지점에서의 오차가 유사할 것이라는 가정을 이용한다.

(11) GNSS 측량방법 중 〈보기〉가 설명하고 있는 방법은?

〈보기〉 이 방법은 기존의 Network RTK GNSS 측량방식이 기지국에 1대, 이동국에 1대, 총 2대의 수신기를 필요로 했던 방식을 상시관측소를 기준국으로 사용함으로써 1대의 수신기와 블루투스 통신이 가능한 1대의 휴대전화로 실시간 위성측량이 가능하다.

㉮ DGPS ㉯ SLR ㉰ Pseudo Kinematic ㉱ VRS

(12) 다음 중 DGPS에 의해서 보정되지 않는 오차는?

㉮ 전리층 지연오차 ㉯ 위성시계오차 ㉰ 사이클 슬립 ㉱ 위성궤도오차

(13) 신속정지측위(Rapid Static Positioning)에 대한 설명으로 옳은 것은?

㉮ 신속하게 이동하며 측위하는 기법을 말한다.
㉯ 수신기를 자동차에 탑재하여 이동하며 측위하는 것을 말한다.
㉰ 정적 상대측위기법의 일종이다.
㉱ 일반적으로 단독측위기법을 기반으로 한다.

(14) 모호정수(Cycle Ambiguity)를 결정하여 고정해(Fixing Solution)를 산출하는 이유는?

㉮ 측위정확도를 향상시킬 수 있기 때문이다.
㉯ 대기효과를 제거할 수 있기 때문이다.
㉰ 사이클 슬립을 방지할 수 있기 때문이다.
㉱ 수신기의 갑작스러운 이동을 막을 수 있기 때문이다.

## 개념 정립 문제

(1) 두 대의 수신기(i와 j)에서 동시에 4개의 위성(1,2,3,4번)을 관측하고 있다. 위성을 각각 4 번씩 관측했다. 한 수신기 i점은 알고 있는 위치에 세워졌으며, 이중차분으로 미지점의 좌표(j점)를 결정하고자 한다. 코드식을 사용할 경우 식의 수는 몇 개이며 미지수는 몇 개인가? 반송파식을 사용할 경우 식의 수는 몇 개이며 미지수는 몇 개인가?

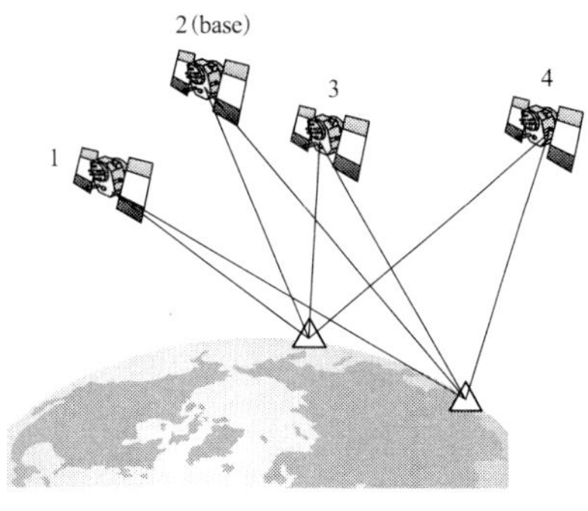

(2) 일반 RTK기법과 Network RTK기법의 차이는?

(3) VRS기법과 FKP기법의 차이를 2가지 써보라.

(4) 단독 측위 기법에서 PPP를 수행하는 경우 DGPS에 비해 장단점이 무엇인가?

(5) 일반 RTK방식의 단점은 기준국과의 거리가 멀어질수록 정밀도가 저하되는데, 일반적으로 기준국과 이동국간의 거리가 얼마 이내일 경우 높은 정밀도의 측량을 수행할 수 있는가?

## 정 답

### 기사시험 기출 문제

(1) 가 (2) 가 (3) 가 (4) 가 (5) 가 (6) 나 (7) 라 (8) 나 (9) 라 (10) 다
(11) 라 (12) 다 (13) 다 (14) 가

### 개념 정립 문제

(1) – 코드의 경우 2중 차분식 총 12개(3개x4회), 미지수는 j점 좌표 3개 $(X_j, Y_j, Z_j)$
- 반송파의 경우 2중 차분식 총 12개(3개x4회), 미지수는 j점 좌표 3개 $(X_j, Y_j, Z_j)$ 및 첫 수신시점의 이중차분식에 포함된 모호정수 3개 $N_{ij}^{21}$, $N_{ij}^{23}$, $N_{ij}^{24}$로 총 6개

(2) – 일반 RTK는 일반적으로 두 대의 수신기를 활용하고, 한 대는 위치를 알고 있는 기준점에 설치(기준국 또는 Base)하고 나머지 한 대는 이동(이동국 또는 Rover)하며 측량하는 방식이다. 기준국의 관측값을 이동국에 실시간으로 전송하여 보정한 후 차분법을 통해 이동국의 좌표를 도출한다.
- Network RTK의 경우 이동국(Rover) 인근에 위치한 3개 이상 상시관측소의 관측값을 바탕으로 네트워크 모델링을 통하여 이동국 위치에서의 가상 관측데이터를 생성하고 이를 이동국에 실시간으로 전송하여 차분법을 통해 이동국의 좌표를 도출한다.

(3) 양방향 vs 단방향, 사용자 접속제한 vs 접속제한없음

(4) 장점: 코드 반송파 모두 사용하므로 보다 정밀한 위치 결정 가능, 보정 정보 서비스가 가능하지 않은 지역에서도 운용 가능, 위치 결정 이외에 대기 분석 등의 분야에서 활용 가능
단점: 2주파 또는 다주파 수신기가 필요, 오랜 수신시간 필요. 초기화 시간이 필요, 정밀한 위성 궤도 정보, 시계 정보, 전리층 모델 필요, 실시간 측량 불가능

(5) 15km

CHAPTER

# 08 관측치 결합

가. 전리층 소거(Iono-free)

나. 전리층 영향 분석(Iono-only)

다. 와이드 레인(Wide-lane)

라. 개념 정립 문제

CHAPTER
# 08 관측치 결합

**관측치 결합 모델은** 2**주파 이상의 수신기에서만 가능**한 것으로서, 아래와 같이 **이중 차분된 GPS 관측방정식에서부터 출발**한다. 따라서 이중차분 식의 의미 및 기호등에 대해서는 미리 숙지하고 있어야 한다(6장 참조). 아래의 수식에서 아래첨자인 1은 첫 번째 주파수인 L1반송파를 의미하고, 2는 두 번째 주파수인 L2반송파를 의미한다.

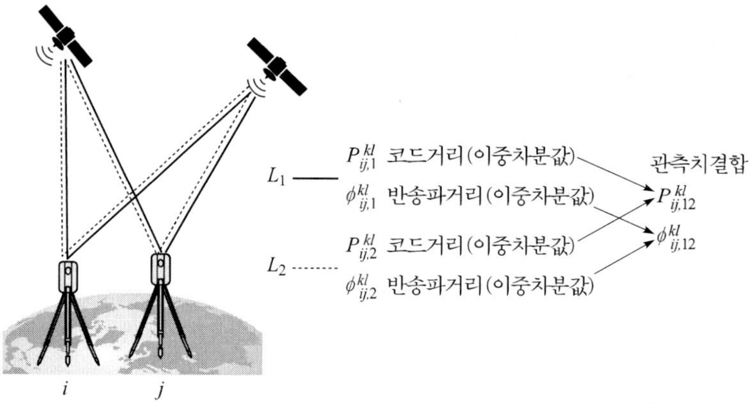


그림 8-1. 2주파 수신기 경우의 L1 및 L2 코드 및 반송파에 대한 관측치 결합

우선 코드 거리 관측식의 이중차분식은 아래와 같다.

$$P_{ij,1}^{kl} = \rho_{ij}^{kl} + \frac{I_{ij}^{kl}}{f_1^2} + T_{ij}^{kl} + M_{ij,1}^{kl} + e_{ij,1}^{kl}$$
$$P_{ij,2}^{kl} = \rho_{ij}^{kl} + \frac{I_{ij}^{kl}}{f_2^2} + T_{ij}^{kl} + M_{ij,2}^{kl} + e_{ij,2}^{kl} \tag{8-1}$$

$P_{ij,1}^{kl}$, $P_{ij,2}^{kl}$ 은 $i,j$ 수신기와 $k,l$ 위성 간의 거리 관측값(코드기반)의 이중 차분값 (관측한 값이므로 아는 값이며 상수), $\rho_{ij}^{kl}$는 각 수신기와 위성간의 실제 거리 4가지를 이중 차분한 것

(미지수인 수신기 좌표 포함), $I_{ij}^{kl}$, $T_{ij}^{kl}$는 수신기와 위성 사이에 존재하는 전리층과 대기층의 영향에 대한 이중 차분값, $M_{ij,1}^{kl}$, $M_{ij,2}^{kl}$은 멀티패스 효과에 대한 이중차분값이다.

반송파 기반 거리 관측식의 이중차분식은 아래와 같다. 다른 항은 앞에서 설명한 것과 동일하며 $\Phi_{ij,1}^{kl}$, $\Phi_{ij,2}^{kl}$은 반송파기반 거리 관측값의 이중차분값 (관측한 값이므로 아는 값이며 상수)이다. 또한 $N_{ij,1}^{kl}$, $N_{ij,2}^{kl}$은 모호정수에 대한 이중차분값으로서 미지수이다.

$$\begin{aligned}\Phi_{ij,1}^{kl} &= \rho_{ij,dt}^{kl} - \frac{I_{ij}^{kl}}{f_1^2} + T_{ij}^{kl} + \lambda_1 N_{ij,1}^{kl} + m_{ij,1}^{kl} + \epsilon_{ij,1}^{kl} \\ \Phi_{ij,2}^{kl} &= \rho_{ij,dt}^{kl} - \frac{I_{ij}^{kl}}{f_2^2} + T_{ij}^{kl} + \lambda_2 N_{ij,2}^{kl} + m_{ij,2}^{kl} + \epsilon_{ij,2}^{kl}\end{aligned} \tag{8-2}$$

이제 이중차분 수식을 이용하여 많이 사용되는 관측치 결합모델인 Iono-free, Iono-only, **그리고** Widelane 3가지에 대해 간략한 수식과 개념을 알아보자. 수식을 외울 필요는 없지만 주어진 수식을 보고 관측치가 결합하여 어떠한 요소가 사라지고 남게 되는지를 이해한다면, 관측치 결합모델에 대한 이해를 하기에 충분한다.

## 가. 전리층 소거(Iono-free)

정확한 영어 명칭은 Ionosphere-free Combination로서 무설탕일 때 쓰는 sugar-free처럼 Iono-free란 전리층의 효과가 없어진다는 의미이다. 위의 이중 차분된 식에서 전리층 부분인 I부분을 없애버린다고 생각하면 된다. 아래 첨자로 붙어있는 1,2인 L1 및 L2주파수의 조합으로 전리층 효과인 $I_{ij}^{kl}$ 를 없애기 위해, 아래와 같이 $\alpha_1$과 $\alpha_2$를 관측값에 각각 곱한다.

코드기반 의사거리(수도레인지)의 경우 $\alpha_1 P_{ij,1}^{kl} + \alpha_2 P_{ij,2}^{kl}$

반송파 기반 거리의 경우 $\alpha_1 \Phi_{ij,1}^{kl} + \alpha_2 \Phi_{ij,2}^{kl}$

이렇게 $\alpha_1$과 $\alpha_2$를 곱하여 전리층 영향인 $I_{ij}^{kl}$가 없어져야 하므로, 아래와 같은 두 조건을 만족해야 한다.

$$\alpha_1 \frac{I_{ij}^{kl}}{f_1^2} + \alpha_2 \frac{I_{ij}^{kl}}{f_2^2} = 0$$
$$\alpha_1 + \alpha_2 = 1 \tag{8-2}$$

상기의 연립방정식을 풀게 되면

$$\alpha_1 \frac{I_{ij}^{kl}}{f_1^2} - \alpha_1 \frac{I_{ij}^{kl}}{f_2^2} + \frac{I_{ij}^{kl}}{f_2^2} = 0$$
$$\rightarrow \alpha_1 \left( \frac{f_2^2 - f_1^2}{f_1^2 f_2^2} \right) = -\frac{1}{f_1^2}$$

이 조건을 만족하기 위한 $\alpha_1$과 $\alpha_2$는 아래와 같이 구해진다. 즉, L1과 L2주파수의 조합으로 만들어지는 값, 즉 고정된 값의 상수이다.

$$\alpha_1 = \frac{f_1^2}{f_1^2 - f_2^2} = 2.54573,\ \alpha_2 = -\frac{f_2^2}{f_1^2 - f_2^2} = -1.54573 \tag{8-4}$$

반송파 기반 거리의 경우를 예로 들어 설명하면 아래와 같이 전리층 효과가 완벽히 제거되는 것을 볼 수 있다. 주의 깊게 볼 부분은 모호정수 부분이 $\alpha_1$과 $\alpha_2$가 곱해지면서 정수가 아닌 실수가 된다는 것이다. 다시 말하지만 직접 쓰면서 유도해본다면 더욱 좋겠지만, 그렇지 않더라도 최종적으로 나온 식에서 어떠한 값이 남아있고 무엇이 없어졌는지는 눈여겨보고 이해하도록 하자.

$$\begin{aligned} \Phi_{ij,1,2}^{kl} &= \alpha_1 \Phi_{ij,1}^{kl} + \alpha_2 \Phi_{ij,2}^{kl} \\ &= \rho_{ij,dt}^{kl} + \times + T_{ij}^{kl} + \alpha_1 \lambda_1 N_{ij,1}^{kl} + \alpha_2 \lambda_2 N_{ij,2}^{kl} + \epsilon_{ij,iono-free}^{kl} \end{aligned} \tag{8-5}$$

그렇다면 Iono-free식을 왜 써야하는 것인가? **이중차분을 해도 전리층 효과가 크게 남아있는 긴 기선 (일반적으로 15km 이상)**에서는, 남아 있는 전리층의 영향으로 인해 솔루션이 구해지지 않는 경우가 발생할 수가 있는데 이 때 **모호정수가 실수가 되는 부정적인 영향을 감수하고 Iono-free를 써서 전리층의 영향을 제거한 후 수신기의 위치를 구하게 된다.**

## 나. 전리층 영향 분석(Iono-only)

전체 영어 명칭은 Ionosphere-only Combination으로서, Iono-only는 Iono-free와는 반대로 전리층의 효과만을 남기는 것을 목적으로 한다. 즉 **전리층 영향에 대한 연구를 할 경우**에는 전리층 영향에 대한 부분이 제거해야할 대상이 아니라 추출해야할 부분이다. 반송파 기반 거리식을 이용한 전리층 영향 추출할 경우를 예를 들어 설명하면, 우선 L1 및 L2에 대해 각각 도출한 이중차분식간의 차이를 아래 식과 같이 구한다.

식을 정리했을 때 미지수였던 수신기 좌표의 항목인 $\rho_{ij}^{kl}$가 사라지고 남는 것은 전리층 영향인 $I_{ij}^{kl}$와 모호정수들이다. 여기서 Iono-free의 경우와는 다르게 모호정수 부분은 정수가 된다.

$$\begin{aligned}\Phi_{ij,iono-only}^{kl} &= \Phi_{ij,1}^{kl} - \Phi_{ij,2}^{kl} \\ &= \left(\rho_{ij}^{kl} - \frac{I_{ij}^{kl}}{f_1^2} + T_{ij}^{kl} + \lambda_1 N_{ij,1}^{kl} + m_{ij,1}^{kl} + \epsilon_{ij,1}^{kl}\right) \\ &\quad - \left(\rho_{ij}^{kl} - \frac{I_{ij}^{kl}}{f_2^2} + T_{ij}^{kl} + \lambda_2 N_{ij,2}^{kl} + m_{ij,2}^{kl} + \epsilon_{ij,2}^{kl}\right) \\ &= I_{ij}^{kl}\left(\frac{f_1^2 - f_2^2}{f_1^2 f_2^2}\right) + \left(\lambda_1 N_{ij,1}^{kl} - \lambda_2 N_{ij,2}^{kl}\right) + \epsilon_{ij,iono-only}^{kl}\end{aligned} \tag{8-6}$$

## 다. 와이드 레인(Wide-lane)

Wide-lane은 기본적으로 모호정수를 보다 쉽게 예측하기 위해 식을 구성하는 방법으로 이해하면 된다. 먼저, 반송파 기반 거리관측에 대한 이중차분값인 $\Phi_{ij,1}^{kl}$, $\Phi_{ij,2}^{kl}$ (단위: m)를 파장으로 나누어 총 위상의 수인 $\phi_{ij,1}^{kl}, \phi_{ij,2}^{kl}$ (단위: 사이클)를 구한다.

$$\begin{aligned}\phi_{ij,1}^{kl} &= \frac{\Phi_{ij,1}^{kl}}{\lambda_1} = \frac{1}{\lambda_1}\left(\rho_{ij}^{kl} - \frac{I_{ij}^{kl}}{f_1^2} + T_{ij}^{kl} + \lambda_1 N_{ij,1}^{kl} + m_{ij,1}^{kl} + \epsilon_{ij,1}^{kl}\right) \\ \phi_{ij,2}^{kl} &= \frac{\Phi_{ij,2}^{kl}}{\lambda_2} = \frac{1}{\lambda_2}\left(\rho_{ij}^{kl} - \frac{I_{ij}^{kl}}{f_2^2} + T_{ij}^{kl} + \lambda_2 N_{ij,2}^{kl} + m_{ij,2}^{kl} + \epsilon_{ij,2}^{kl}\right)\end{aligned} \tag{8-7}$$

다음으로 해당 위상간의 차이에 대한 식을 구하면 아래와 같다.

$$\begin{aligned}\phi_{ij,1,2}^{kl} &= \phi_{ij,1}^{kl} - \phi_{ij,2}^{kl} = \frac{1}{\lambda_1}\left(\rho_{ij}^{kl} - \frac{I_{ij}^{kl}}{f_1^2} + T_{ij}^{kl} + \lambda_1 N_{ij,1}^{kl} + m_{ij,1}^{kl} + \varepsilon_{ij,1}^{kl}\right) \\ &\quad - \frac{1}{\lambda_2}\left(\rho_{ij}^{kl} - \frac{I_{ij}^{kl}}{f_2^2} + T_{ij}^{kl} + \lambda_2 N_{ij,2}^{kl} + m_{ij,2}^{kl} + \varepsilon_{ij,2}^{kl}\right) \\ &= \rho_{ij}^{kl}\left(\frac{\lambda_2 - \lambda_1}{\lambda_1\lambda_2}\right) + (N_{ij,1}^{kl} - N_{ij,2}^{kl}) + T_{ij}^{kl}\left(\frac{\lambda_2 - \lambda_1}{\lambda_1\lambda_2}\right) + \frac{I_{ij}^{kl}}{f_1^2}\left(\frac{f_1^2}{f_2^2}\frac{1}{\lambda_2} - \frac{1}{\lambda_1}\right) + \epsilon_{ij,w}^{kl} \\ &= \rho_{ij}^{kl}\left(\frac{\lambda_2 - \lambda_1}{\lambda_1\lambda_2}\right) + (N_{ij,1}^{kl} - N_{ij,2}^{kl}) + T_{ij}^{kl}\left(\frac{\lambda_2 - \lambda_1}{\lambda_1\lambda_2}\right) + \frac{I_{ij}^{kl}}{f_1^2}\left(\frac{\lambda_2^2}{\lambda_1^2}\frac{1}{\lambda_2} - \frac{1}{\lambda_1}\right) + \epsilon_{ij,w}^{kl} \\ &= \rho_{ij}^{kl}\left(\frac{\lambda_2 - \lambda_1}{\lambda_1\lambda_2}\right) + (N_{ij,1}^{kl} - N_{ij,2}^{kl}) + T_{ij}^{kl}\left(\frac{\lambda_2 - \lambda_1}{\lambda_1\lambda_2}\right) + \frac{I_{ij}^{kl}}{f_1^2}\frac{\lambda_2}{\lambda_1}\left(\frac{\lambda_2 - \lambda_1}{\lambda_1\lambda_2}\right) + \epsilon_{ij,w}^{kl}\end{aligned} \tag{8-8}$$

여기서 새로운 파장길이 $\lambda_W$를 아래와 같이 정의한다. 이를 Wide-lane **파장**이라고 한다.

$$\lambda_W = \left(\frac{\lambda_1\lambda_2}{\lambda_2 - \lambda_1}\right) = 86.2cm \tag{8-9}$$

Wide-lane파장을 사용하여 식을 다시 써보면 아래와 같이 정리된다.

$$\phi_{ij,1,2}^{kl} = \frac{1}{\lambda_W}\rho_{ij}^{kl} + (N_{ij,1}^{kl} - N_{ij,2}^{kl}) + \frac{1}{\lambda_W}T_{ij}^{kl} + \frac{1}{\lambda_W}\frac{I_{ij}^{kl}}{f_1^2}\frac{f_1}{f_2} + \epsilon_{ij,w}^{kl} \tag{8-10}$$

다시 위상값(단위: 싸이클)을 거리값(단위: m)으로 바꾸기 위해 식에 $\lambda_W$를 곱하면 아래와 같은 최종 Wide-lane식이 만들어진다. 이와 같은 Wide-lane식은 L1이나 L2의 식을 이용하는 것에 비교했을 때 긴 파장 길이($\lambda_W \gg \lambda_1$)로서 모호정수의 결정이 쉽고 단순해진다. 그러나 단점도 존재하는데, 전리층 효과가 77/60(f1/f2)로 증가된다는 것이다. 따라서 기선의 길이가 길어 이중 차분으로도 전리층 효과가 많이 남아있는 경우에는 큰 오차를 유발할 가능성이 존재한다. 아래 식에서 좌변의 $\Phi_{ij,w}^{kl}$는 반송파의 이중차분값에서 도출된 상수(아는 값이며 단위는 m)이며, $\rho_{ij}^{kl}$는 각 수신기와 위성간의 실제 거리 4가지를 이중 차분한 것(미지수인 수신기 좌표 포함), $I_{ij}^{kl}$, $T_{ij}^{kl}$는 수신기와 위성 사이에 존재하는 전리층과 대기층의 영향에 대한 이중 차분값 (관측한 값이므로 아는 값이며 상수)이다.

$$\Phi_{ij,w}^{kl} = \rho_{ij}^{kl} + \lambda_w N_{ij,w}^{kl} + T_{ij}^{kl} + \frac{I_{ij}^{kl}}{f_1^2}\frac{f_1}{f_2} + \epsilon_{ij,w}^{kl} \quad (8-11)$$

그림 8-2에서 보는 것과 같이 Wide-lane 파장의 길이가 길기 때문에 탐색범위 내에 모호 정수 후보의 개수가 적어지게 되며 따라서 모호 정수값의 예측이 상대적으로 쉬워진다.

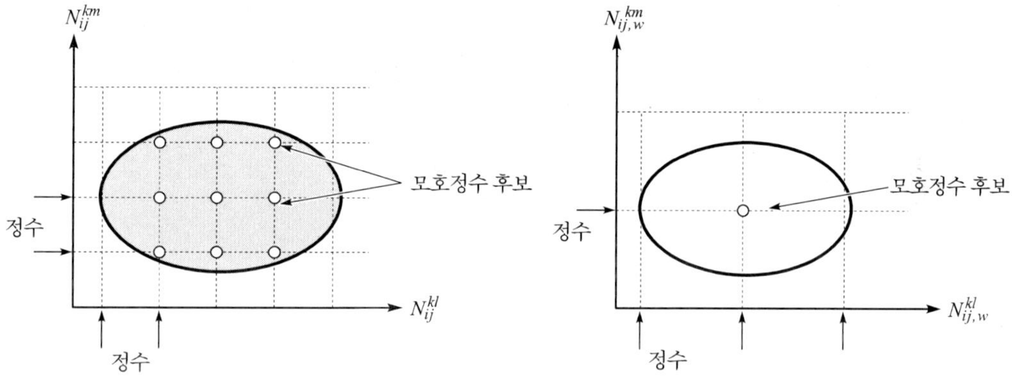


그림 8-2. Wide-lane을 통한 보다 쉬운 모호정수 결정

## 라. 개념 정립 문제

### 기사시험 기출 문제

(1) 다음의 GPS 오차원인 중 L1 반송파와 L2 반송파의 굴절 비율의 상이함을 이용하여 두 반송파의 선형 조합을 통해 보정이 가능한 것은?

㉮ 전리층 지연오차
㉯ 위성시계오차
㉰ GPS 안테나의 구심오차
㉱ 다중전파경로 (멀티패스)

## 개념 정립 문제

(1) 관측치 결합 모델을 사용하기 위해서 필요한 GPS 수신기는?

(2) Iono-free는 주로 어떤 경우에 사용하는가?

(3) Iono-only는 주로 어떤 목적으로 사용하는가?

(4) 와이드레인 조합은 주로 무슨 목적으로 사용하는가?

**정 답**

### 기사시험 기출 문제

(1) 가

### 개념 정립 문제

(1) 2주파 이상 수신 가능한 수신기
(2) 이중차분을 해도 전리층 효과가 크게 남아 있는 긴 기선 (일반적으로 15km 이상)에서 보다 정밀하게 수신기 위치를 구하고자할 때 사용함
(3) 대기에 관한 연구가 목적으로서 전리층 영향에 대한 연구 진행할 경우에 사용
(4) 보다 빠르고 쉬운 모호정수 예측을 가능하게 함

CHAPTER

# 09 부 록

가. GPS 및 좌표계 관련 상수

나. 좌표 변환식 (3차원직각좌표↔경위도 좌표)

다. 좌표 변환식 (경위도 좌표↔TM 지도좌표)

라. GPS 기본 관측방정식 선형화

마. TEQC 프로그램 활용

바. gLAB 프로그램 활용

사. GPS 관련 유용한 사이트

아. GPS에 의한 기준점 측량 작업규정

자. GPS에 의한 지적측량규정

차. GPS 상시관측소 정보

CHAPTER

# 09 부록

## 가. GPS 및 좌표계 관련 상수

표 9-1. GPS 신호 제원

| GPS 반송파 | 기본 주파수 대비 | 주파수 | 파장 길이 |
|---|---|---|---|
| L1 | 154배 | 1,575.42MHz, 약 1.5GHz | 약 19cm |
| L2 | 120배 | 1,227.60MHz, 약 1.2GHz | 약 24cm |
| L5 | 115배 | 1,176.45MHz, 약 1.18 GHz | 약 25.5cm |

표 9-2. 주요 타원체 상수

| 타원체 이름 | 장축 | 단축 | 편평도 역수 |
|---|---|---|---|
| GRS80 | 6,378,137.0 m | 6,356,752.314140 m | 298.257222100882711 |
| Bessel 1841 | 6,377,397.155 m | 6,356,078.963 m | 299.1528128 |
| WGS84 | 6,378,137.0 m | 6,356,752.314245 m | 298.257223563 |

표 9-3. 주요 타원체별 EPSG 코드

| 좌표계 종류 | 설명 | EPSG 코드 |
|---|---|---|
| 경위도 좌표 | GRS80 타원체 | 4737 |
| | Bessel 타원체 | 4162 |
| | WGS84 타원체 | 4166 |
| TM 지도좌표계 2000년 이후 | TM 서부 2010 이후 | 5185 |
| | TM 중부 2010 이후 | 5186 |
| | TM 동부 2010 이후 | 5187 |
| | TM 동해 2010 이후 | 5188 |
| | TM 서부 | 5180 |
| | TM 중부 | 5181 |
| | TM 중부 제주 | 5182 |
| | TM 동부 | 5183 |
| | TM 동해 | 5184 |
| UTM 지도좌표계 | UTM 52N | 32652 |

## 4. 좌표 변환식 (3차원직각좌표↔경위도 좌표)

### 경위도 좌표 ➡ 3차원 직각좌표

측지학적 경위도를 3차원 직각 좌표(ECEF)로 변환하는 것은 아래 식에 의해 간단히 이루어질 수 있다. 알고 있는 위도, 경도, 타원체고 값 $\phi, \lambda, h$을 넣으면 $X, Y, Z$를 계산할 수 있다.

$$\begin{aligned} X &= (N+h)\cos\phi\cos\lambda \\ Y &= (N+h)\cos\phi\sin\lambda \\ Z &= (N(1-e^2)+h)\sin\phi \end{aligned} \tag{9-1}$$

여기서, $\phi, \lambda, h$는 측지학적 위도, 경도, 타원체고이며, $X, Y, Z$는 3차원 직각좌표계 값이다. $N$은 모유선 곡률반경(radius of curvature in the prime vertical), $e^2$ 은 타원체 이심율, $a, b$는 타원체 장반경, 단반경 길이, 그리고 $f$는 편평도이다.

그리고,

$$N = \frac{a}{\sqrt{1-e^2\sin^2\phi}},\ e^2 = 2f - f^2,\ f = \frac{a-b}{a} \tag{9-2}$$

여기서 필요한 측지용어인 **모유선 곡률반경**을 잠깐 살펴보자. 그림 9-1의 지구에서 동일한 경도를 갖는 선인 자오선(Meridian)이 있을 경우 이에 대해 수직방향으로 칼을 갖다 대어 지구를 자른다고 생각해보자(수박 자르듯이). 이 때 해당 잘린 표면(곡면)의 곡률 반경이 존재할 것이며 그 반지름이 모유선 곡률반경인 $N$이다.

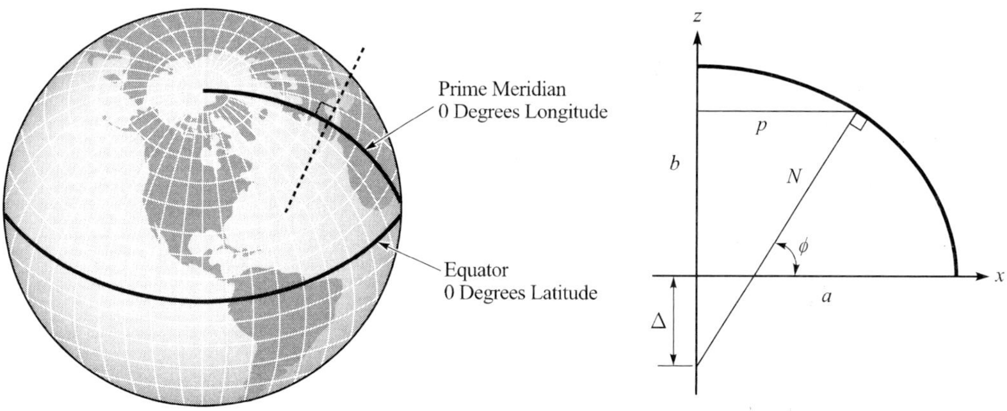


그림 9-1. 모유선의 개념

### 3차원직각좌표 ➡ 경위도 좌표

경위도 좌표를 3차원 직각 좌표로 변환하는 것은 조금 더 복잡하다. 우선 상대적으로 간략한 식을 한번 사용해보도록 하자. 이 식은 고도 1,000km 이하에서 정밀식에 비해 센티미터 레벨의 오차를 갖기 때문에 아주 높은 정확도가 필요하지 않은 경우에는 유용하게 사용할 수 있다.

$$\phi = atan\left(\frac{Z + e'^2 b sin^3\theta}{p - e^2 a cos^3\theta}\right)$$
$$\lambda = atan2(Y, X) \qquad (9-3)$$
$$h = \frac{p}{\cos\phi} - N(\phi)$$

여기서, $\phi, \lambda, h$는 측지학적 위도, 경도, 타원체고이며, $X, Y, Z$는 3차원 직각좌표계 값이다. $N$은 모유선 곡률반경, $a, b$는 타원체 장반경, 단반경 길이, $f$는 편평도이다.

아래의 식을 사용하여 중간 계산을 진행하면 된다.

$$p = \sqrt{X^2 + Y^2},\ \theta = atan\left(\frac{Za}{pb}\right),$$
$$e'^2 = \frac{a^2 - b^2}{b^2},\ N = \frac{a}{\sqrt{1 - e^2 \sin^2\phi}} \qquad (9-4)$$
$$f = \frac{a-b}{a},\ e^2 = 2f - f^2$$

간략식이라고 했지만 복잡해 보일 것이다. 그러나 식을 외울 필요는 없으므로, 아래와 같이 단계별로 따라가며 하나씩 계산해보자. 마찬가지로 마이크로소프트 엑셀 등을 이용하여 한번 해보도록 하자.

앞의 식을 이용하여 WGS84 타원체 상의 (X,Y,Z)=(−3147749.450m, 4177204.607m, 3637866.909m) 좌표를 경위도로 계산해보라. 간략식을 이용할 경우 아래와 같은 순서로 계산하면 된다.

① WGS84타원체의 $a, b$확인 후 $f, e^2, e'^2$계산

② 경도 $\lambda$계산

③ $p$계산 후 $\theta$계산

④ 위도 $\phi$계산

⑤ 모유선 곡률 반경 N 계산

⑥ 타원체고 $h$계산

계산하여 위도35도, 경도 127도, 타원체고 0이 나오면 제대로 계산한 것이 된다. 여기서 주의해야할 것으로 tan의 역함수로 $atan$와 $atan2$ 두 가지가 존재하는데, 차이는 표 9-4와

같으므로 잘 숙지해서 쓰도록 한다. 즉, *atan*는 하나의 값 y/x를 넣게 되고 범위가 -90 ~ +90도 범위의 각을 구해주는 반면, *atan*2는 각각의 값, x, y를 넣어 범위가 -180 ~ +180도의 각을 구해준다. 만약 MS엑셀을 사용하여 위 예제 계산을 진행할 경우 atan2(X,Y)와 같이 입력해야 원하는 경도값을 얻을 수 있다.

표 9-4. atan vs. atan2

| atan | atan2 |
|---|---|
| y/x값을 넣으면 각도(θ)를 구해줌<br>θ 값의 범위가 -90~90도만 구해줌 | 입력을 x, y각각 입력함<br>θ 값의 범위가 -180~180도까지<br>주의! x가 각도 측정이 시작되는 기준축<br>프로그램별로 기준축 입력위치 다를 수 있음<br>예) MS엑셀: 기준축 x가 앞에 위치 atan2(x,y),<br>Matlab: 기준축 x 위치가 뒤에 위치 atan2(y,x) |

3차원 직각 좌표를 경위도 좌표로 변환하기 위한 보다 정밀한 방법은 Borkowski(1989) 방법을 사용하는 것이다. 이를 매트랩 함수형태로 구현한 것을 표 9-5에 제시하였으므로 필요한 경우에는 참고하여 사용도록 한다. 또는 매트랩홈페이지(www.mathworks.com) File Exchange에 Geodetic Transformations Toolbox(Peter Wasmeier) 등이 공유되어 있고 이를 활용하면 다른 좌표변환을 모두 수행할 수 있으니 참고하길 바란다.

표 9-5. 정밀식 매트랩 코드

```
function [lat_deg, lon_deg, height_meter]=Borkowski(X_meter,Y_meter,Z_meter,a,f)
% Borkowski solution (1989, closed solution)
% a,f : ellipsoid parameters
% by Jaehong Oh  01/26/2008

x=X_meter;
y=Y_meter;
z=Z_meter;

lambda=atan2(y,x);
r=sqrt(x.^2+y.^2);

b=zeros(size(z));
for i=1:numel(z)
    if(z(i) ~= 0)
        b(i)=abs(a-a*f).*sign(z(i));
```

```
    else
        b(i)=(1-f)*a;
    end
end

E=((z+b).*b/a-a)./r;
F=((z-b).*b/a+a)./r;
P=(E.*F+1)*4/3;
Q=(E.*E-F.*F)*2;
D=P.^3+Q.^2;

s=zeros(size(z));
v=zeros(size(z));
for i=1:numel(D)
    if(D(i) >= 0)
        s(i)=sqrt(D(i)) + Q(i);
        s(i)=abs(exp(log(abs(s(i)))/3))*sign(s(i));
        v(i)=P(i)/s(i) - s(i);
        v(i)=-(2*Q(i)+v(i)^3)/(3*P(i));
    else
        v(i)=2*sqrt(-P(i)).*cos(acos(Q(i)./P(i)./sqrt(-P(i)))/3);
    end
end

G=0.5*(E+sqrt(E.^2 + v));
t=sqrt(G.^2 + (F-v.*G)./(2*G-E))-G;

phi=zeros(size(z));
for i=1:numel(t)
    if(t(i) ~= 0)
        phi(i)=atan((1-t(i)^2)*a/(2*b(i)*t(i)));
    else
        phi(i)=pi/2;
    end
end

h=(r-a*t).*cos(phi)+(z-b).*sin(phi);

rad2deg=180/pi;
lat_deg=phi*rad2deg;
lon_deg=lambda*rad2deg;
height_meter=h;
```

## 다. 좌표 변환식 (경위도 좌표↔TM 지도좌표)

먼저 아래는 필요한 타원체 정보 및 투영 파라미터를 준비하고 좌표변환을 위해 필요한 공통 상수를 미리 계산하는 과정이다.

입력 경위도 좌표값: $\phi, \lambda$ (위도, 경도)

**STEP A** 투영 파라미터 설정

| 타원체 정보 | TM 투영 파라미터 |
|---|---|
| $a$: 장축 길이<br>$f$: 편평도 | $\phi_0$: 투영 위도<br>$\lambda_0$: 투영 경도<br>$X_0$: 남북 좌표 이동량 (False Northing)<br>$Y_0$: 동서 좌표 이동량 (False Easting)<br>$k_0$: 투영 원점인 경도에서의 투영의 축척 |

**STEP B** 계산에 필요한 상수 계산

| |
|---|
| 단축길이 $b = a(1-f)$ |
| 이심율 $e^2 = 2f - f^2$ |
| $m = a(A_0\phi - A_2\sin 2\phi + A_4\sin 4\phi - A_6\sin 6\phi)$ |
| $m_0 = a(A_0\phi_0 - A_2\sin 2\phi_0 + A_4\sin 4\phi_0 - A_6\sin 6\phi_0)$ |
| 여기서, 계수인 A항들은 이심률 $e^2$을 이용하여 계산함.<br>$A_0 = 1 - \left(\frac{e^2}{4}\right) - \left(\frac{3e^4}{64}\right) - \left(\frac{5e^6}{256}\right)$<br>$A_2 = \frac{3}{8}\left(e^2 + \frac{e^4}{4} + \frac{15e^6}{128}\right)$<br>$A_4 = \frac{15}{256}\left(e^4 + \frac{3e^6}{4}\right)$<br>$A_6 = \frac{35e^6}{3072}$ |

## 경위도 좌표 ➡ TM 지도 좌표

경위도 좌표 $\phi, \lambda$가 주어지고, TM좌표인 North와 East를 계산한다.

**STEP1** TM좌표로 변환을 위한 공통값 계산

| |
|---|
| $M = \dfrac{a(1-e^2)}{(1-e^2\sin^2\phi)^{\frac{3}{2}}}$ |
| $N = \dfrac{a}{\sqrt{1-e^2\sin^2\phi}}$ |
| $\psi = \dfrac{N}{M}$ |
| $t = \tan\phi$ |
| $\omega = \lambda - \lambda_0$ |

**STEP2** TM좌표 중 North좌표 계산

$$N = N_0 + k_0(m - m_0 + Term1 + Term2 + Term3 + Term4)$$

여기서,

$$Term1 = \frac{\omega^2}{2} Nsin\phi\cos\phi$$

$$Term2 \equiv \frac{\omega^4}{24} Nsin\phi\cos^3\phi(4\psi^2 + \psi - t^2)$$

$$Term3 \equiv \frac{\omega^6}{720} Nsin\phi\cos^5\phi\begin{bmatrix} 8\psi^4(11-24t^2) - 28\psi^3(1-6t^2) \\ +\psi^2(1-32t^2) - \psi(2t^2) + t^4 \end{bmatrix}$$

$$Term4 = \frac{\omega^8}{40320} Nsin\phi\cos^7\phi(1385 - 3111t^2 + 543t^4 - t^6)$$

**STEP3** TM좌표 중 East좌표 계산

$$E = E_0 + k_0 N\omega\cos\phi(1 + Term1 + Term2 + Term3)$$

여기서,

$$Term1 = \frac{\omega^2}{6} cos^2\phi(\psi - t^2)$$

$$Term2 = \frac{\omega^4}{120} cos^4\phi[4\psi^3(1-6t^2) + \psi^2(1+8t^2) - \psi 2t^2 + t^4]$$

$$Term3 = \frac{\omega^6}{5040} cos^6\phi(61 - 479t^2 + 179t^4 - t^6)$$

## TM 지도 좌표 ➡ 경위도 좌표

TM좌표인 X(North)와 Y(East)가 주어지고 경위도 좌표 $\phi, \lambda$를 계산한다.

**STEP1** 경위도 좌표로 변환을 위한 공통값 계산1

| |
|---|
| $X' = X - X_0$ |
| $m' = m_0 + \frac{X'}{k_0}$ |
| $n = \frac{a-b}{a+b}$ |
| $G = a(1-n)(1-n^2)\left(1+\frac{9n^2}{4}+\frac{225n^4}{64}\right)\left(\frac{\pi}{180}\right)$ |
| $\sigma = \frac{m'}{G}\frac{\pi}{180}$ |
| $\phi' = \sigma + \left(\frac{3n}{2}-\frac{27n^3}{32}\right)\sin 2\sigma + \left(\frac{21n^2}{16}-\frac{55n^4}{32}\right)\sin 4\sigma + \left(\frac{151n^3}{96}\right)\sin 6\sigma + \left(\frac{1097n^4}{512}\right)\sin 8\sigma$ |

**STEP2** 경위도 좌표로 변환을 위한 공통값 계산2

| |
|---|
| $M' = \frac{a(1-e^2)}{(1-e^2\sin^2\phi')^{\frac{3}{2}}}$ |
| $N' = \frac{a}{\sqrt{1-e^2\sin^2\phi'}}$ |
| $\psi' = \frac{N'}{M'}$ |
| $t' = \tan\phi'$ |
| $Y' = Y - Y_0$ |
| $\chi = \frac{Y'}{k_0 N'}$ |

STEP3 위도 좌표 계산

$$\phi = \phi' - Term\,1 + Term\,2 - Term\,3 + Term\,4$$

여기서,

$$Term\,1 = \frac{t'}{k_0 M'} \frac{Y'\chi}{2}$$

$$Term\,2 = \frac{t'}{k_0 M'} \frac{Y'\chi^3}{24} \left[ -4\psi'^2 + 9\psi'(1 - t'^2) + 12t'^2 \right]$$

$$Term\,3 = \frac{t'}{k_0 M'} \frac{Y'\chi^5}{720} \left[ \begin{array}{l} 8\psi'^4(11 - 24t'^2) \\ -12\psi'^3(21 - 71t'^2) \\ +15\psi'^2(15 - 98t'^2 + 15t'^4) \\ +180\psi'(5t'^2 - 3t'^4) + 360t'^4 \end{array} \right]$$

$$Term\,4 = \frac{t'}{k_0 M'} \frac{Y'\chi^7}{40320} \left[ 1385 + 3633t'^2 + 4095t'^4 + 1575t'^6 \right]$$

STEP4 경도 좌표 계산

$$\lambda = \lambda_0 + Term\,1 - Term\,2 + Term\,3 - Term\,4$$

여기서,

$$Term\,1 = \chi \sec\phi'$$

$$Term\,2 = \frac{\chi^3 \sec\phi'}{6} (\psi' + 2t'^2)$$

$$Term\,3 = \frac{\chi^5 \sec\phi'}{120} \left[ \begin{array}{l} -4\psi'^3(1 - 6t'^2) + \psi'^2(9 - 68t'^2) \\ +72\psi' t'^2 + 24t'^4 \end{array} \right]$$

$$Term\,4 = \frac{\chi^7 \sec\phi'}{5040} (61 + 662t'^2 + 1320t'^4 + 720t'^6)$$

## 라. GPS 기본 관측방정식 선형화

우선 선형화의 개념부터 알아보자. 쉽게 말해 접선의 방정식을 구하는 것이다. 그림 9-2의 곡선이 있다고 하자 (몇차 식이 되든, 사인, 코사인, 지수 함수이든 상관없다). 이 때 임의의 점 $x_0$에서의 접선의 방정식은 아래와 같이 구해질 수 있다.

$$f(x) = 3x^2 - 3$$

$$\rightarrow \text{접선의 방정식}\ f(x) = \underbrace{(3x_0^2 - 3)}_{x_0\text{일 때 } y\text{값}} + \underbrace{6x_0}_{x_0\text{에서 기울기}} \underbrace{(x - x_0)}_{x_0\text{에서 떨어진 거리}}$$

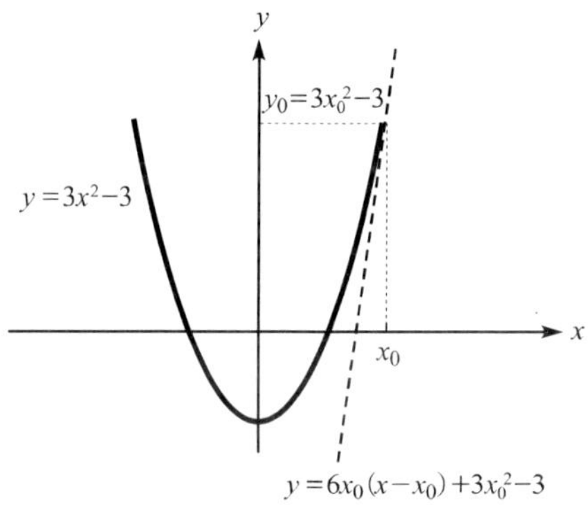


그림 9-2. 포물선 접선의 방정식 구하기 (곧 선형화)

즉 선형화의 일반식은 아래와 같으며, 접점 $x_0$ 부근에서는 선형화하기 전(곡선부)과 선형화 후(접선)가 거의 맞닿아 있으므로 유사한 값을 갖는다. $x - x_0$항은 접점에서 얼마나 떨어져 있냐를 나타내는 것으로서 $\Delta x$와 같이 써도 된다.

$$f(x) = \underbrace{f(x_0)}_{\text{시작높이}} + \underbrace{f'(x_0)}_{\text{기울기}} \underbrace{(x - x_0)}_{\Delta x} \tag{9-5}$$

변수가 많을 때(다변수)도 마찬가지이다. 다만 각각의 변수에 대해 편미분해주고 초기치를 넣어주어야 한다는 것만 다르다.

$$f(x,y,z) = f(x_0,y_0,z_0) + \frac{\partial f}{\partial x}\underbrace{(x - x_0)}_{\Delta x} + \frac{\partial f}{\partial y}\underbrace{(y - y_0)}_{\Delta y} + \frac{\partial f}{\partial z}\underbrace{(z - z_0)}_{\Delta z} \tag{9-6}$$

GPS 관측 방정식으로 돌아와서 선형화를 진행해보자. 선형화(다시 말해 일종의 접선의 방정식)를 하려면 초기치(접선을 구하고자 하는 위치)를 넣어주어야 한다. 여기서는 초기치가 곧 수신기의 대략적인 위치인 $(X_{i,0}, Y_{i,0}, Z_{i,0})$가 된다. 수신기 시계 부분은 원래 선형이므로 따로 미분 안해주어도 된다.

$$P_i^k \cong \rho_{i,0}^k + \frac{\partial \rho_i^k}{\partial X_i}\Delta X_i + \frac{\partial \rho_i^k}{\partial Y_i}\Delta Y_i + \frac{\partial \rho_i^k}{\partial Z_i}\Delta Z_i + cdt_i \tag{9-7}$$

여기서,

$$\rho_{i,0}^k = \sqrt{(X^k - X_{i,0})^2 + (Y^k - Y_{i,0})^2 + (Z^k - Z_{i,0})^2}$$

이제 1차 미분값(접선의 기울기)를 구하는 것을 좀 더 살펴보자.

$$\begin{aligned}\frac{\partial \rho_i^k}{\partial X_i} &= \frac{1}{2}((X^k - X_i)^2 + (Y^k - Y_i)^2 + (Z^k - Z_{i,0})^2)^{-\frac{1}{2}} \times 2(X^k - X_i) \times (-1) \\ &= \frac{-(X^k - X_i)}{\sqrt{(X^k - X_i)^2 + (Y^k - Y_i)^2 + (Z^k - Z_i)^2}}\end{aligned}$$

같은 방법으로 Y,Z에 대해서도 1차 미분값을 구하면 최종적으로 아래와 같이 구해지고, 여기에 초기값 $(X_{i,0}, Y_{i,0}, Z_{i.0})$을 넣어준다.

$$\begin{aligned}\frac{\partial \rho_i^k}{\partial X_i} &= \frac{-(X^k - X_{i,0})}{\sqrt{(X^k - X_{i,0})^2 + (Y^k - Y_{i,0})^2 + (Z^k - Z_{i,0})^2}} = \frac{-(X^k - X_{i,0})}{\rho_{i.0}^k} \\ \frac{\partial \rho_i^k}{\partial Y_i} &= \frac{-(Y^k - Y_{i,0})}{\sqrt{(X^k - X_{i,0})^2 + (Y^k - Y_{i,0})^2 + (Z^k - Z_{i,0})^2}} = \frac{-(Y^k - Y_{i,0})}{\rho_{i,0}^k} \\ \frac{\partial \rho_i^k}{\partial Z_i} &= \frac{-(Z^k - Z_{i,0})}{\sqrt{(X^k - X_{i,0})^2 + (Y^k - Y_{i,0})^2 + (Z^k - Z_{i,0})^2}} = \frac{-(Z^k - Z_{i,0})}{\rho_{i,0}^k}\end{aligned} \tag{9-8}$$

최종 선형화된 관측방정식은 아래와 같다.

$$P_i^k = \rho_{i,0}^k + \frac{-(X^k - X_{i,0})}{\rho_{i,0}^k}\Delta X_i + \frac{-(Y^k - Y_{i,0})}{\rho_{i,0}^k}\Delta Y_i + \frac{-(Z^k - Z_{i,0})}{\rho_{i,0}^k}\Delta Z_i + cdt_i$$

여기서,
$$\rho_{i,0}^{k} = \sqrt{(X^k - X_{i,0})^2 + (Y^k - Y_{i,0})^2 + (Z^k - Z_{i,0})^2}$$

상기의 식을 연립방정식을 풀 때처럼 미지수를 좌변에, 상수를 우변으로 정리하게 되면, 아래와 같이 정리가 된다.

$$\frac{-(X^k - X_{i,0})}{\rho_{i,0}^{k}}\Delta X_i + \frac{-(Y^k - Y_{i,0})}{\rho_{i,0}^{k}}\Delta Y_i + \frac{-(Z^k - Z_{i,0})}{\rho_{i,0}^{k}}\Delta Z_i + cdt_i = P_i^k - \rho_{i,0}^{k} \qquad (9\text{-}9)$$

최종적으로 행렬형태로 정리하면 아래와 같이 된다. 이는 수신기 $i$에서 하나의 위성 $k$까지 관측한 의사거리값을 기반으로 행렬형태로 정리한 GPS 선형 관측방정식이다.

$$\begin{bmatrix} \frac{-(X^k - X_{i,0})}{\rho_{i,0}^{k}} & \frac{-(Y^k - Y_{i,0})}{\rho_{i,0}^{k}} & \frac{-(Z^k - Z_{i,0})}{\rho_{i,0}^{k}} & 1 \end{bmatrix} \begin{bmatrix} \Delta X_i \\ \Delta Y_i \\ \Delta Z_i \\ cdt_i \end{bmatrix} = \begin{bmatrix} P_i^k - \rho_{i,0}^{k} \end{bmatrix} \qquad (9\text{-}10)$$

여기서,
$$\rho_{i,0}^{k} = \sqrt{(X^k - X_{i,0})^2 + (Y^k - Y_{i,0})^2 + (Z^k - Z_{i,0})^2}$$

상기의 식에서 미지수가 총 4개($\Delta X_i, \Delta Y_i, \Delta Z_i$ 와 $cdt_i$)인 것을 알 수 있다. 이를 계산하기 위해서는 최소한 4개 이상의 식이 필요하므로, 4개의 위성 $k,l,m,n$에 대해 코드 의사거리를 관측했다. 그랬더니 각각의 위성별로 1개씩 총 4개의 행을 가지는 행렬형태의 관측방정식이 만들어질 수 있다.

## 마. TEQC 프로그램 활용

**TEQC('텍'이라 읽음)**이라는 프로그램은 UNAVCO에 의해 개발된 것으로서 GPS와 관련하여 여러 가지 전처리 작업을 수행할 수 있는 프로그램이다. 데이터 포맷의 변환이라든지, 데이터 편집, 품질 평가 등을 수행할 수 있다. 해당 사이트[22]에 접속하여 프로그램을 다운로드(윈도우를 사용한다면 Windows zip파일을 다운로드)하여 활용하면 되고, 해당 사이트에

22) https://www.unavco.org/software/data-processing/teqc/teqc.html

튜토리얼 문서가 잘 작성되어 있으므로 참고하면 된다.

간단한 몇 가지 활용법은 아래와 같다. 여기서는 국토지리정보원 상시관측소 데이터 중 1시간짜리 광주 데이터(KWNJ105f.16o)를 활용하였다.

우선 프롬프트창 실행하여 아래와 같이 프로그램을 활용해보길 바란다 (Windows 7의 경우 시작버튼→모든프로그램→보조프로그램→명령프롬프트, Windows 10의 경우 시작버튼위에 마우스를 갖다대고 우측마우스 버튼을 누르면 나오는 화면에서 "명령 프롬프트(관리자)"를 선택한다).

아래의 기본적인 도스 명령어는 알고 있어야 해당 TEQC 폴더로 이동하여 명령을 실행할 수 있을 것이다.

예) E:₩TEMP폴더에 TEQC가 있는 경우에는 "E: [엔터]" 이후 "CD TEMP [엔터]"

표 9-6. 기본적인 도스 명령어

| 도스명령어 | 설명 |
|---|---|
| DIR | 현재 목록(디렉토리)를 보여줍니다. |
| CD₩ | 해당드라이브의 제일 위로 이동합니다. |
| CD.. | 상위 폴더로 이동합니다. |
| CD [폴더명]: | 해당 폴더로 이동합니다 |

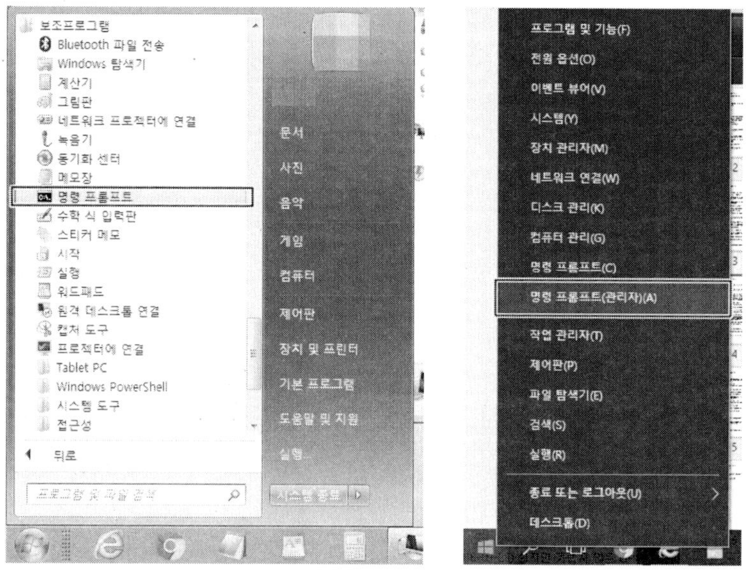


그림 9-3. Windows7 및 10에서 명령 프롬프트 실행시키기

### 메타 데이터 보기

RINEX파일 중 관측파일(*.o)에 대한 내용을 20줄 가량으로 확인할 수 있다. 수신 시간(UTC, 우리나라는 여기에 +9시간하면 됨)을 알 수 있고, 1초마다(sample interval) 수신한 것을 알 수 있다. 또한 경위도 좌표 및 수신기 정보 또한 볼 수 있다.

```
>> teqc +meta . KWNJ105f.16o
```

```
filename:                   KWNJ105f.16o
file format:                RINEX
file size (bytes):          6381214
start date & time:          2016-04-14 05:00:00.000
final date & time:          2016-04-14 05:59:59.000
sample interval:            1.0000
possible missing epochs:    0
4-char station code:        KWNJ
station name:               KWNJ
station ID number:          97002
antenna ID number:          0220114581
antenna type:               TRM59800.80     DOME
antenna latitude (deg):        35.178375
antenna longitude (deg):      126.910237
antenna elevation (m):            71.626
antenna height (m):         0.0000
receiver ID number:         5302K41531
receiver type:              TRIMBLE NETR9
receiver firmware:          5.03
RINEX version:              2.11
RINEX translator:           teqc  2013Mar15
trans date & time:          2016-04-14 06:23:25.000
```

그림 9-4. teqc 메타데이터 보기 결과 예

RINEX파일 내에 위성별로 몇 개의 관측이 이루어졌는지는 아래와 같이 볼 수 있다. 'G'는 GPS위성, 'R'은 GLONASS위성, 'E'는 Galileo위성을 뜻한다. C1,C2,P2,C5는 코드, L1, L2,L5는 반송파데이터가 되겠고, 위성별로 송신하는 반송파 및 데이터가 다를 수 있으므로 아래와 같은 결과를 볼 수 있었다. 3600으로 나온 것은 3600초 즉, 1시간 동안 수신하였다는 것을 의미한다.

```
>> teqc -O.sum . KWNJ105f.16o
```

|  | C1 | L1 | C2 | P2 | L2 | C5 | L5 |
|---|---|---|---|---|---|---|---|
|  | ---- | ---- | ---- | ---- | ---- | ---- | ---- |
| G16 | 3600 | 3600 | 0 | 3600 | 3600 | 0 | 0 |
| G03 | 812 | 745 | 692 | 334 | 692 | 710 | 710 |
| G26 | 3600 | 3600 | 3600 | 3600 | 3600 | 3600 | 3600 |
| G22 | 2860 | 2799 | 0 | 2416 | 2416 | 0 | 0 |
| G29 | 3600 | 3600 | 3600 | 3600 | 3600 | 0 | 0 |
| G31 | 3600 | 3600 | 3600 | 3600 | 3600 | 0 | 0 |
| G25 | 280 | 246 | 246 | 222 | 246 | 246 | 246 |
| G14 | 3600 | 3577 | 0 | 3481 | 3481 | 0 | 0 |
| G32 | 3600 | 3599 | 3599 | 3599 | 3599 | 3599 | 3599 |
| G23 | 2476 | 2436 | 0 | 1803 | 1803 | 0 | 0 |
| G27 | 2911 | 2904 | 2901 | 2816 | 2901 | 2901 | 2901 |
| G21 | 812 | 778 | 0 | 526 | 526 | 0 | 0 |
| R05 | 3600 | 3600 | 3600 | 3600 | 3600 | 0 | 0 |
| R17 | 3600 | 3600 | 3600 | 3600 | 3600 | 0 | 0 |
| R24 | 3600 | 3600 | 3600 | 3600 | 3600 | 0 | 0 |
| R06 | 3600 | 3598 | 3598 | 3598 | 3598 | 0 | 0 |
| R04 | 3128 | 3122 | 3122 | 3122 | 3122 | 0 | 0 |
| R14 | 3600 | 3600 | 3600 | 3600 | 3600 | 0 | 0 |
| R15 | 3600 | 3600 | 3600 | 3600 | 3600 | 0 | 0 |
| R16 | 2628 | 2625 | 2155 | 1802 | 2137 | 0 | 0 |
| R18 | 1781 | 1776 | 1726 | 1647 | 1723 | 0 | 0 |
| E19 | 1198 | 1187 | 0 | 0 | 0 | 1179 | 1179 |
| E09 | 3600 | 3600 | 0 | 0 | 0 | 3600 | 3600 |
| E26 | 3600 | 3600 | 0 | 0 | 0 | 3600 | 3600 |

그림 9-5. teqc RINEX값 요약 보기 결과 예

## 품질 평가하기

RINEX파일 내에 위성별로 몇 개의 관측이 이루어졌는지는 아래와 같이 볼 수 있다. 관측파일(*.o)를 입력으로 넣으면 자동으로 위성 궤도파일(*.n)을 찾아서 분석해준다. 리포트 파일로 저장 시 확장자가 "*.S"이고, S는 'summary'의 약자이다.

```
>> teqc +qc KWNJ105f.16o
```

상기의 명령은 임계 고도각을 디폴트값인 10으로 설정하여 분석하지만, 임계 고도각(mask angle)을 아래와 같이 설정할 수도 있다.

```
>> teqc +qc -set_mask 20 KWNJ105f.16o
```

아래와 같이 수신기 정보, 수신시간, 수신된 위성 정보가 출력되고, 임계 고도각 보다 큰 관측값과 낮은 관측값의 개수 또한 보여주고 있다. MP는 멀티패스에 대한 값으로서, 단위는 m이며, 코드기반 의사거리(수도레인지)식과 반송파 위상식을 선형으로 결합하여 만들어낸 값이다. S1, S2, S5는 반송파 L1, L2, L5의 신호 잡음비(S/N)의 평균값(총 개수 n개)이다. 이 값이 높을수록 잡음 대비하여 신호상태가 좋다고 보면 되고, 2이하가 되면 신호가 아주 미약하다고 보면 된다. "No. of Rx clock offsets" 이후부터 "other msec mp events"은 수신기 시계의 품질과 관련된 부분이다. IOD는 전리층에 대한 내용이고 mp는 멀티패스에 대한 부분이다. 임계고도각 20도 이내에서 디폴트로 설정되어 있는 전리층과 멀티패스 임계값을 넘어서는 측정 횟수가 각각 77번, 76번이며, 임계고도각 이상에서는 그러한 관측값은 없는 것을 알 수 있다.

```
**********************
QC of RINEX  file(s) : KWNJ105f.16o
input RnxNAV file(s) : KWNJ105f.16n
                       KWNJ105f.16g
**********************

4-character ID          : KWNJ (# = 97002)
Receiver type           : TRIMBLE NETR9 (# = 5302K41531) (fw = 5.03)
Antenna type            : TRM59800.80     DOME (# = 0220114581)

Time of start of window : 2016 Apr 14  05:00:00.000
Time of  end  of window : 2016 Apr 14  05:59:59.000
Time line window length : 59.98 minute(s), ticked every 10.0 minute(s)
  antenna WGS 84 (xyz)  : -3134431.7066 4173069.0562 3654118.2297 (m)
  antenna WGS 84 (geo)  : N  35 deg 10' 42.49"  E 126 deg 54' 38.01"
  antenna WGS 84 (geo)  :   35.178471 deg   126.910560 deg
          WGS 84 height : 86.5732 m
|qc - header| position  :  34.6439 m
Observation interval    : 1.0000 seconds
Total satellites w/ obs : 24
NAVSTAR GPS SVs w/o OBS :  1   2   4   5   6   7   8   9  10  11  12  13
                          15  17  18  19  20  24  28  30
NAVSTAR GPS SVs w/o NAV :
    GLONASS SVs w/o OBS :  1   2   3   7   8   9  10  11  12  13  19  20
                          21  22  23
    GLONASS SVs w/o NAV :
    Galileo SVs w/o OBS :  1   2   3   4   5   6   7   8  10  11  12  13
                          14  15  16  17  18  20  21  22  23  24  25  27  28
                          29  30  31  32  33  34  35  36  37  38  39  40  41
                          42  43  44  45  46  47  48  49  50  51  52  53
    Galileo SVs w/o NAV : 19   9  26
```

```
Rx tracking capability  : 44 SVs
Poss. # of obs epochs   :   3600
Epochs w/ observations  :   3600
Epochs repeated         :      0  (0.00%)
Possible obs >   0.0 deg:  66844
Possible obs >  20.0 deg:  43165
Complete obs >  20.0 deg:  43158
 Deleted obs >  20.0 deg:      0
  Masked obs <  20.0 deg:      0
Obs w/ SV duplication   :      0  (within non-repeated epochs)
Moving average MP12     : 0.393796 m
Moving average MP21     : 0.330309 m
Moving average MP15     : 0.272468 m
Moving average MP51     : 0.314848 m
Points in MP moving avg : 50
Mean S1                 : 7.70 (sd=1.24 n=51555)
Mean S2                 : 6.97 (sd=2.19 n=43168)
Mean S5                 : 8.27 (sd=1.26 n=15728)
No. of Rx clock offsets : 0
Total Rx clock drift    :  0.000000 ms
Rate of Rx clock drift  :  0.000 ms/hr
Avg time between resets : Inf minute(s)
Freq no. and timecode   : 3 13248 000020
Report gap > than       : 10.00 minute(s)
epochs w/ msec clk slip : 0
other msec mp events    : 0 (: 104)   {expect ~= 1:50}
IOD signifying a slip   : >400.0 cm/minute
IOD slips <  20.0 deg*  :     77
IOD slips >  20.0 deg   :      0
IOD or MP slips <  20.0*:     76
IOD or MP slips >  20.0 :      0
```

그림 9-6. teqc사용하여 RINEX 품질 확인 결과 예

아래와 같이 '+plot'을 사용하면 에 위성 고도별, 방위각별 멀티패스, 신호잡음비 등을 그래프로 그려볼 수도 있다. 실행 결과로 고도각 '*.ele', 방위각 '*.azi', 멀티패스 '*.m', 신호잡음비 '*.sn'과 같은 파일로 데이터가 각각 저장되므로 매트랩이나 마이크로소프트 엑셀 등을 이용하여 그래프를 그릴 수 있다.

```
>> teqc +qc +plot KWNJ105f.16o
```

그림 9-7의 예는 한 위성에 대하여 고도각, 방위각 별로 멀티패스의 정도를 그려본 것이다. 고도각이 낮아질수록 멀티패스의 크기가 큰 것을 알 수 있다.

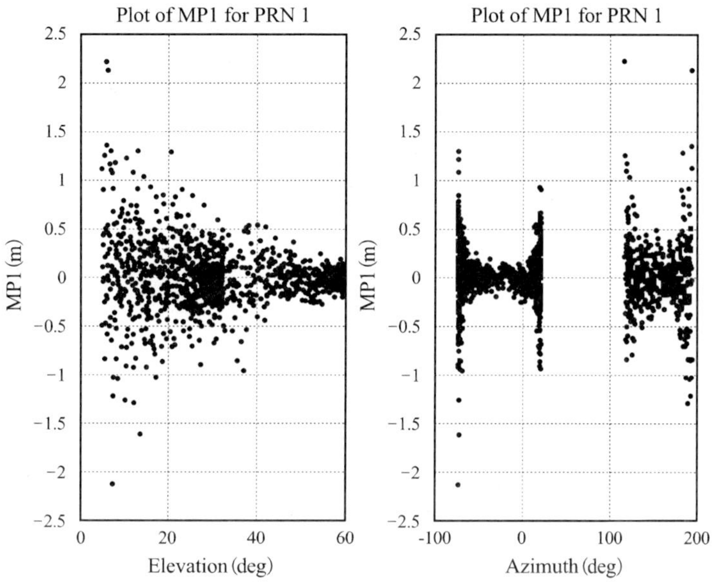


그림 9-7. TEQC의 결과를 이용한 고도각/방위각별 멀티패스 그래프

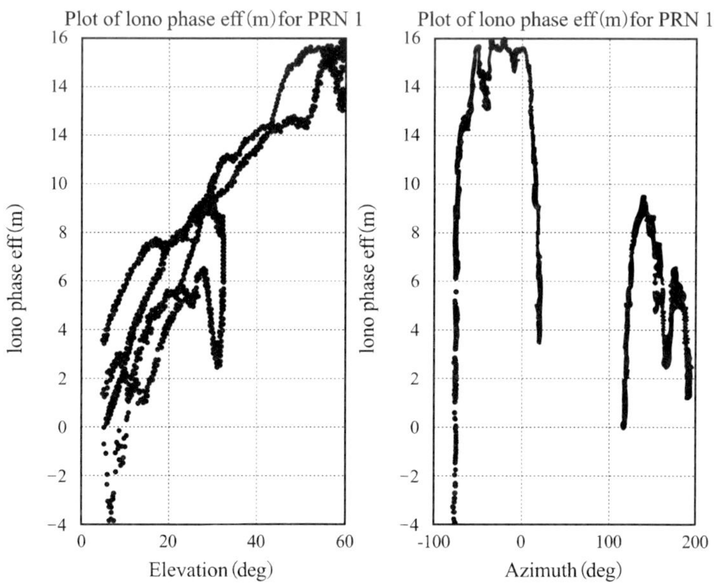


그림 9-8. TEQC의 결과를 이용한 고도각/방위각별 전리층 영향 그래프

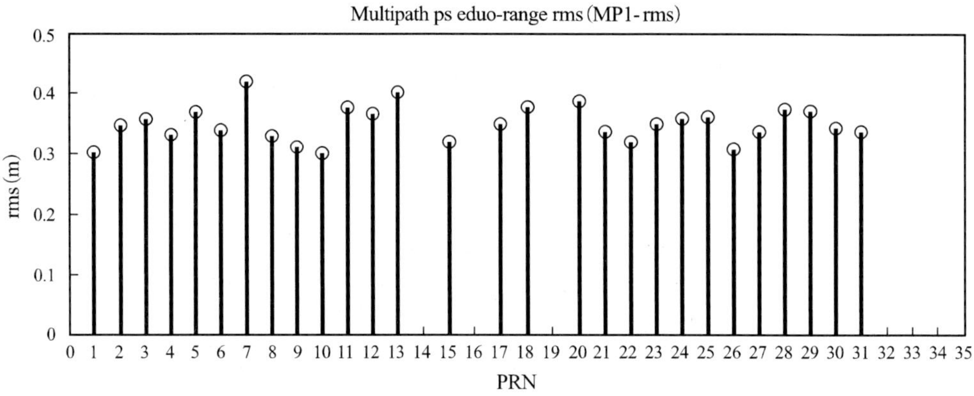


그림 9-9. TEQC의 결과를 이용한 위성별(PRN) 멀티패스 그래프

## RINEX 파일 붙이기(합치기)

아래와 같이 사용하게 되면 여러 RINEX파일들이 하나의 파일로 합쳐지게 된다. 특히 국토지리정보원 상시관측소에서 제공하는 RINEX파일의 경우 데이터가 1시간 간격으로 파일을 잘라져 있으므로 이 명령어를 이용하면 합쳐진 파일을 만들어 활용할 수가 있다. 아래 예는 KWNJ105f.16o KWNJ105g.16o 두 개의 파일을 outputname.16o 하나로 붙이는 작업이다. 세 개 이상의 데이터도 가능하므로 필요에 따라 사용하면 된다.

또한 내비게이션 파일(*.n)파일도 동일하게 합칠 수 있다.

```
>> teqc KWNJ105f.16o KWNJ105g.16o > outputname.16o
```

## RINEX 파일 시간 샘플링

아래 예는 1초짜리 간격의 데이터를 30초 간격으로 리샘플링하는 명령어이다.

```
>> teqc -O.dec 30 KWNJ105f.16o > outputname.16o
```

## 하루짜리 RINEX 파일 만들기

1시간짜리 RINEX데이터를 모아서 하루 동안 수신된 것과 같은 파일로 만들 수 있다.

```
>> teqc +obs + +nav +,+ -tbin 1d outputname KWNJ105*.16o
```

그림 9-10은 KWNJ로 시작하는 파일을 모두 모아 하루 데이터('1d')로 만드는 예이다. 결과로 104에 해당하는 데이터를 모두 모아 "kwnj1040.16o"파일을 만들고 105에 해당하는 데이터를 모두 모아 "kwnj1050.16o"이 만들어졌다. 또한 내비게이션 파일(*.n)파일도 동일하게 합칠 수 있다.

```
D:₩Temp>teqc +obs + +nav +,+ -tbin 1d kwnj KWNJ*.16o
teqc:  creating file 'kwnj1040.16o' ...
! Notice ! splicing RINEX files
! Notice ! splicing RINEX files
! Notice ! splicing RINEX files
! Notice ! splicing RINEX files
! Notice ! splicing RINEX files
! Notice ! splicing RINEX files
! Notice ! splicing RINEX files
teqc:  creating file 'kwnj1050.16o' ...
! Notice ! splicing RINEX files
! Notice ! splicing RINEX files
! Notice ! splicing RINEX files
! Notice ! splicing RINEX files
! Notice ! splicing RINEX files
! Notice ! splicing RINEX files
! Notice ! splicing RINEX files
! Notice ! splicing RINEX files
! Notice ! splicing RINEX files
! Notice ! splicing RINEX files
! Notice ! splicing RINEX files
! Notice ! splicing RINEX files
! Notice ! splicing RINEX files
! Notice ! splicing RINEX files
! Notice ! splicing RINEX files
! Notice ! splicing RINEX files
```

그림 9-10. RINEX파일 합쳐서 하루짜리 RINEX 만들기 예

## 바. gLAB 프로그램 활용

gLAB은 유럽 우주청 ESA(European Space Agency)에서 지원하고, 카탈루나 대학 Universitat Politecnica de Catalunya(UPC)의 연구 그룹인 gAGE(group of Astronomy and Geomatics)에서 교육용으로 개발한 소프트웨어이다.

gLAB 사이트[23]에 접속하여 "gLAB - Download"을 선택한다. 윈도우즈를 사용하는 경우 우측의 "Installable with Cygwin for Windows"의 항목들 중에 최신버전을 선택하여 다운받고 설치한다.

23) http://www.gage.upc.edu/gLAB

실습을 위해 해당 사이트에서 제공하는 데이터를 사용해도 되지만 여기서는 국토지리정보원 사이트에서 데이터를 다운로드하여 사용해보자. 국토지리정보원의 국토정보플랫폼 사이트(http://map.ngii.go.kr)에 접속하여 국토정보/GNSS측량 메뉴에서 GNSS데이터 제공을 선택하면 된다.

관심있는 상시관측소를 선택하고 다운받고자하는 날짜 및 시간대를 선택하면 Rinex 파일을 다운받을 수 있다.

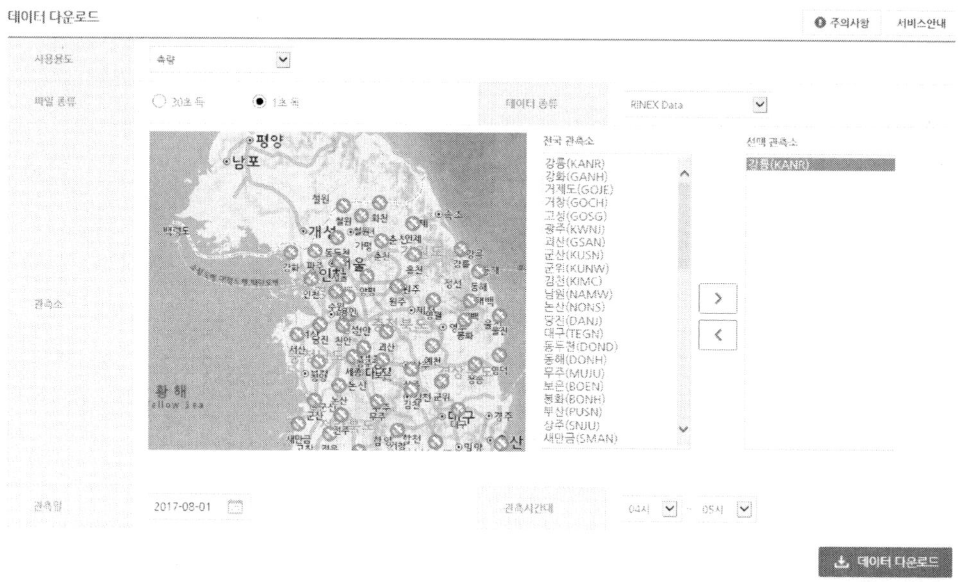


그림 9-11. 국토지리정보원 위성 기준점 RINEX 파일 다운로드

## 코드 기반 단독 측위 (Standard Point Positioning)

첫 번째 실습에서는 위성으로부터 수신된 C/A코드와 위성궤도 정보를 이용하여 수신기의 위치를 결정 즉 SPP(Standard Point Positioning)을 진행해본다. 프로그램을 실행 후 그림의 1~4까지의 순서를 따라 설정을 진행한다. 버튼 2번의 SPP는 Standard Point Positioning의 약자로서 C/A코드와 수신된 위성궤도정보만을 이용하여 위치를 결정하는 방법이다. 최종적으로 10에 해당하는 RUN버튼을 누르면 실행된다. 하지만 보다 상세한 처리방법을 선택하기 위해서는 5~9까지를 직접 설정할 수도 있다. 예를 들어, 6번에서 임계각을 설정할 수 있고, 8번에서 전리층 보정을 해주지 않으면 오차크기가 커질 것이다. 시험 삼아 전리층, 대류층 보정을 한 것과 하지 않은 것을 처리해보고 그 영향을 비교해보는 것도 좋다.

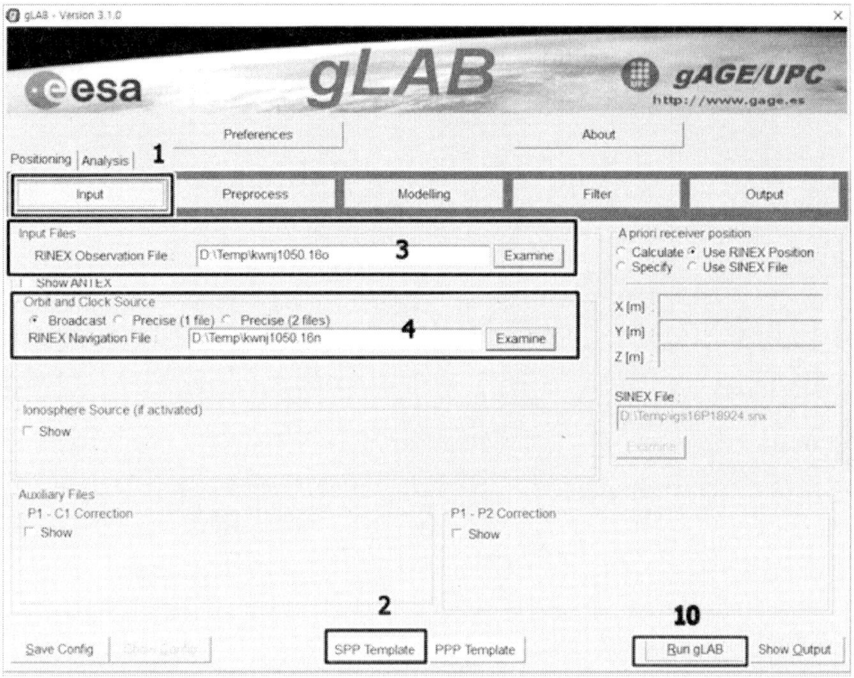
gLAB - Version 3.1.0
esa
gLAB
gAGE/UPC
http://www.gage.es
Preferences
About
Positioning
Analysis
1
Input
Preprocess
Modelling
Filter
Output
Input Files
RINEX Observation File
D:\Temp\kwnj1050.18o
3
Examine
Show ANTEX
Orbit and Clock Source
Broadcast
Precise (1 file)
Precise (2 files)
RINEX Navigation File
D:\Temp\kwnj1050.18n
4
Examine
A priori receiver position
Calculate
Use RINEX Position
Specify
Use SINEX File
X [m]
Y [m]
Z [m]
SINEX File
Ionosphere Source (if activated)
Show
Auxiliary Files
P1 - C1 Correction
Show
P1 - P2 Correction
Show
2
10
Save Config
SPP Template
PPP Template
Run gLAB
Show Output

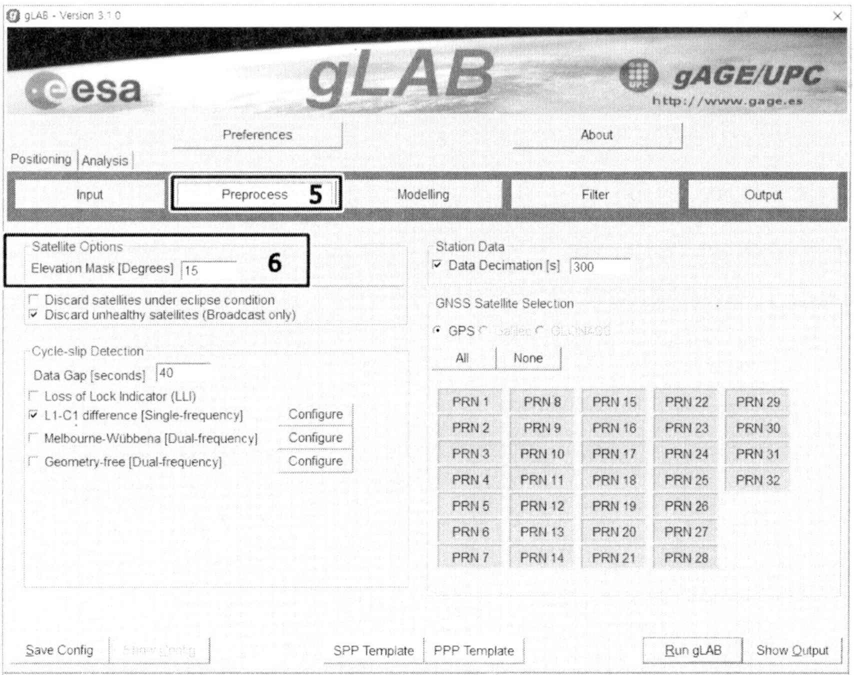
gLAB - Version 3.1.0
esa
gLAB
gAGE/UPC
http://www.gage.es
Preferences
About
Positioning
Analysis
Input
Preprocess
5
Modelling
Filter
Output
Satellite Options
Elevation Mask [Degrees]
15
6
Discard satellites under eclipse condition
Discard unhealthy satellites (Broadcast only)
Cycle-slip Detection
Data Gap [seconds]
40
Loss of Lock Indicator (LLI)
L1-C1 difference [Single-frequency]
Melbourne-Wübbena [Dual-frequency]
Geometry-free [Dual-frequency]
Configure
Station Data
Data Decimation [s]
300
GNSS Satellite Selection
GPS
All
None
PRN 1 PRN 8 PRN 15 PRN 22 PRN 29
PRN 2 PRN 9 PRN 16 PRN 23 PRN 30
PRN 3 PRN 10 PRN 17 PRN 24 PRN 31
PRN 4 PRN 11 PRN 18 PRN 25 PRN 32
PRN 5 PRN 12 PRN 19 PRN 26
PRN 6 PRN 13 PRN 20 PRN 27
PRN 7 PRN 14 PRN 21 PRN 28
Save Config
SPP Template
PPP Template
Run gLAB
Show Output

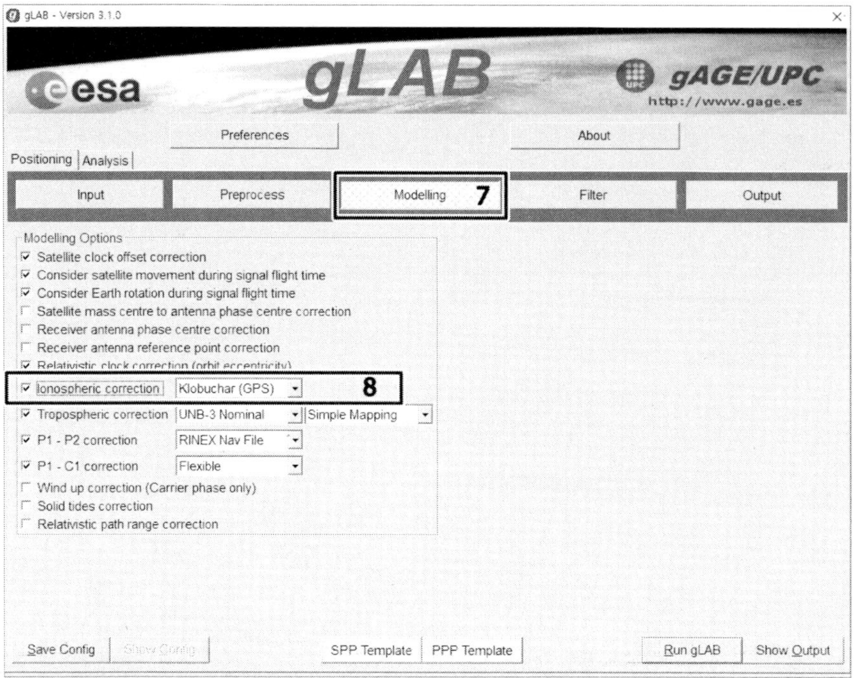
gLAB - Version 3.1.0
esa
gLAB
gAGE/UPC
http://www.gage.es
Preferences
About
Positioning
Analysis
Input
Preprocess
Modelling
7
Filter
Output
Modelling Options
Satellite clock offset correction
Consider satellite movement during signal flight time
Consider Earth rotation during signal flight time
Satellite mass centre to antenna phase centre correction
Receiver antenna phase centre correction
Receiver antenna reference point correction
Relativistic clock correction (orbit eccentricity)
Ionospheric correction
Klobuchar (GPS)
8
Tropospheric correction
UNB-3 Nominal
Simple Mapping
P1 - P2 correction
RINEX Nav File
P1 - C1 correction
Flexible
Wind up correction (Carrier phase only)
Solid tides correction
Relativistic path range correction
Save Config
SPP Template
PPP Template
Run gLAB
Show Output

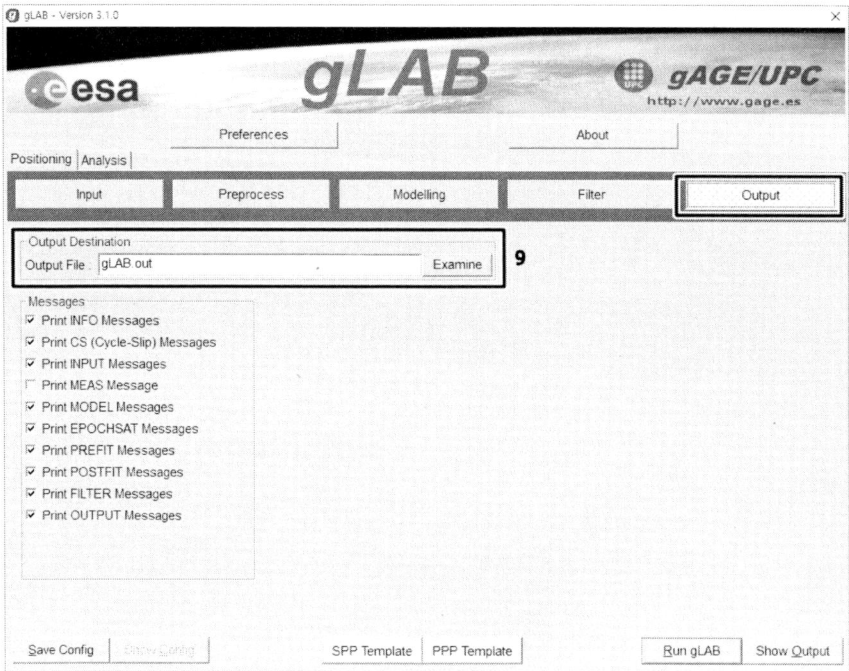
gLAB - Version 3.1.0
esa
gLAB
gAGE/UPC
http://www.gage.es
Preferences
About
Positioning
Analysis
Input
Preprocess
Modelling
Filter
Output
Output Destination
Output File
gLAB.out
Examine
9
Messages
Print INFO Messages
Print CS (Cycle-Slip) Messages
Print INPUT Messages
Print MEAS Message
Print MODEL Messages
Print EPOCHSAT Messages
Print PREFIT Messages
Print POSTFIT Messages
Print FILTER Messages
Print OUTPUT Messages
Save Config
SPP Template
PPP Template
Run gLAB
Show Output

그림 9-12와 같이 11~13의 버튼을 활용하여 SPP 처리 결과 위치결정 오차값 그래프를 확인할 수 있으며, 추가적으로 다른 버튼을 활용하여 해당 값들의 그래프를 그려볼 수 있다. 그림 9-13은 각각 수신 시간에 따른 위치오차, DOP, 전리층 지연값(코드와 반송파에 대해 반대방향으로 영향 주는 것을 그래프에서 볼 수 있다), 멀티패스 등의 패턴을 보여주고 있다.

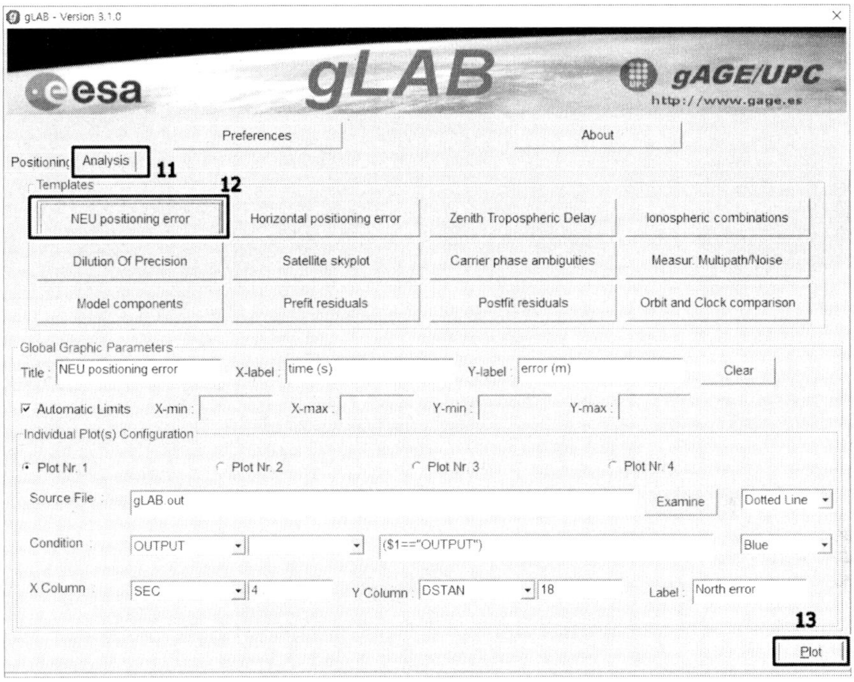

그림 9-12. gLAB을 통한 SPP 처리 결과의 분석

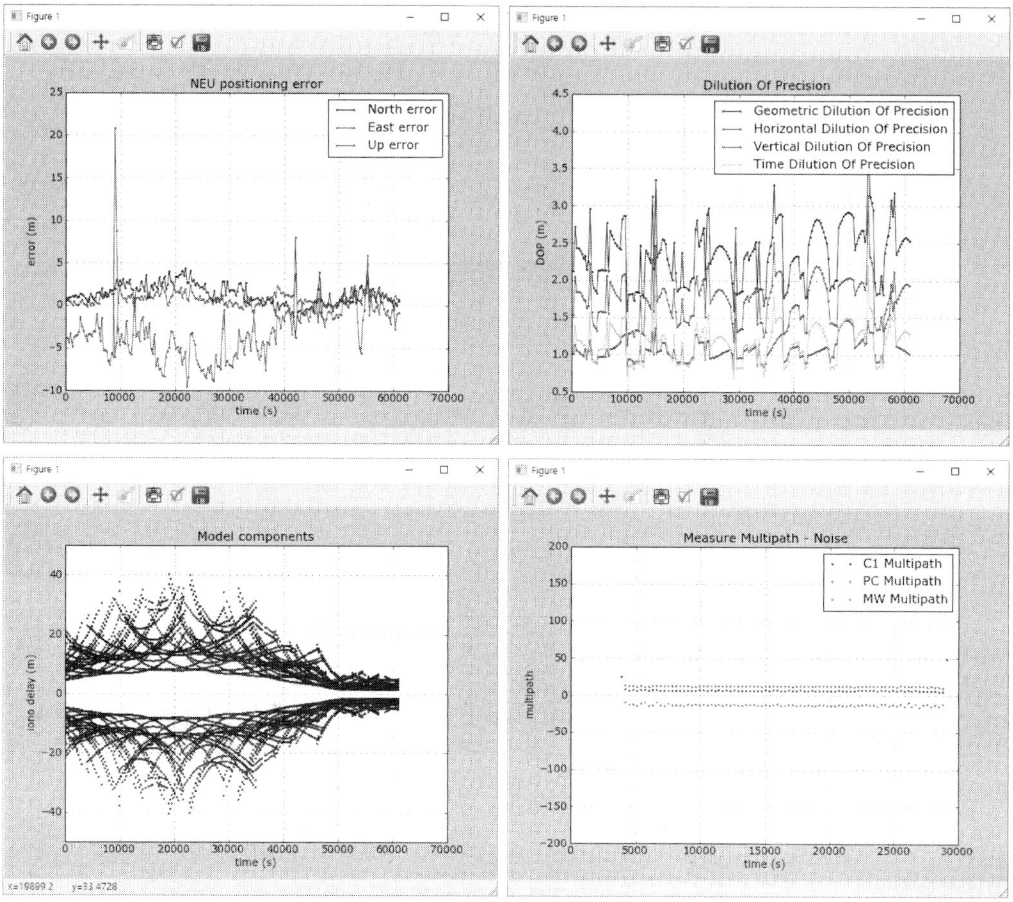


그림 9-13. gLAB을 통한 SPP 처리 결과 그래프

## 단독 정지 측량(Precise Point Positioning)

정밀 측위를 위해서는 정밀 궤도 및 시계 정보(5장 다 참고)를 필요로 한다. 확장자는 ".sp3"이다. 5장의 위성위치 및 시계에 대한 부분을 참고하여 IGS에서 제공하는 해당날짜에 대한 데이터를 다운받도록 한다.

ANTEX[24]는 IGS(International GNSS Service)의 안테나 교환 포맷(ANTEX: The Antenna Exchange Format)을 의미한다. 즉, GPS 등의 위성의 안테나의 정확한 위치에 대한 정보를 의미한다고 이해하면 되겠다. NASA JPL 등의 다운로드 사이트[25]에 접속하여 가장 최근 올려진 파일을 다운로드 받으면 되겠다.

24) http://www.igs.org/assets/txt/antex14.txt
25) ftp://igscb.jpl.nasa.gov/pub/station/general/

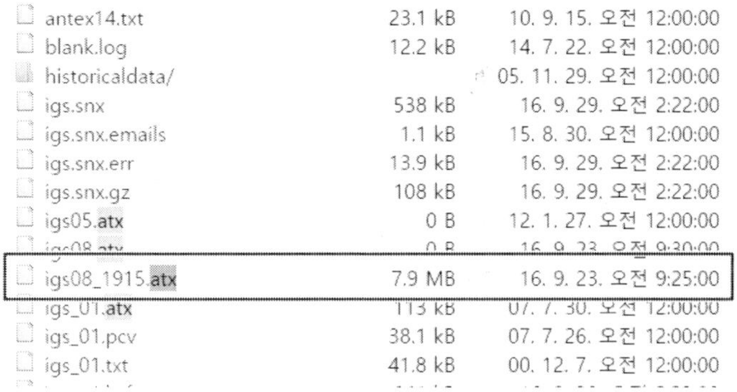

그림 9-14. NASA사이트에서 ANTEX 파일 다운로드

그림 9-15의 버튼1과 같이 이번에는 PPP(Precise Point Positioning)버튼을 선택한다. 표시한 것과 같이 RINEX파일을 선택하고 앞서 IGS에서 다운로드 받은 ANTEX 및 위성위치 및 시계 데이터를 선택해주어 처리한다. 그림 9-16에서는 전리층 모델링 부분을 해제하여 2 주파수로 Iono-free를 진행하여 전리층을 제거한 후 위치 계산을 하도록 하였다. 이 경우 따로 IGS에서 전리층 모델을 다운받아 활용하지 않아도 된다.

처리가 완료되면 SPP에서 설명했던 그림 9-12를 통해 오차 그래프 등을 확인하면 된다.

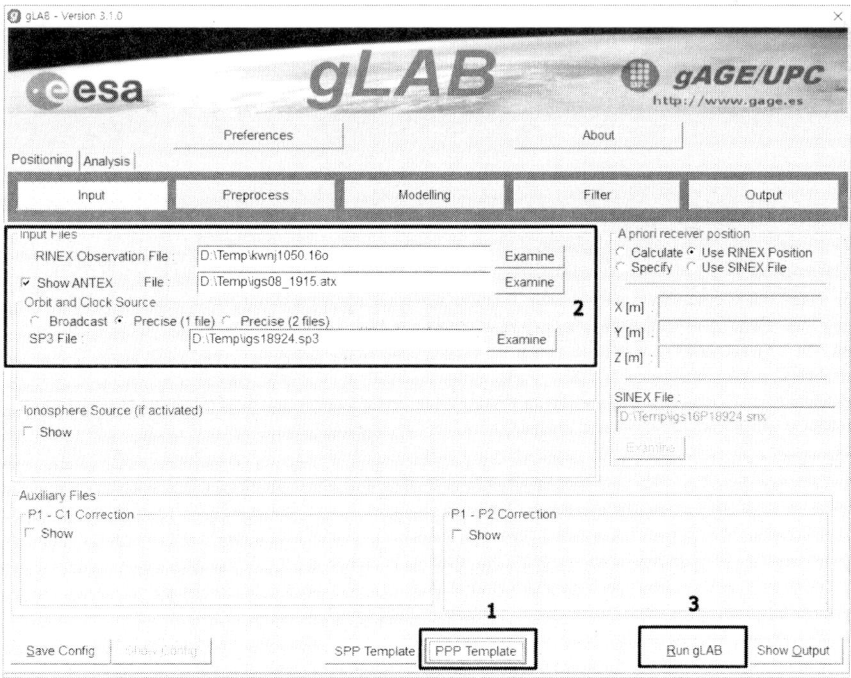

그림 9-15. gLAB을 통한 PPP 처리

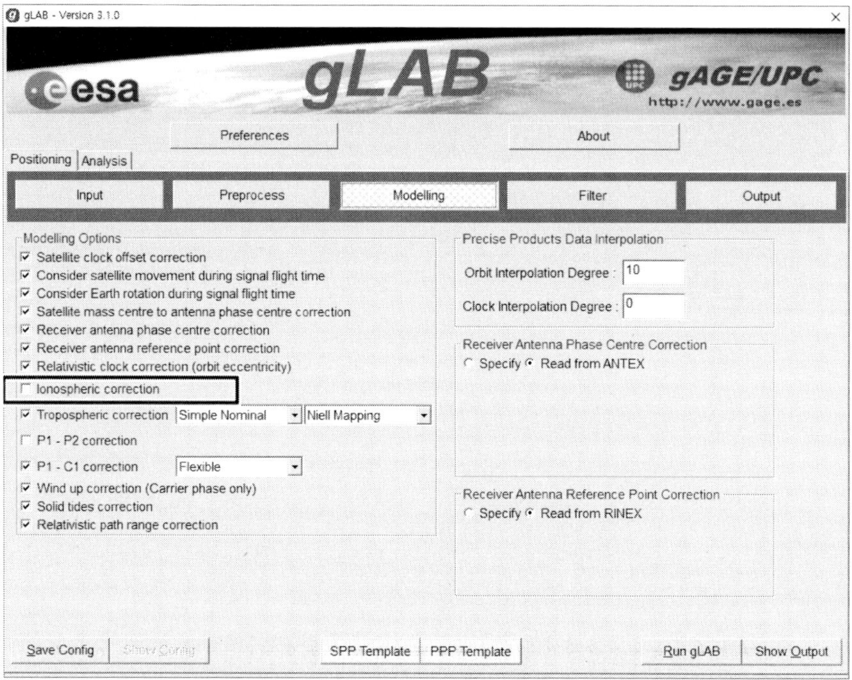


그림 9-16. 전리층의 경우 보정을 해제함으로서 Iono-free 방식으로 처리

## 사. GPS 관련 유용한 사이트

### 국내 GPS측량 관련 사이트

국토지리정보원 GNSS 공식 사이트 :

http://map.ngii.go.kr/ms/svcIntrcn/gnss/baseInfo.do

국토지리정보원 통합 기준점 서비스 :

http://map.ngii.go.kr/ms/mesrInfo/geoidIntro.do

국토지리정보원 수직기준 변환 : http://www.ngii.go.kr/geoid

서울특별시 Network RTK 사이트 : http://gnss.seoul.go.kr

한국천문연구원 우주측지그룹 : http://www.spacegeodesy.re.kr/

국립해양측위정보원 : http://www.ndgps.go.kr/

## 각국 GNSS 시스템 관련 사이트

미국 국방부 GPS 공식 사이트 : http://www.gps.gov

GLONASS 공식 사이트 : http://www.glonass-iac.ru/en/

EU 갈릴레오 사이트 : https://www.gsc-europa.eu/

중국 Beidou 사이트 : http://en.beidou.gov.cn/

일본 QZSS 사이트 : http://qzss.go.jp/en/

인도 IRNSS 사이트 : http://www.isro.gov.in/irnss-programme

미국 NGS 상시관측소 서비스(CORS) : https://www.ngs.noaa.gov/CORS/

미국 NGS 온라인 데이터 처리 서비스 : https://www.ngs.noaa.gov/OPUS/

NASA 전리층 정보 사이트 : http://iono.jpl.nasa.gov/latest_rti_global.html

NASA 세계 DGPS(GDGPS) 사이트 : http://www.gdgps.net/

영국 Ordnance Survey OS Net :
https://www.ordnancesurvey.co.uk/business-and-government/products/os-net/

## 민간 기구, 학회, 학교 등

IGS(International GNSS Service) 사이트 : www.igs.org

IGS ftp : http://kb.igs.org/hc/en-us/articles/202054393-IGS-FTP-Sites

CDDIS Global Data Center, Godard Space Flight Center, USA :
ftp://cddis.gsfc.nasa.gov/

SOPAC Global Data Center, Scripps Institute of Oceanography, USA :
ftp://garner.ucsd.edu/

IGN Global Data Center, Institut Geographique National, France :
ftp://igs.ensg.ign.fr/

KASI Global Data Center, Korean Astronomy and Space Center, S. Korea :
ftp://nfs.kasi.re.kr/

GPS World 매거진 : www.gpsworld.com

Inside GNSS 매거진 : http://www.insidegnss.com/

ION(Institute of Navigation) 사이트 : www.ion.org

ESA의 관련 참고 사이트 : http://www.navipedia.net/

MIT : http://www-gpsg.mit.edu/~tah/12.540/

University of New Brunswick : http://gaps.gge.unb.ca/

캐나다 캘거리 PLAN lab : http://plan.geomatics.ucalgary.ca/

서울대학교 GNSS연구실 : http://gps.snu.ac.kr/

Technical University of Catalonia gAGE그룹 : http://www.gage.upc.edu/

스탠포드 GPS lab : http://waas.stanford.edu/

카이스트 GNSS lab : http://gnss.kaist.ac.kr/

## GNSS 관련 하드웨어/소프트웨어

트림블 : http://www.trimble.com/

Bernese GNSS Software : http://www.bernese.unibe.ch/

GAMIT/GLOBK : http://www-gpsg.mit.edu/~simon/gtgk/

GIPSY-OASIS : https://gipsy-oasis.jpl.nasa.gov/

UNAVCO : https://www.unavco.org/software/data-processing/teqc/teqc.html

GPS관련 오픈소스 라이브러리 (GPSTk 프로젝트) : http://www.gpstk.org/

GPS관련 오픈소스 라이브러리 (RTKLIB) : http://www.rtklib.com/

GPS관련 오픈소스 라이브러리 (goGPS 프로젝트) : http://www.gogps-project.org/

RTCM 포맷 : http://www.rtcm.org/

ESA에서 개발한 gLAB툴 : http://www.gage.upc.edu/gLAB

GPS 수신기 제작업체 리스트 : http://gauss.gge.unb.ca/manufact.htm

## 기타 사이트

위성 궤도 모니터링 사이트 : http://www.n2yo.com/

## 아. 통합기준점측량 작업규정 [국토지리정보원 2019 개정]

### 통합기준점측량 작업규정

[시행 2019. 1. 4.] [국토지리정보원고시 제2019-51호, 2019. 1. 4., 일부개정.]

국토지리정보원(국토측량과) 031-210-2654

#### 제1장 총칙

**제1조(목적)** 이 작업규정은 「공간정보의 구축 및 관리에 관한 법률」(이하 "법"이라 한다) 제12조제3항 및 같은 법 시행규칙 제8조에 따라 기본측량 중 통합기준점측량에 관한 세부적인 방법과 절차를 정하여 측량성과의 정확도 확보를 목적으로 한다.

**제2조(용어정의)** 이 작업규정에서 사용하는 용어의 정의는 다음 각 호와 같다.

1. "통합기준점측량"이란 통합기준점망을 기초로 당해 통합기준점에 대하여 지리학적 경위도, 직각좌표, 높이 및 중력값을 정하기 위하여 실시하는 측량을 말한다.
2. "통합기준점망"이란 전국의 위성기준점과 일정한 밀도로 설치되어 있는 통합기준점에 의한 각 단위다각형으로 구성되는 망을 말한다.
3. "GNSS측량"이란 GNSS측량기기를 사용하여 GNSS위성으로부터 전파를 수신하여 통합기준점에 대한 지리학적 경위도 및 직각좌표를 결정하는 측량을 말한다.
4. "수준측량"이란 레벨과 표척을 사용하여 통합기준점에 대한 높이를 결정하는 측량을 말한다.
5. "중력측량"이란 중력측정기기를 사용하여 통합기준점에 대한 중력값을 결정하는 측량을 말한다.
6. "선점"이란 통합기준점 설치에 필요한 조건 및 배점밀도를 고려하여 배점계획도를 작성하고, 현장에서 배점계획도에 의거하여 통합기준점의 위치를 선정하는 작업을 말한다.
7. "매설"이란 통합기준점 표지를 매설표준도에 의거하여 현장에 설치하는 작업을 말한다.
8. "관측"이란 GNSS측량, 수준측량, 중력측량 시 각각의 측량・측정기기를 사용하여 성과계산에 필요한 데이터를 취득하는 측량작업을 말한다.
9. "계산"이란 관측된 데이터를 계산식 및 프로그램을 이용하여 측량성과를 산출하는 전 과정을 말한다.
10. "정리"란 계산된 측량성과 및 측량기록을 일정한 양식으로 작성하는 과정을 말한다.

**제3조(위치의 표시)** 통합기준점의 최종적인 위치는 법 제6조제1항에 따라 경위도 및 높이 등

으로 표시한다.

**제4조(통합기준점의 번호)** 통합기준점의 번호는 다섯자리(영문U · 아라비아숫자와 영문U · 1/5만 도엽명 · 아라비아숫자)로 구성되며, 북→남, 서→동의 순서로 번호를 부여한다. 다만, 새로운 도엽지역에 부분적으로 설치하는 경우 아라비아숫자는 1/5천 도엽번호를 준용한다.

**제5조(다른 규정의 준용)** 이 작업규정에서 규정한 경우를 제외하고는 통합기준점측량에서의 GNSS측량 · 수준측량 · 중력측량은 삼각점측량작업규정 · 수준측량작업규정 · 지구물리측량작업규정(국토지리정보원 고시)의 GPS측량 · 1등수준측량 · 상대중력측량을 준용한다.

**제6조(정확도)** GNSS측량의 정확도는 수평거리에서 5mm+1.0ppm×기선장 이내, 수직거리에서 10mm+2.0ppm×기선장 이내로 한다.

## 제2장 작업계획

**제7조(계획준비)** 측량작업자는 작업착수에 앞서 다음 각 호와 같이 작업계획을 작성하고 이에 필요한 작업준비를 하여야 한다.

1. 위성기준점, 통합기준점 및 수준점 등을 고려하여 배점계획도를 작성하고, GNSS위성의 최신 운항정보를 고려하여 작업기간 · 작업반편성 · 작업계획공정 등을 결정한다.
2. 작업에 사용하는 측량성과 · 측량기기 · 소모품 등을 준비한다.
3. 각 측량기기는 성능검사를 받은 기기를 사용하고 관측 시작 전과 후에 정비 · 점검 및 기능을 확인한다.

**제8조(배점계획도의 작성)** 배점밀도는 다음과 같이 배점계획을 수립하여 작성하여야 한다.

① 배점계획도는 축척 1/5만 지형도를 사용하여 주변의 국가기준점(위성기준점, 통합기준점 및 수준점 등) 배점밀도를 확인하고 작성한다.

② 통합기준점의 점간 거리는 2~5km로 하되 최대 10km 이내로 한다.

③ 배점계획도에서의 단위다각형은 최소한 통합기준점 3점 이상으로 구성한다.

④ 기지점으로 사용하는 위성기준점 및 통합기준점은 작업지역 내에 배치된 3점 이상으로 하고, 작업지역과 가장 가까운 위치에 있는 위성기준점 및 통합기준점과 결합하는 것을 원칙으로 한다.

## 제3장 선점

**제9조(작업방법의 결정 등)** ① 배점계획도에 의거 지반의 견고성 및 지형의 변형 예상 · 전파장해 유무 · 식생과 기타 현지 상황을 조사하여 가장 적합한 작업방법과 측량표지 매설위

치 등을 확인・결정하여야 한다.

② 통합기준점표지 매설위치는 국가 또는 지방자치단체 소유의 토지로서 공공기관・학교・공원 등의 영구보존 및 유지관리가 용이한 부지내의 지반이 견고하고 이용이 용이한 장소를 선정하여야 한다.

③ 통합기준점 근처에 전파발신기지 등이 있어 전파 장해가 예측되는 경우 GNSS측량기기를 사용한 사전데이터 수집 등으로 관측 가능 여부를 확인하여야 한다.

④ GNSS안테나의 설치예정 장소는 고도각 15°이상의 상공시계를 확보할 수 있는 장소이어야 한다.

⑤ 방위표 선점시 통합기준점과 방위표까지의 거리는 500m이상을 표준으로 한다. 단, 주변 여건상 500m이상으로 선점이 불가능할 경우에는 최대한 거리가 먼 장소에 선점하고 그 사유를 기록하여야 한다.

**제10조(기지점의 현황조사)** 통합기준점 측량을 실시하기 전에 배점계획도에 따라 기지점으로 사용할 위성기준점 및 통합기준점에 대한 현황조사를 반드시 실시하여야 한다.

**제11조(선점도의 작성)** 선점도는 다음과 같이 작성하여야 한다.

1. 선점도의 작성은 배점계획도에 의거 현지답사를 통하여 실시
2. 선점도는 축척 1/5만 지형도 사용을 표준

**제12조(관측망도 등의 작성)** 관측망도 등은 다음과 같이 작성하여야 한다. ① 선점도에 따라 관측망도를 작성하고, 관측망도를 토대로 GNSS관측의 실시계획을 포함한 세부관측망도를 작성한다.

② 세부관측망도는 다음 각 호와 같은 방법으로 작성한다.

1. 단위다각형, 위성기준점 및 기선해석의 실시범위 표기
2. 위성기준점 및 통합기준점의 점 번호 및 명칭 등 표기
3. 수준점의 위치 및 점 번호 표기
4. 절대중력점의 위치 및 명칭 표기
5. 관측망도의 방위표 표기
6. 관측망도는 축척 1/5만 지형도 사용을 표준

③ 세부관측망도를 변경하고자 할 때에는 그 사유를 기록하여야 한다.

## 제4장 측량표지

**제13조(부지사용의 승낙)** 통합기준점 및 방위표를 설치하고자 할 때에는 미리 사용하고자 하는 부지의 소유자 또는 관리자의 승낙을 받아야 한다.

**제14조(영구표지의 매설)** 통합기준점과 관련된 영구표지는 다음과 같이 매설하여야 한다.

① 통합기준점 및 방위표를 매설할 때에는 설치과정 및 설치작업 전·후의 사진을 촬영한다.

② 매설은 매설표준도에 따라 견고하게 설치한다.

③ 매설을 실시할 때에는 터파기 전후, 기초 잡석 포설, 기초콘크리트타설 등의 작업과정별 설치사진을 촬영하여 별도의 서식으로 작성하고, 설치 후 표지 주위가 명확히 나타나도록 원경사진을 촬영한다.

④ 매설을 실시할 때에는 다음 사항을 유의한다.

1. 매설표준도를 참조하여 표지는 상면이 수평이 되도록 매설〈별표 1참조〉
2. 매설 작업 중 통행의 방해 또는 위험과 주변 지하매설물 등에 손상이 가지 않도록 충분한 주의와 매설 후 주변을 원상태로 복구
3. 통합기준점의 유지관리를 위하여 보호표지판 설치(통행의 방해 또는 위험한 장소 제외)
4. 방위표는 위성측위에 지장이 없고, 통합기준점 표지와 시통이 가능하며, 향후 지형변화가 발생되지 않을 것으로 예상되는 장소의 콘크리트구조물 또는 견고한 암반 등에 설치〈별표 2참조〉

⑤ 측량표지 매설을 완료한 후 지반침하 등 표지의 이동량을 점검·확인할 수 있도록 주변에 2개 이상의 보조수준점을 설치한다.

## 제5장 관측

**제15조(관측단위 등)** 관측 또는 기계고를 측정하는 경우의 관측단위 및 자릿수는 다음과 같다.

| 구 분 | 단 위 | 자릿수 | 비고 |
|---|---|---|---|
| GNSS측량 | DMS(도분초) | 00° 00′ 0.00001″ | 기선해석결과 |
| | m | 0.0001 | |
| | m | 0.001 | 안테나 높이 |
| 수준측량 | m | 0.0001 | |
| 중력측량 | mgal | 0.001 | |

**제16조(장비의 성능)** ① 통합기준점측량에 사용하는 GNSS측량기기·레벨 등 관측 장비는 법 제92조제1항에 따라 성능검사를 받아야 한다.

② GNSS측량기기의 경우 최신 버전의 정밀 GNSS관측데이터 처리 소프트웨어로 처리가 가능한 수신기 및 안테나를 사용하며, 안테나의 경우에는 국제적으로 공인된 안테나 캘리브레이션 값을 가진 것을 사용하여야 한다.

**제17조(GNSS관측)** 통합기준점에 대한 GNSS관측은 다음과 같이 실시하여야 한다.

① GNSS관측은 관측망도 및 관측계획에 따라 실시한다.

② GNSS위성의 최신 운행정보・위성배치 및 사용하는 위성기준점의 운용 상황을 수집・확인하는 등 적정한 관측조건을 갖춘 상태에서 관측을 실시한다.

③ 사용하고자 하는 위성기준점의 가동상황을 관측전후에 확인한다.

④ 통합기준점의 지반침하 등을 고려하여 설치완료 10일이 경과한 후 침하량을 파악하여 지반침하가 없는 경우에 관측을 실시한다.

⑤ 장비의 이상 유무 등을 관측 전에 확인하고, 필요시 관측 중에도 수시로 확인한다.

⑥ GNSS관측은 정적간섭측위방식으로 실시한다.

⑦ GNSS측량기기를 설치할 때에는 GNSS안테나 등의 기계적 중심이 통합기준점의 수평면에서의 중심과 동일 연직선상에 위치하도록 치심에 세심한 주의를 기울이고, 이때 정준대를 설치하는 개소는 수평이 되게 하고 관측 전과 관측 후에 치심상황을 점검한다.

⑧ GNSS안테나의 높이는 강권척을 사용하여 통합기준점 표지의 중심에서 안테나 참조점(ARP)까지 연직방향으로 정확한 값이 되도록 관측 전과 관측 후에 각각 3회 측정하고 당해 측정값을 확인할 수 있도록 사진을 촬영한다.

⑨ 통합기준점 GNSS관측은 단위다각형마다 또는 통합기준점마다 실시하고 관측시간 등은 다음을 표준으로 한다.

| 구분 | | 비고 |
|---|---|---|
| 연속관측시간 | 8시간 | KST기준으로 09시 이후 관측을 시작하고<br>익일 09시 이전에 관측을 종료 |
| 세션수 | 1 | |
| 데이터 취득간격 | 30초 | |

⑩ GNSS관측에 사용하는 GNSS위성은 다음 각 호와 같은 조건으로 한다.

1. 고도각 15도 이상의 GNSS위성 사용
2. 작동상태(health status)가 정상인 GNSS위성 사용
3. 4개 이상의 위성을 동시에 사용

⑪ GNSS관측데이터는 기록매체에 저장하고, 다른 기록매체에 1부를 별도 작성한다.

⑫ GNSS관측시의 안테나 높이나 기타 필요하다고 인정되는 사항을 GNSS관측기록부에 기록한다.

⑬ GNSS관측 시 조정기를 사용하여 관측점에 대한 입력정보가 원시데이터에 기록되도록 하고, GNSS관측 사진을 촬영한다.

⑭ 방위표를 설치하기 위한 GNSS관측은 제1항부터 제9항까지의 규정을 준용하여 해당 통

합기준점과 동시 관측한다. 다만, 연속관측시간은 2시간으로 한다.

⑮ 모든 GNSS관측데이터는 RINEX포맷으로 변환(이하"관측RINEX데이터"라 한다)하여 전산기록매체에 저장한다.

## 제6장 계산

**제18조(계산)** 통합기준점의 GNSS관측 성과 계산은 다음과 같이 실시하여야 한다.

① 통합기준점 등의 수평위치·높이 등 이에 관련하는 제반요소의 산출은 통합기준점 GNSS측량 계산식(별표 3)에 따라 계산한다.

② 계산에 사용하는 전자계산기 등의 프로그램은 상세확인을 실시하여 정확성을 판단한다.

**제19조(점검계산)** 통합기준점 관측 후 신속하게 다음과 같이 점검계산을 실시하며, 허용오차 범위를 초과하는 경우 재관측을 하여야 한다. ① 통합기준점 GNSS측량·수준측량·중력측량에 대한 점검계산은 다음과 같이 실시한다.

1. GNSS측량의 경우 기선해석에 의한 단위 통합기준점망의 폐합차 및 인접 세션간 중복변 교차를 계산
2. 수준측량의 경우 왕복관측값의 교차를 계산
3. 중력측량의 경우 일단위 폐합차를 계산

② 통합기준점 GNSS측량·수준측량·중력측량에 대한 점검계산의 허용오차범위는 다음 각 호와 같다.

1. GNSS측량의 경우 기선해석에 의한 단위 통합기준점망의 폐합차 및 인접 세션간 중복변 교차의 허용범위는 다음 표를 표준

| 구 분 | 허용범위 | 비 고 |
|---|---|---|
| 단위 통합기준점망의 폐합차 | 5mm+1, 0ppm×$\Sigma D$ | D : 사거리(km) |
| 인접 세션간 중복변의 교차 | 15mm | |

2. 수준측량의 왕복관측값 교차의 허용범위는 2.5mm $\sqrt{S}$를 표준, $S$는 관측거리(편도, 단위 km)
3. 중력측량의 일단위 폐합차 허용범위는 0.05mgal을 표준

③ GNSS측량 점검계산을 위한 기선해석은 다음 각 호와 같은 방법으로 실시한다.

1. GNSS위성의 궤도요소는 방송력
2. 점검계산을 위한 기선해석은 정밀 GNSS관측데이터 처리 소프트웨어 또는 GNSS수신기 제조사에서 개발·배포한 상용 GNSS관측데이터 처리 소프트웨어(단, 국토지

리정보원에서 승인한 경우에 한함)를 사용

3. 관측점간 기선벡터는 관측망도의 기선해석에 따라 계산하며, 고정점의 선정 및 기선해석 순서는 임의로 결정 가능

4. 기선해석은 2주파로 실시하고 최저고도각은 15도

5. 기상보정은 기선해석 소프트웨어가 채용하고 있는 대기표준 적용

6. 사이클 슬립의 편집은 기선해석 소프트웨어를 이용한 자동편집

7. 기선해석 후 통계적인 지표(표준편차 등)에 따라 내부적인 정확도 검증

**제20조(재관측)** 통합기준점 측량 시 GNSS측량·수준측량·중력측량에 대한 점검계산에서 소정의 관측조건 및 정밀도 등을 충족하지 못한 경우에는 다음과 같이 재관측하여야 한다.

① GNSS관측 점검계산 결과 허용오차범위를 초과할 경우와 관측조건 부적격 등의 사유가 있는 경우에는 다음 각 호와 같이 재관측을 실시한다.

1. 재관측 여부는 당해 단위다각형에서 판정·결정하며, 정상점이 2점 이하인 단위다각형은 모두 재관측

2. 제1호에 따라 모두 재관측한 경우 해당점을 인접 단위다각형(미관측)에 편입시켜 새로운 단위다각형으로 구성하여 GNSS관측 가능

② 수준측량, 중력측량에 대한 점검계산 결과 허용오차범위를 초과하거나 관측조건 부적격 등의 사유가 발생할 경우 재관측한다.

③ 재관측에 의하여 관측망도에 수정이 필요한 경우 그 사유를 기록하여야 한다.

**제21조(GNSS 성과계산 등)** 통합기준점 GNSS 관측 성과의 계산을 위해서는 다음과 같이 기선해석 및 망평균계산을 실시하여야 한다. ① 정밀력에 따라 위성기준점·통합기준점을 고정점으로 한 기선해석 및 망평균계산을 실시하여 통합기준점의 경위도 및 타원체고를 결정한다.

② 통합기준점 성과 결정을 위한 기선해석 및 망평균계산은 정밀 GNSS관측데이터 처리 소프트웨어 또는 국토지리정보원에서 승인한 상용 GNSS관측데이터 처리 소프트웨어를 사용하여 위성기준점 성과 결정방식과 동일한 방식으로 계산한다.

③ GNSS관측데이터의 기선해석은 KST기준 09시 00분부터 다음날 09시 00분 이전까지 취득된 연속관측테이터만을 사용한다.

④ 기선해석에서 고정하는 관측점의 좌표는 세계측지계의 값을 사용하고, 기선해석은 세션마다 실시한다. 다만, 재관측에 따라 관측망도를 변경한 경우에는 당해 변경된 관측망도에 따라 기선해석 한다.

⑤ 기선해석 결과를 이용한 망평균 계산을 실시할 때에는 기존 통합기준점을 고정점으

로 하여 기존 통합기준점망에 기선을 연결하여 망을 구성하고 계산한다.

⑥ 기선해석·망평균계산의 계산결과는 "기선해석결과 파일·망평균결과 파일"로 기록 매체에 저장한다.

⑦ 방위표에 대한 방위각은 당해 통합기준점을 고정점으로 하여 정밀력에 따른 기선해석을 실시하여 결정한다.

## 제7장 정리

**제22조(정리)** 통합기준점 측량 시 취득된 모든 측량성과 및 측량기록은 다음과 같이 정리하여야 한다. ① GNSS측량성과 및 측량기록은 GNSS관측데이터·GNSS관측RINEX데이터·기선해석결과파일·망평균계산결과파일·GNSS관측기록부 및 GNSS해석부·계산부 등으로 구분하여 정리한다.

② 수준측량성과 및 기록은 수준관측데이터·수준차계산부 및 총괄계산부 등으로 구분하여 정리한다.

③ 중력측량성과 및 기록은 일단위폐합차계산부·중력관측데이터 및 관측계산부 등으로 구분하여 정리한다.

④ 통합기준점에 대한 성과표 및 관측망도를 작성한다.

**제23조(재검토기한)** 국토지리정보원장은 「훈령·예규 등의 발령 및 관리에 관한 규정」(대통령훈령 제334호)에 따라 이 고시에 대하여 2019년 2월 1일을 기준으로 매 3년이 되는 시점(매 3년째의 1월 31일까지를 말한다)마다 그 타당성을 검토하여 개선 등의 조치를 하여야 한다.

**부칙** 〈제2019-51호, 2019. 1. 4.〉

**제1조(시행일)** 이 고시는 발령한 날부터 시행한다.

## 별표 1 통합기준점 형상 및 매설표준도

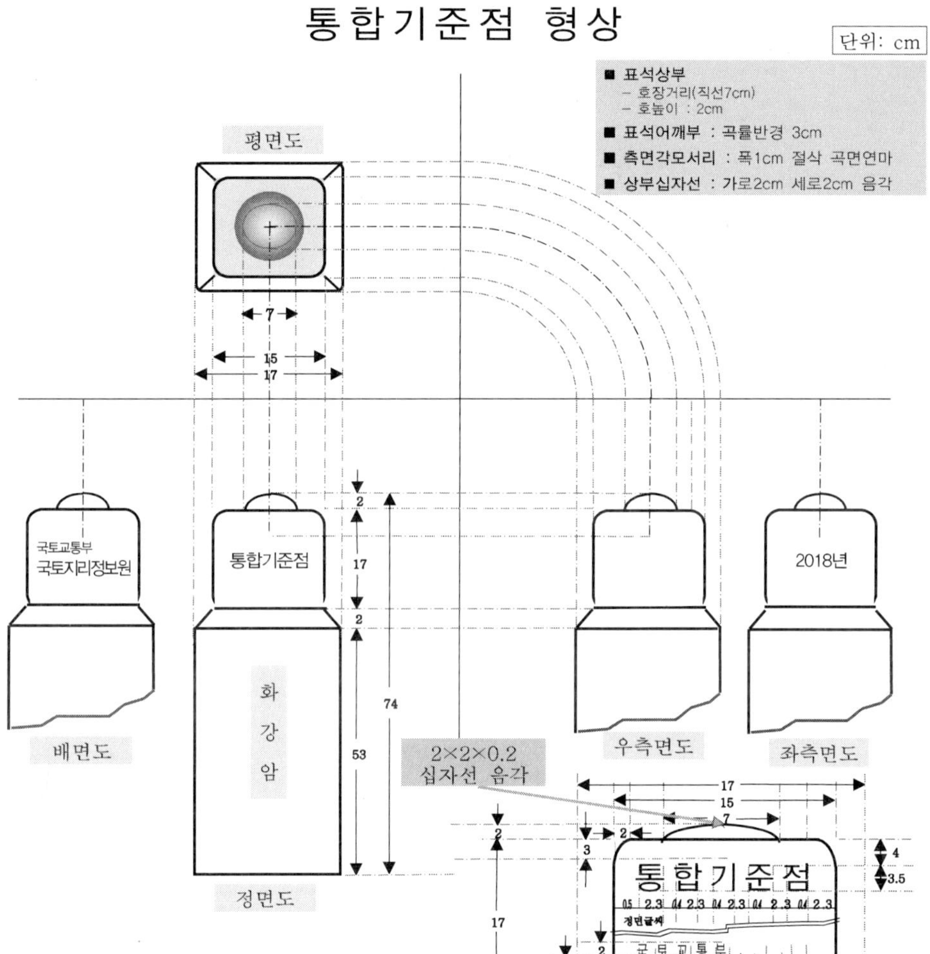

매 설 후

○형상: 주변경관과 아우르는 정원석 개념으로 제작
○재질: 화강암, 모서리는 곡률 가공
○규격: 1등국가기준점 규격으로 제작
○보호석: 모가없는 둥글고 미려한 자연석 사용
1/2 이상 함몰 설치

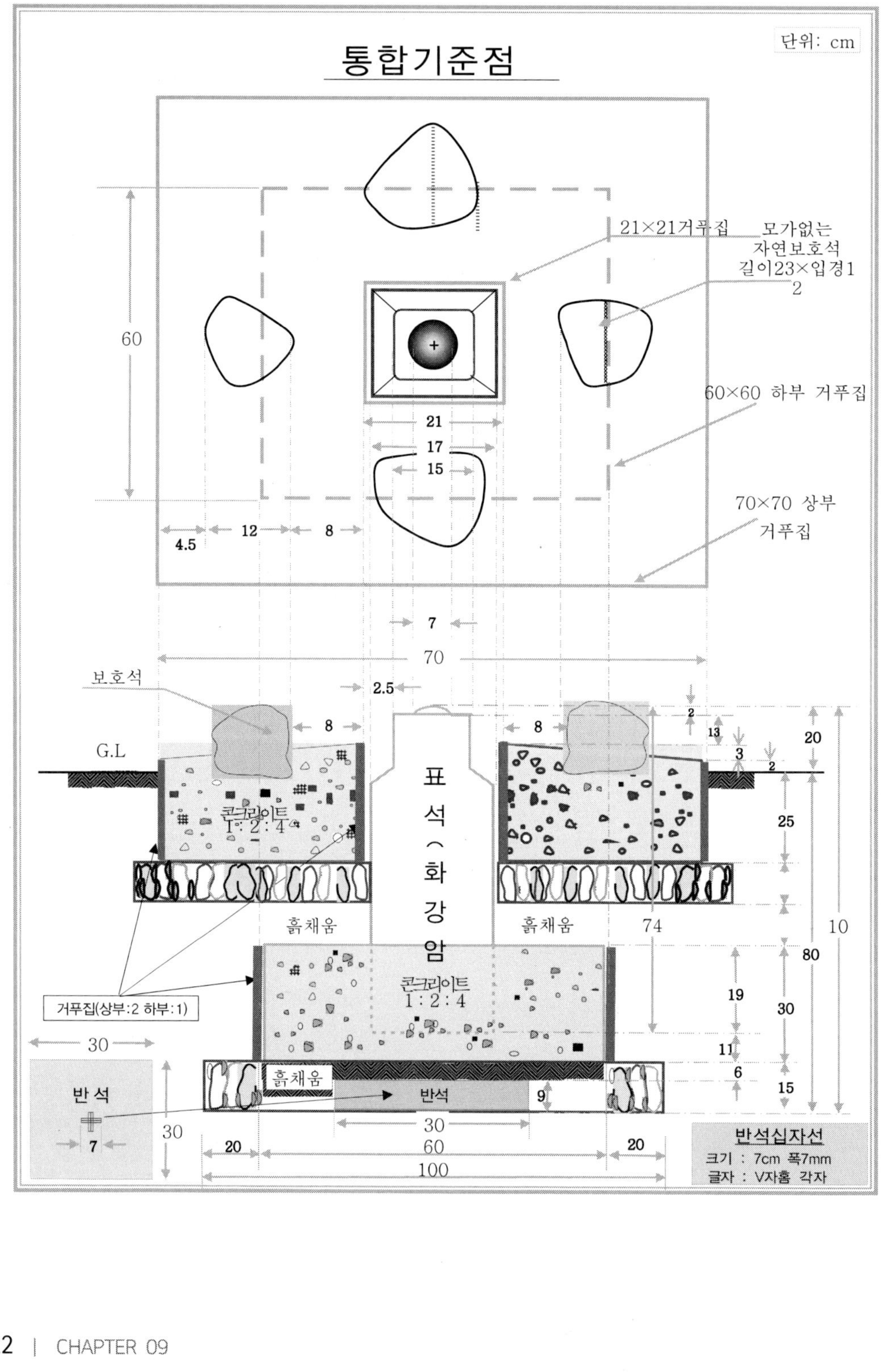
단위: cm
통합기준점
21×21거푸집
모가없는 자연보호석 길이23×입경12
60×60 하부 거푸집
70×70 상부 거푸집
60
21
17
15
4.5
12
8
7
70
보호석
2.5
G.L
8
8
표석(화강암)
콘크리이트 1:2:4
흙채움
흙채움
74
10
80
20
25
19
30
11
6
15
거푸집(상부:2 하부:1)
30
반석
7
30
흙채움
반석
9
30
20
60
20
100
반석십자선
크기 : 7cm 폭7mm
글자 : V자홈 각자

단 위 :

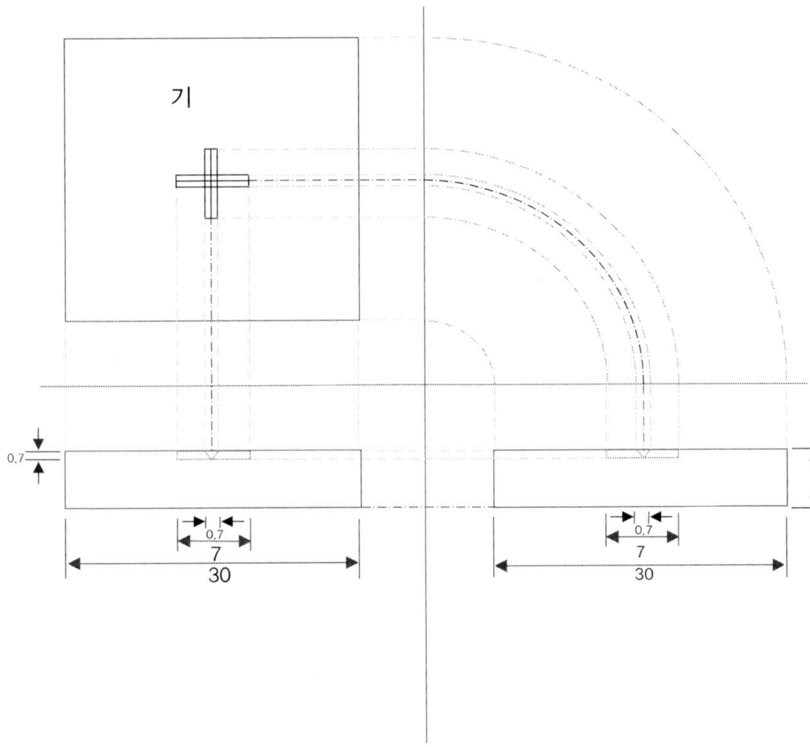


■ 반석의 재질 : 대리석
■ 폭: 0.7cm 깊이: 0.7cm 길이: 7cm
V홈으로 음각 후 검정색 도색

## 별표 2 통합기준점 방위표 형상

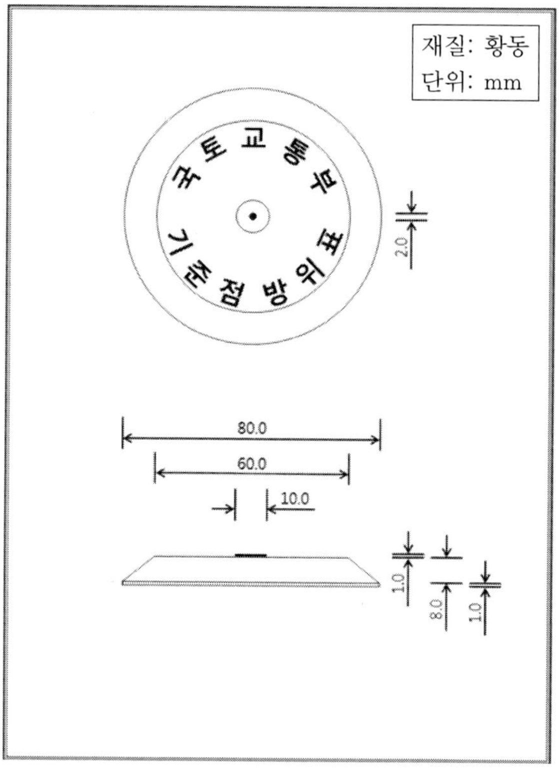

## 별표 3 통합기준점 GNSS측량 계산식

### 1. 타원체의 변환

1) 타원체의 원자 : GRS80

세계측지계에서 사용하고 있는 값(법 시행령 제2조제1항제1호에 따름)

장만경 $a = 6378137m$

편평율 $f = \dfrac{1}{298.257222101}$

2) 경위도 및 높이로부터 3차원직교좌표계에의 변환

$$X = (N + H) \cdot COS\Phi \cdot COS\lambda$$

$$Y = (N + H) \cdot COS\Phi \cdot \sin\lambda$$

$$Z = \left\{N\ (1 - e^2) + H\right\} \cdot \sin\Phi$$

$$N = \frac{a}{\sqrt{1 - e^2 \cdot \sin^2\Phi}}$$

$$e^2 = f(2 - f)$$

여기서, $\Phi$ : 위도, $\lambda$ : 경도, $H$ : 타원체로부터의 높이,
$N$ : 묘유선곡율반경, $a$ : 장반경 및 $e$ : 제일이심율이다.

3) 3차원직교좌표계로부터 경위도 및 높이에의 변환

$$\lambda = \tan^{-1}\frac{Y}{X}$$

$$P = \sqrt{X^2 + Y^2}$$

$$H = \frac{P}{\cos\Phi} - N$$

$$N_{i-1} = \frac{a}{\sqrt{1 - e^2 \cdot \sin^2\Phi_{i-1}}}$$

$$\Phi = \tan^{-1}\frac{Z}{P - e^2 \cdot N_{i-1} \cdot \cos\Phi_{i-1}} \quad (\Phi \text{ 는 반복계산})$$

여기서, $\Phi$의 소수조건 : $|\Phi_i - \Phi_{i-1}| \leq 10^{-12}(rad)$,

$\Phi_i$ : $i$번째의 계산 결과, $\Phi_0 = \tan^{-1}\dfrac{Z}{P}$이다.

2. 기선해석

1) 평균계산

$$V = AX - L$$

$$(A^T PA)X = (A^T PL)$$

$$X = (A^T PA)^{-1} A^T PL$$

$$P = B^{-1} = \begin{bmatrix} \sigma_\triangle X_\triangle X & \sigma_\triangle X_\triangle Y & \sigma_\triangle X_\triangle Z \\ \sigma_\triangle Y_\triangle X & \sigma_\triangle Y_\triangle Y & \sigma_\triangle Y_\triangle Z \\ \sigma_\triangle Z_\triangle X & \sigma_\triangle Z_\triangle Y & \sigma_\triangle Z_\triangle Z \end{bmatrix}^{-1}$$

여기서, $V$ : 전차의 벡터, $A$ : 미지수의 계수행열, $X$ : 미지수의 벡터,
$L$ : 정수항의 벡터, $L$ : 정수항의 벡터, $P$ : 중량행열,
$B$ : $\triangle X$, $\triangle Y$, $\triangle Z$ 의 분산 · 공분산행열이다.

2) 분산 · 공분산 행열과 상관행열의 관계

$$\rho_{ij} = \frac{\sigma_{ij}}{\sqrt{\sigma_{ii} \times \sigma_{jj}}}$$

3) 상관행열

$$C = \begin{bmatrix} 1 & \rho_\triangle X_\triangle Y & \rho_\triangle X_\triangle Z \\ \rho_\triangle Y_\triangle Z & 1 & \rho_\triangle Y_\triangle Z \\ \rho_\triangle Z_\triangle X & \rho_\triangle Z_\triangle Y & 1 \end{bmatrix}$$

4) 표준편차

$\triangle X$의 표준편차 : $= \sqrt{\sigma_\triangle X_\triangle X}$

$\triangle Y$의 표준편차 : $= \sqrt{\sigma_\triangle Y_\triangle Y}$

$\triangle Z$의 표준편차 : $= \sqrt{\sigma_\triangle Z_\triangle Z}$

사거리$(D)$의 표준편차 : $\sigma_{\triangle D} = \sqrt{\sigma_{DD}}$

여기서, $\sigma_{DD} = G \cdot B \cdot G^T$, $G = \left( \frac{\triangle X}{D}, \frac{\triangle Y}{D}, \frac{\triangle Z}{D} \right)$,

$D = \sqrt{\triangle X^2 + \triangle Y^2 + \triangle Z^2}$ 이며, $B$: $\triangle X, \triangle Y, \triangle Z$ 의 분산 · 공분산행열이다.

3. 기선벡터 각성분의 계산

$$\begin{bmatrix} \triangle N \\ \triangle E \\ \triangle U \end{bmatrix} = R \cdot \begin{bmatrix} \triangle X \\ \triangle Y \\ \triangle Z \end{bmatrix}$$

여기서, $\Delta N$ : 수평면의 남북방향의 교차 $\Delta E$ : 수평면의 동서방향의 교차
$\Delta U$ : 높이방향의 교차 $\Delta X$ : 기선벡터 $X$축성분의 교차
$\Delta Y$ : 기선벡터 $Y$축성분의 교차 $\Delta Z$ : 기선벡터 $Z$축성분의 교차

$$R = \begin{bmatrix} -\sin\Phi \cdot \cos\Phi\lambda & -\sin\Phi \cdot \sin\lambda & \cos\Phi \\ \sin\lambda & \cos\lambda & 0 \\ \cos\Phi \cdot \cos\lambda & \cos\Phi \cdot \sin\lambda & \sin\Phi \end{bmatrix}$$

$\Phi$ : 위도 $\lambda$ : 경도

$\Phi, \lambda$는 측량지역내의 임의의 기지점의 값.

## 자. GNSS에 의한 지적측량규정 [국토교통부 시행 2017.7.1]

### GNSS에 의한 지적측량규정

[시행 2017.7.1] [국토교통부예규 제183호, 2017.6.23, 일부개정]

국토교통부(공간정보제도과), 044-201-3482

#### 제1장 총칙

**제1조(목적)** 이 규정은 「지적측량 시행규칙」 제5조 및 제7조제2항에 따라 GNSS(Global Navigation Satellite System)측량기를 사용하여 실시하는 지적측량에 필요한 측량방법 및 절차 등 세부사항을 규정함을 목적으로 한다.

**제2조(적용범위)** 지적위성측량으로 지적측량을 실시하는 경우에는 「공간정보의 구축 및 관리 등에 관한 법률」, 같은 법 시행령, 같은 법 시행규칙 및 「지적측량시행규칙」, 「지적업무처리규정」에서 정하는 것을 제외하고는 이 규정에 따른다.

**제3조(용어의 정의)** 이 규정에서 사용하는 용어의 정의는 다음과 같으며, 여기서 정하지 아니한 기타 용어는 일반적인 해석에 따른다.

1. "지적위성측량"이라 함은 GNSS측량기를 사용하여 실시하는 지적측량을 말한다.
2. "세계좌표"란 세계측지계를 기준으로 한 경도, 위도, 타원체고 또는 T.M(Transvere Mercator) 투영법에 의한 평면직각좌표와 표고를 말한다.
3. "지역좌표"란 베셀타원체를 기준으로 한 경도, 위도, 높이 또는 가우스상사이중투영에 의한 평면직각좌표와 구소삼각원점 등을 기준으로 한 평면좌표를 말한다.
4. "고정점"이란 조정계산 시 이용하는 경위도와 높이 또는 평면직각종횡선좌표 와 높이의

성과가 고시된 기지점을 말한다.

5. “표고점”이란 수준점으로부터 직접 또는 간접수준측량에 의하여 표고를 결정하여 지적위성측량시 표고의 기지점으로 사용할 수 있는 점을 말한다.
6. “정지측량(Static Survey)”이란 GNSS측량기를 관측지점에 일정시간 동안 고정하여 연속적으로 위성데이터를 취득한 후 기선해석 및 조정계산을 수행하는 측량방법을 말한다.
7. “단일기준국 실시간 이동측량(Single-RTK 측량(Real Time Kinematic Survey))”이란 기지점(통합기준점 및 지적기준점)에 설치한 GNSS측량기로부터 수신된 보정정보와 이동국이 수신한 GNSS 반송파 위상 신호를 실시간 기선해석을 통해 이동국의 위치를 결정하는 측량을 말한다.
8. “다중기준국 실시간 이동측량(Network- RTK 측량)”이란 3점 이상의 위성기준점을 이용하여 산출한 보정정보와 이동국이 수신한 GNSS 반송파 위상 신호를 실시간 기선해석을 통해 이동국의 위치를 결정하는 측량을 말한다.
9. “세션(Session)”이란 당해 측량을 위하여 일정한 관측간격을 두고 GNSS측량기를 동시에 설치하여 지적위성측량을 실시하는 작업 단위를 말한다.
10. “기선해석”이란 2대 이상의 고정된 GNSS측량기 사이의 3차원 기선벡터(ΔX, ΔY, ΔZ)를 결정하는 것을 말한다.
11. “망조정”이란 기선해석이 완료된 GNSS 관측데이터의 최종 성과를 산정하기 위하여 기지점을 고정하여 통합 조정하는 것을 말한다.
12. “라이넥스(RINEX(Receiver Independent Exchange Format))”란 GNSS 관측데이터의 저장과 교환에 사용되는 세계 표준의 GNSS 데이터 자료형식을 말한다.
13. “고정밀 자료처리 소프트웨어”란 GNSS 기반 고정밀 위치결정, 위성 궤도 추정, 시간측정 등의 목적으로 개발된 과학기술용 자료처리 소프트웨어를 말한다.
14. “궤도력”이란 GNSS 위성의 위치 계산에 사용되는 정밀력, 신속력, 초신속력, 방송력, 개략력을 말한다.

## 제2장 선점 및 측량

**제4조(관측준비)** 지적위성측량 작업 착수 전에 GNSS 관측을 위하여 다음 각 호를 고려하여야 한다.

1. GNSS 측량기 대수, 투입인력, 위성기준점 및 기지점 분포현황 조사
2. GNSS 개략 궤도력 정보를 이용하여 위성배치상태가 최적의 시간대 선정
3. 관측점은 기지점 및 소구점으로 구성

4. 관측망은 기지점과 소구점을 결합한 폐합다각형이 되도록 구성하고 지적위성측량 관측계획 망도 작성
5. 세션구성은 삼각형, 사각형 또는 혼합형으로 2세션 이상일 경우 인접세션과 최소 1변 이상이 중복되도록 구성

**제5조(소구점의 선점)**

① 소구점은 인위적인 전파장애, 지형·지물 등의 영향을 받지 않도록 다음 각 호의 장소를 피하여 선점하여야 한다.

1. 건물내부, 산림속, 고층건물이 밀집한 시가지, 교량아래 등 상공시계 확보가 어려운 곳
2. 초고압송전선, 고속철도 등의 전차경로 등 전기불꽃의 영향을 받는 곳
3. 레이더안테나, TV중계탑, 방송국, 우주통신국 등 강력한 전파의 영향을 받는 곳

② 후속작업으로 토털스테이션 이용 등을 고려하여 1방향 이상의 기지점 또는 소구점 시통이 가능하도록 선점하여야 한다.

**제6조(관측)**

① 관측 시 위성의 조건은 다음 각 호의 기준에 의한다.

1. 관측점으로부터 위성에 대한 고도각이 15° 이상에 위치할 것
2. 위성의 작동상태가 정상일 것
3. 관측점에서 동시에 수신 가능한 위성 수는 정지측량에 의하는 경우에는 4개 이상, 이동측량에 의하는 경우에는 5개 이상일 것

② GNSS측량기에 입력하는 안테나의 높이 등에 관하여는 GNSS측량기에서 정해진 방법에 따라 측정하고, 관측 후 확인한다.

③ 관측 시 주의사항은 다음 각 호와 같다.

1. 안테나 주위의 10미터 이내에는 자동차 등의 접근을 피할 것
2. 관측 중에는 무전기 등 전파발신기의 사용을 금한다. 다만, 부득이한 경우에는 안테나로부터 100미터 이상의 거리에서 사용할 것
3. 발전기를 사용하는 경우에는 안테나로부터 20미터 이상 떨어진 곳에서 사용할 것
4. 관측 중에는 수신기 표시장치 등을 통하여 관측상태를 수시로 확인하고 이상 발생시에는 재관측을 실시할 것

④ 관측 완료 후 점검결과 제1항 내지 제3항의 관측조건에 맞지 아니한 경우에는 다시 관측을 하여야 한다.

⑤ 지적위성측량을 실시하는 경우에는 지적위성측량관측부를 작성하여야 한다.

**제7조(정지측량)** GNSS측량기를 사용하여 정지측량방법으로 기초측량 또는 세부측량을 하고자 하는 때에는 다음 각 호의 기준에 의한다.

1. 기지점과 소구점에 GNSS측량기를 동시에 설치하여 세션단위로 실시할 것
2. 관측성과의 기선벡터 점검을 위하여 다른 세션에 속하는 관측망과 1변 이상이 중복되게 관측할 것.
3. 관측시간 등은 다음 표에 의할 것

| 구 분 | 지적삼각측량 | 지적삼각보조측량 | 지적도근측량 | 세부측량 |
|---|---|---|---|---|
| 기지점과의 거리 | 10km 미만 | 5km 미만 | 2km 미만 | 1km 미만 |
| 세션 관측시간 | 60분 이상 | 30분 이상 | 10분 이상 | 5분 이상 |
| 데이터 취득간격 | 30초 이하 | 30초 이하 | 15초 이하 | 15초 이하 |

### 제8조(이동측량)

① GNSS측량기를 사용하여 지적도근측량 또는 세부측량을 하고자 하는 경우에는 단일기준국 실시간 이동측량 또는 다중기준국 실시간 이동측량에 의한다.

② 단일기준국 실시간 이동측량(Single-RTK) 및 다중기준국 실시간 이동측량(Network-RTK)으로 실시할 경우 기준은 다음 각 호와 같다.

1. 관측전 이동국 GNSS측량기의 초기화 작업을 완료할 것
2. 관측 중 위성신호의 단절 또는 통신장치의 이상으로 보정정보를 안정적으로 수신할 수 없는 경우 이동국 GNSS측량기를 재초기화 할 것
3. GNSS측량기 안테나를 기준으로 고도각 15° 이상에 정상 작동중인 GNSS위성이 5개 이상일 것
4. GNSS측량기에 표시하는 PDOP이 3이상이거나 위치정밀도가 수평 ±3cm 이상 또는 수직 ±5cm 이상인 경우 관측을 중지할 것
5. 1, 2회의 관측치가 제5항제4호의 오차 이내일 경우에는 1회 관측치를 기준으로 결과부를 작성
6. 지역좌표를 구하고자 할 경우에는 GNSS측량기에서 제공하는 소프트웨어를 이용하여 좌표변환 계산방법에 의할 것
7. 관측시간 및 관측횟수는 다음 표에 따른다. 다만, 단일기준국 실시간 이동측량(Single-RTK 측량) 시 기선거리는 5km 이내로 한다.

| 구분 | 관측횟수 | 관측간격 | 관측시간 (고정해) | 데이터 취득 간격 |
|---|---|---|---|---|
| 도근측량 | 2회 | 60분 이상 | 60초 이상 | 1초 |
| 세부측량 | 2회 | 60분 이상 | 15초 이상 | 1초 |

③ 단일기준국 실시간 이동측량(Single-RTK 측량)에 의한 방법은 다음 각 호와 같다.

1. 기지점에 기준국을 설치하고 위치를 결정하고자 하는 지적도근점 이나 경계점 등을 이

동국으로 하여 GNSS측량기를 순차적으로 설치하여 이동하며 관측을 실시할 것
2. 관측 노선(단위)을 포함하도록 기준국을 달리하여 2회 관측할 것

④ 다중기준국 실시간 이동측량(Network-RTK 측량)에 의한 방법은 다음 각 호와 같다.
1. 이동국은 보정정보 생성에 사용되는 상시관측소 네트워크 내부에 있을 것. 다만 부득이한 경우 네트워크 외부에서 10km 이내일 것.
2. 통신장치를 이용하여 위성기준점 네트워크 보정신호를 수신하여 고정해를 얻고 이동국을 순차로 이동하면서 관측을 실시할 것

⑤ 단일기준국 실시간 이동측량(Single-RTK) 및 다중기준국 실시간 이동측량(Network-RTK)에 의한 경우 제2항제1호부터 제4호까지의 조건을 만족하지 못하거나 다음 각 호의 경우에는 측량방법을 달리하여 실시한다.
1. 초기화 시간이 3회 이상 3분을 초과하는 경우
2. 보정정보의 송수신이 불안정한 경우
3. 보정정보 지연시간이 5초 이상인 경우
4. 세션 간 측량성과의 오차가 5.0cm를 초과하는 경우

**제9조(GNSS데이터 관리)**

① GNSS측량기로부터 수신된 원시 데이터는 GNSS 공통 포맷인 라이넥스(Rinex) 파일로 변환하여 원시데이터와 함께 관리하여야 한다.

② 라이넥스(Rinex) 변환은 GNSS측량기 장비사에서 제공하는 소프트웨어 또는 공통변환 소프트웨어를 사용하여야 하며 후속작업에 활용할 수 있도록 관리하여야 한다.

③ 라이넥스(Rinex) 변환시에는 GNSS측량기 장비사의 안테나 모델, 안테나 기준위치로부터 위상중심변동 보정값,. 안테나고 등의 변수를 안테나 모델에 적합하게 설정하여야 한다.

## 제3장 성과계산

**제10조(기선해석)** 지적위성측량에 의한 기선해석은 다음 각 호의 기준에 의한다.
1. 당해 관측지역의 가장 가까운 위성기준점(최소 2점이상) 또는 세계좌표를 이미 알고 있는 측량기준점을 기점으로 하여 인접하는 기지점 또는 소구점을 순차적으로 각 성분의 교차(ΔX, ΔY, ΔZ)를 해석할 것
2. 기지점과 소구점간의 거리가 50킬로미터를 초과하는 경우에는 정밀궤도력에 의하고 기타는 방송궤도력을 이용할 수 있음
3. 제2호의 기준에도 불구하고 고정밀 자료처리 소프트웨어를 사용할 경우에는 초신속 또는 신속궤도력을 이용할 수 있음
4. 기선해석의 방법은 세션별로 실시하되 단일기선해석방법에 의할 것

5. 기선해석시에 사용되는 단위는 미터단위로 하고 계산은 소수점이하 셋째자리까지 할 것
6. 2주파 이상의 관측데이터를 이용하여 처리할 경우에는 전리층 보정을 할 것
7. 기선해석의 결과는 고정해에 의하며, 그 결과를 기초로 소프트웨어에서 제공하는 형식으로 기선해석계산부를 작성할 것

**제11조(기선해석의 점검)**

① 서로 다른 세션에 속하는 중복기선으로 최소변수의 폐합다각형을 구성하여 기선벡터 각 성분(ΔX, ΔY, ΔZ)의 폐합차를 계산한다.

② 제1항에 의한 폐합차의 허용범위는 다음 표에 의하며, 그 기준을 초과하는 경우에는 다시 관측을 하여야 한다.

| 폐합기선장의 총합 | $\Delta X,\ Y,\ \Delta Z$의 폐합차 | 비고 |
|---|---|---|
| 10km 미만 | 3cm 이내 | |
| 10km 이상 | 2cm + 1ppm × D 이내 | D : 기선장(km) |

**제12조(망조정)** GNSS 데이터의 망조정은 자유망조정으로 처리하여 기지점들의 성과를 점검 후 다점고정망으로 모든 기지점을 고정하여 처리하며 다음 각 호의 기준에 의한다.

1. 자유망조정은 기지점 중 한점을 고정하고 기지점들을 처리하며, 기지점들간의 성과부합 여부를 확인할 것
2. 자유망조정 결과 기지점들에 이상이 없을 때 모든 기지점을 고정하여 다점고정망조정으로 처리할 것
3. 고정밀 자료처리 소프트웨어를 사용할 경우에는 기지점 및 소구점을 동시에 조정하여 처리할 수 있음

**제13조(세계좌표의 계산)** 관측점의 세계좌표는 제10조의 규정에 의한 기선해석성과를 기준으로 조정계산에 의해 결정하되, 조정계산은 다음 각 호의 기준에 의한다.

1. 고정점은 위성기준점, 통합기준점 또는 정확한 세계좌표를 알고 있는 지적측량기준점으로 할 것
2. 계산방법은 기선해석에 사용하는 소프트웨어에서 정한 방법에 의할 것

**제14조(지역좌표의 계산)**

① 제13조의 규정에 의거 세계좌표를 지역좌표로 변환하는 때에는 좌표변환계산방법 또는 조정계산방법에 의한다.

② 제1항의 규정에 의한 좌표변환계산방법은 다음 각호에 의한다.

1. 당해 관측지역에서 측정한 모든 기지점을 점검하여 변환계수 산출에 사용할 3점 이상의 양호한 점을 결정할 것

2. 제1호의 규정에 의한 기지점의 지역좌표와 그 기지점을 좌표변환계산에 의하여 산출한 지역좌표간의 수평성분교차(△X, △Y)의 허용범위는 다음 표에 의하며, 그 기준을 초과하는 경우에는 조정계산에 의할 것

| 측량 범위 | 수평성분교차 | 비 고 |
|---|---|---|
| 2km × 2km 이내 | 6cm + 2cm × $\sqrt{N}$ 이내 | N은 좌표변환 시 사용한 기지점수 |
| 5km × 5km 이내 | 10cm + 4cm × $\sqrt{N}$ 이내 | 〃 |
| 10km × 10km 이내 | 15cm + 4cm × $\sqrt{N}$ 이내 | 〃 |

3. 제1호의 규정에 의하여 결정한 기지점을 이용하여 변환계수를 산출하고 이를 모든 관측점에 적용하여 지역좌표를 산출할 것. 다만, 좌표변환계수가 결정되어 있는 지역에는 그 값을 적용할 것.
4. 좌표변환계산의 단위 및 자리수는 다음 표에 의할 것

| 구분 | 단위 | 계산 자리수 | 결정 자리수 |
|---|---|---|---|
| 평면직각 종·횡선수치 | m | 소수점이하 3자리 | 소수점이하 2자리 |
| 경위도 | 도, 분, 초 | 소수점이하 4자리 | 소수점이하 4자리 |
| 표고 | m | 소수점이하 3자리 | 소수점이하 3자리 |

③ 제1항의 규정에 의한 조정계산방법은 다음 각 호에 의한다.

1. 당해 관측지역에서 측정한 모든 기지점을 대상으로 기지점 성과를 점검하고 조정계산에 사용할 2점이상의 고정점을 결정할 것
2. 제1호의 규정에 의하여 결정한 고정점을 이용하여 지역좌표를 산출할 것

**제15조(표고의 계산)**

① 지적기준점의 표고 산출은 직접·간접수준측량 또는 지적위성측량에 의한다.

② 지적위성측량에 의한 표고결정은 정지측량 또는 이동측량에 의하며, 통합기준점, 수준점 및 표고가 등록된 지적기준점 등을 기지점으로 하여야 한다.

③ 지적위성측량에 의한 표고결정은 다음 각호의 기준에 의한다.

1. 3점 이상의 표고점의 지오이드고를 내삽하여 소구점의 지오이드고를 산출하여 그 값과 타원체고와의 차이를 표고로 하며, 다음 산식에 의하여 계산할 것

소구점표고 = 소구점타원체고 － 소구점지오이드고

2. 소구점으로부터 2킬로미터 이내에 표고점이 있는 경우에는 소구점과 표고점간의 타원체고의 차이를 표고차로 하며, 다음 산식에 의하여 계산할 것

소구점표고 = 표고점표고 + (표고점타원체고－소구점타원체고)

3. 국가 지오이드모델을 이용하는 경우에는 다음 기준에 의할 것
   가. 기지점에서 지오이드모델로부터 구한 지오이드고에서 고시된 지오이드고 차이를 계산하고 소구점 지오이드고에 감하여 보정지오이드고를 산출하고 그 값과 타원체고와의 차이를 표고로 하며, 다음 산식에 의하여 계산할 것
   나. 보정지오이드고 = 소구점 지오이드모델 지오이드고 －(기지점 지오이드모델 지오이드고 － 고시 지오이드고)
   다. 소구점표고 = 소구점타원체고 － 보정지오이드고

**제16조(성과작성)** 지적위성측량의 성과 및 측량기록은 관측데이터파일, 지적위성측량부, 지적위성측량성과검사부 등에 정리한다.

## 제4장 성과검사

**제17조(성과검사방법)** 지적위성측량의 성과검사는 다음 각호의 방법에 의한다.

1. 지적위성측량관측표, 지적위성측량관측망도 등에 근거하여 관측환경, 세션 및 관측망 구성 등이 적합한지를 검사할 것
2. 지적위성측량관측기록부 등에 근거하여 위성측량기의 설치 및 입력 요소 등의 설정이 적합한지를 검사할 것
3. 기선해석계산부, 기선벡터점검계산부, 기선벡터점검계산망도 등에 근거하여 제10조 및 제11조의 기준에 따라 기선해석이 되었는지 검사할 것
4. 좌표변환계산부, 점간거리계산부 등에 의해 기지점 좌표의 부합 등을 확인하고 제14조에 의한 지역좌표의 산출이 이루어졌는지 검사할 것
5. 지적위성측량성과표의 기재사항과 관측데이터의 관리 상태를 점검할 것
6. 지적위성측량성과의 결정은 「지적측량시행규칙」 제27조의 규정에 의할 것

## 제5장 GNSS측량기

**제18조(GNSS측량기)** 지적위성측량에 사용하는 GPS측량기는 수신기, 안테나, 소프트웨어 및 부대장비로 구성되며, 다음 각 호의 기준에 의한다.

1. 측량방법에 따른 GNSS측량기의 성능은 다음 표의 기준에 의할 것

| 구 분 | 기선거리 측정정도 |
|---|---|
| 정지측량 | ± (5mm + 1ppm × 기선거리) 이내 |
| 이동측량 | ± (20mm + 2ppm × 기선거리) 이내 |

2. 안테나는 위성의 전파를 수신하여 수신기에 전달할 수 있어야 하며, 측점에 정확하게 정치할 수 있는 구심 기능과 수평조정 기능을 갖는 장치가 있을 것
3. 소프트웨어는 지적위성측량의 사전 계획수립을 위한 위성에 관련된 정보획득과 관측데이터의 점검, 기선해석, 조정계산 및 좌표변환 등의 기능을 가질 것

**제19조(GNSS측량기의 점검)**

① 지적위성측량(측량검사를 포함한다)을 하는 때에는 GNSS측량기에 대한 기능점검을 하여 사용하고 측량 중에도 이상 유무를 확인하여야 한다.

② 기능점검은 다음 각 호의 기준에 의한다.

1. 안테나 장착을 위한 광학구심장치, 각종 케이블 및 접속부분, 전원장치 등이 정상일 것
2. 안테나 및 수신기가 정상적으로 작동할 것

③ 제1호에 의한 점검을 한 때에는 지적위성측량기점검기록부를 작성하여야 한다.

**제20조(소프트웨어의 제한)**

① 지적위성측량의 성과계산에 사용되는 소프트웨어는 GNSS측량기에 부속된 소프트웨어 또는 동등 이상의 기능을 가져야 한다.

② 기선해석 소프트웨어는 서로 다른 GNSS측량기에서 관측한 데이터의 조합에 의한 처리가 가능하여야 한다. 이 경우 관측한 데이터는 GNSS측량기 공통변환형식(RINEX 파일)으로 변환하여 사용할 수 있다.

## 제6장 보칙

**제21조(서식)** 이 규정에 의한 서식은 다음 각 호와 같다.

1. 지적위성측량부: 별지 제1호 서식(별지 제1호 서식 붙임)
2. 지적위성측량성과검사부: 별지 제2호 서식
3. GNSS측량기점검기록부:  별지 제3호 서식

**제22조(재검토기한)** 국토교통부장관은 「훈령・예규 등의 발령 및 관리에 관한 규정」(대통령 훈령 제334호)에 따라 이 예규에 대하여 2017년 7월 1일 기준으로 매 3년이 되는 시점(매 3년째의 6월 30일까지를 말한다)마다 그 타당성을 검토하여 개선 등의 조치를 하여야 한다.

### 부칙 〈제183호, 2017.6.23〉

**제1조(시행일)** 이 예규는 2017년 7월 1일부터 시행한다.

## 서식 1 지적위성측량부

■ GNSS에 의한 지적측량 규정 [별지 제1호서식-붙임 1] 〈개정 2017. 7. 1〉

# 지적위성측량부

| 측량구분 | 기초측량, 세부측량 |
| --- | --- |
| 측량기법 | 정지측량, 이동측량 |

(사·군·구)　(읍·면)　(동·리)　번지

지구

측량일자 :　　　년　　　월　　　일
측 량 자 :　지적○○　　　(서명 또는 인)
검사일자 :　　　년　　　월　　　일
검 사 자 :　지적○○　　　(서명 또는 인)

210mm×297mm[백상지(80g/㎡) 또는 중질지(80g/㎡)]

## 【 별지 1호 서식 붙임 】

1. 지적위성측량 관측표

2. 지적위성측량 관측(계획)망도

3. 지적위성측량관측기록부 정지측량(필요시 제출)

4. 이동측량 관측기록부(필요시 제출)

5. 이동측량 관측결과부(필요시 제출)

6. 기선해석계산부

7. 기선벡터점검계산부

8. 기선벡터점검계산망도

9. 좌표변환계산부

10. 조정계산부

11. 지적기준점 위성측량 성과표

※ 위 붙임 서류는 필요시 작성하며, 부속 소프트웨어의 출력물이 있을 경우 출력물로 대체 가능

■ GNSS에 의한 지적측량 규정 [별지 제1호서식-붙임 1] 〈개정 2017. 7. 1〉

# 지적위성측량관측표

1. 지구명 : (시·군·구) (읍·면) (동·리) 번지 지구
2. 관측일 : 20 년 월 일 ~ 20 년 월 일
3. 관측조 명단

| 조 별 | 성 명 | | 수신기명 및 번호 | 안테나명 및 번호 | 비고 |
|---|---|---|---|---|---|
| | 조 장 | 조 원 | | | |
| 1조 | | | | | |
| 2조 | | | | | |
| 3조 | | | | | |
| 4조 | | | | | |

4. 관측일정표

| 월/일 (KST) | 세션명 | 관측조 | 관측 점명 | 관 측 시작시각 ~종료시각 | 관측 시간 | 최저 고도각 | 최소 위성수 | 관측 간격 | 비 고 |
|---|---|---|---|---|---|---|---|---|---|
| | | | | | | | | | |
| | | | | | | | | | |
| | | | | | | | | | |
| | | | | | | | | | |
| | | | | | | | | | |
| | | | | | | | | | |
| | | | | | | | | | |
| | | | | | | | | | |

※ 세션명의 앞 3자리는 통산일수를, 뒤 한자리는 동일 날짜의 경우 A,B 등으로 구분
※ 위성배치도 (PDOP, GDOP) 등은 출력물 첨부
※ 부속 소프트웨어의 출력물이 있을 경우 출력물로 대체 가능

210mm×297mm[백상지(80g/㎡) 또는 중질지(80g/㎡)]

■ GNSS에 의한 지적측량 규정 [별지 제1호서식-붙임 2] 〈개정 2017. 7. 1〉

## 지적위성측량관측(계획)망도

(시·군·구) (읍·면) (동·리) 번지 지구

망 도

※ 기지점, 소구점 및 세션명 또는 세트명을 기재한다.

※ 기지점을 포함한 모든 관측점을 표시할 수 있도록 하되, 불가피할 경우에는 도면을 나누어 작성한다.

※ 부속 소프트웨어의 출력물이 있을 경우 출력물로 대체 가능

210mm×297mm[백상지(80g/㎡) 또는 중질지(80g/㎡)]

■ GNSS에 의한 지적측량 규정 [별지 제1호서식-붙임 3] 〈개정 2017. 7. 1〉

## 지적위성측량관측기록부(정지측량)

| 관측년월일 | 년 월 일 | 관측조 | |
|---|---|---|---|
| 수신기명 | | 관측자 | 지적○○ |
| 수신기 번호 | | 관측점명 | |
| 안테나 번호 | | 관측장소 | 지상, 옥상 |
| 전파종류 | 1주파, 2주파 | 관측상황 | 삼각, 타워 |
| 세션명 | | 관측환경 | 상, 중 하 |
| 관측개시시각 | 시 분 | 기상상태 | 맑음, 흐림, 비, 눈 |
| 관측종료시각 | 시 분 | 위성고도각 | 도 |
| 소요시간 | 시간 분 | 취득간격 | 초 |

| 수직측정 | | 경사측정 | |
|---|---|---|---|
| ① 안테나 정수 | m | 측정치 1 | m |
| ② 측정치 | m | 측정치 2 | m |
| ③ 안테나 높이 | m | 측정치 3 | m |
| | | 안테나 높이* | m |

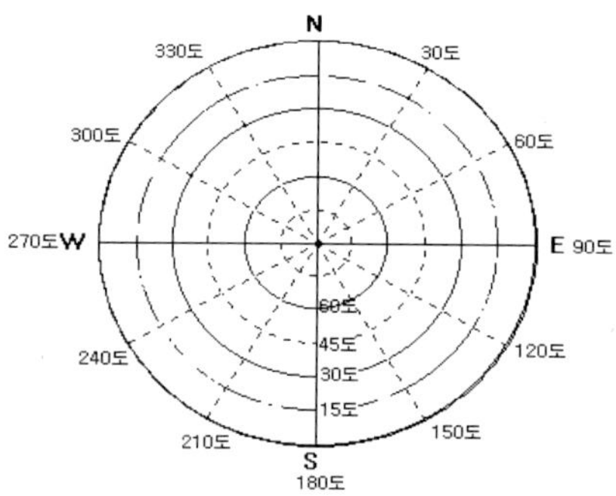


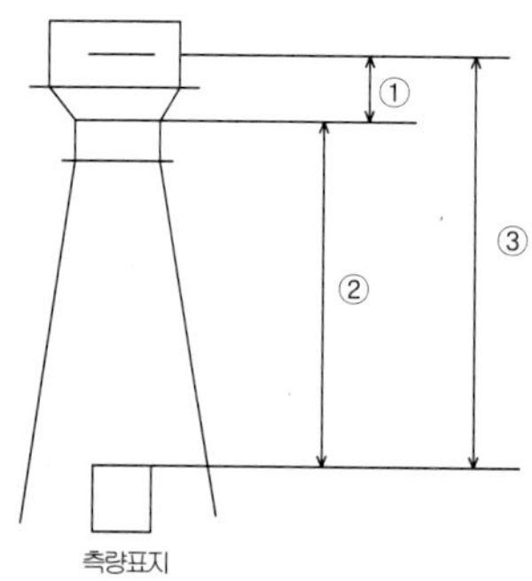


※ 안테나 높이를 경사측정으로 수행한 경우에는 관측점으로부터 안테나까지 3점을 각각 측정하여 그 평균치를 안테나 높이로 선정.

※ 각 관측점별로 작성하여야 함.

※ 이동측량에 의할 경우에는 별도 서식에 의함.

※ 부속 소프트웨어의 출력물이 있을 경우 출력물로 대체 가능

210mm×297mm[백상지(80g/㎡) 또는 중질지(80g/㎡)]

■ GNSS에 의한 지적측량 규정 [별지 제1호서식-붙임 4] 〈개정 2017. 7. 1〉

# 단일기준국(Single_RTK)/다중기준국(Network-RTK) 실시간 이동측량 관측기록부(기초측량, 세부측량)

## 1. 관측정보

<table>
<tr><td>지 구 명</td><td colspan="3">(시 · 군 · 구) (읍 · 면) (동 · 리) 지구( 블럭)</td></tr>
<tr><td>관측일자</td><td>년 월 일</td><td>관측자</td><td></td></tr>
<tr><td>지구특성</td><td>택지□ 농경지 □ 임야□</td><td>세트명</td><td></td></tr>
</table>

## 2. 측량기정보

<table>
<tr><td rowspan="2">기준국 점명</td><td>1세션</td><td></td><td colspan="2" rowspan="2">이동국 정보</td></tr>
<tr><td>2세션</td><td></td></tr>
<tr><td>수신기 명</td><td colspan="2"></td><td>수신기명</td><td></td></tr>
<tr><td>안테나 명(번호)</td><td colspan="2"></td><td>안테나 명(번호)</td><td></td></tr>
<tr><td rowspan="2">안테나 높이</td><td>1세션</td><td>m</td><td rowspan="2">데이터 수신간격</td><td rowspan="2"></td></tr>
<tr><td>2세션</td><td>m</td></tr>
<tr><td>위성고도각</td><td colspan="2"></td><td></td><td></td></tr>
</table>

## 3. 관측점 정보

| 점명 | 세션 | 관측시간 | | 정밀도(m) | | 안테나고 (m) | PDOP | 위성수 | 위성고도각 |
|---|---|---|---|---|---|---|---|---|---|
| | | 시작 | 종료 | 수평 | 수직 | | | | |
| | 1 | | | | | | | | |
| | 2 | | | | | | | | |
| | 1 | | | | | | | | |
| | 2 | | | | | | | | |
| | 1 | | | | | | | | |
| | 2 | | | | | | | | |
| | 1 | | | | | | | | |
| | 2 | | | | | | | | |
| | 1 | | | | | | | | |
| | 2 | | | | | | | | |
| | 1 | | | | | | | | |
| | 2 | | | | | | | | |
| | 1 | | | | | | | | |
| | 2 | | | | | | | | |

※ 단일기준국방법에 의할 경우 기준국 정보를 기록한다.

※ 부속 소프트웨어의 출력물이 있을 경우 출력물로 대체 가능

210mm×297mm[백상지(80g/㎡) 또는 중질지(80g/㎡)]

■ GNSS에 의한 지적측량 규정 [별지 제1호서식-붙임 5] 〈개정 2017. 7. 1〉

# 단일기준국(Single_RTK)/다중기준국(Network-RTK) 실시간 이동측량 결과부(기초측량, 세부측량)

## 1. 관측정보

| 측 지 계 | 세계좌표계, 지역좌표계 | | |
|---|---|---|---|
| 지 구 명 | (시 · 군 · 구) (읍 · 면) (동 · 리) 지구( 블럭) | | |
| 관측일자 | 년 월 일 | 관측자 | |
| 지구특성 | 택지□ 농경지 □ 임야□ | 세트명 | |

## 2. 좌표 변환

| 기지점명 | 좌표변환 오차성분 | | 평균제곱근오차(RMSE) | |
|---|---|---|---|---|
| | 수평차 | 수직차 | 수평차 | 수직차 |
| | | | | |
| | | | | |
| | | | | |
| | | | | |

## 3. 측량성과

| 순번 | 점명 | 지적위성좌표 | | | 평면직각좌표 | | | 비고 |
|---|---|---|---|---|---|---|---|---|
| | | 위도 | 경도 | 타원체고 | X | Y | 표고 | |
| | | | | | | | | |
| | | | | | | | | |
| | | | | | | | | |
| | | | | | | | | |
| | | | | | | | | |
| | | | | | | | | |
| | | | | | | | | |
| | | | | | | | | |
| | | | | | | | | |

※ 지역좌표를 구하고자 하는 경우에는 좌표변환에 적용할 관측 기지점의 오차성분 등을 기록한다.

※ 2회 관측성과가 허용오차 범위내일 경우 1회치 관측성과를 기록한다.

※ 부속 소프트웨어의 출력물이 있을 경우 출력물로 대체 가능

210mm×297mm[백상지(80g/㎡) 또는 중질지(80g/㎡)]

■ GNSS에 의한 지적측량 규정 [별지 제1호서식-붙임 6] 〈개정 2017. 7. 1〉

# 기선해석계산부

| 사용 소프트웨어 | |
|---|---|

## 기선해석결과

| 기점명 | 종점명 | 세션명 | 세계좌표 | | | | 해의 종류 | 비고 |
|---|---|---|---|---|---|---|---|---|
| | | | 기선벡터(m) | | 추정오차(m) | | | |
| | | | $\Delta X$ | | dX | | | |
| | | | $\Delta Y$ | | dY | | | |
| | | | $\Delta Z$ | | dZ | | | |
| | | | $\Delta X$ | | dX | | | |
| | | | $\Delta Y$ | | dY | | | |
| | | | $\Delta Z$ | | dZ | | | |
| | | | $\Delta X$ | | dX | | | |
| | | | $\Delta Y$ | | dY | | | |
| | | | $\Delta Z$ | | dZ | | | |
| | | | $\Delta X$ | | dX | | | |
| | | | $\Delta Y$ | | dY | | | |
| | | | $\Delta Z$ | | dZ | | | |
| | | | $\Delta X$ | | dX | | | |
| | | | $\Delta Y$ | | dY | | | |
| | | | $\Delta Z$ | | dZ | | | |
| | | | $\Delta X$ | | dX | | | |
| | | | $\Delta Y$ | | dY | | | |
| | | | $\Delta Z$ | | dZ | | | |

※ 삼차원(X,Y,Z) 좌표를 경위도(B,L,h)좌표로, (dX,dY,dZ)를 (dN,dE, dh)로 대체 가능

※ 부속 소프트웨어의 출력물이 있을 경우 출력물로 대체 가능

210mm×297mm[백상지(80g/㎡) 또는 중질지(80g/㎡)]

■ GNSS에 의한 지적측량 규정 [별지 제1호서식-붙임 7] 〈개정 2017. 7. 1〉

# 기선벡터점검계산부

| 사용 소프트웨어 | |
|---|---|

## 1. 폐합차 점검

| 폐합망<br>번 호 | 기점명 | 종점명 | 세션명 | dX | dY | dZ | 해의<br>종류 | 비 고 |
|---|---|---|---|---|---|---|---|---|
| | | | | | | | | |
| | | | | | | | | |
| | | | | | | | | |
| 계 | | | | | | | | |
| 허용범위 | | | | | | | | |
| | | | | | | | | |
| | | | | | | | | |
| | | | | | | | | |
| 계 | | | | | | | | |
| 허용범위 | | | | | | | | |
| | | | | | | | | |
| | | | | | | | | |
| | | | | | | | | |
| 계 | | | | | | | | |
| 허용범위 | | | | | | | | |

※ 부속 소프트웨어의 출력물이 있을 경우 출력물로 대체 가능

210mm×297mm[백상지(80g/㎡) 또는 중질지(80g/㎡)]

■ GNSS에 의한 지적측량 규정 [별지 제1호서식-붙임 8] 〈개정 2017. 7. 1〉

# 기선벡터점검계산망도

(시·군·구)　　(읍·면)　　(동·리)　　번지　　지구

망　도

※ 세션명/세트명 및 기선해석계산의 순번, 기선벡터의 폐합차점검망도 등을 기재할 것

※ 부속 소프트웨어의 출력물이 있을 경우 출력물로 대체 가능

210mm×297mm[백상지(80g/㎡) 또는 중질지(80g/㎡)]

■ GNSS에 의한 지적측량 규정 [별지 제1호서식-붙임 9] 〈개정 2017. 7. 1〉

(앞 쪽)

# 좌표변환계산부

| 사용 소프트웨어 | |
|---|---|

1. 좌표변환계산

1) 기지관측점수 :

2) 좌표변환계수 계산에 사용한 기지관측점수 :

3) 좌표변환계수

| $\Delta X$ | $\Delta Y$ | $\Delta Z$ | $\omega$ | $\varphi$ | $\kappa$ | S |
|---|---|---|---|---|---|---|
| | | | | | | |

※ 좌표변환요소 $\Delta X$, $\Delta Y$, $\Delta Z$ : 세계좌표계와 지역좌표계간의 원점이동량
$\omega$, $\varphi$, $\kappa$, S : X, Y, Z 축에서의 회전각 및 축척

2. 기지점 좌표변환 계산결과

1) 타원체면좌표계

| 순번 | 점 명 | 세계좌표 (B,L,h) | 변환좌표 (B,L,H) | 지역좌표 (B,L,H) | 변환–지역 | 비 고 |
|---|---|---|---|---|---|---|
| 1 | | | | | | |
| | | | | | | |
| | | | | | | |
| 2 | | | | | | |
| | | | | | | |
| | | | | | | |

※ 세계좌표의 h : 타원체고, 지역좌표 H : 표고

※ 부속 소프트웨어의 출력물이 있을 경우 출력물로 대체 가능

210mm×297mm[백상지(80g/㎡) 또는 중질지(80g/㎡)]

■ GNSS에 의한 지적측량 규정 [별지 제1호서식-붙임 9] 〈개정 2017. 7. 1〉

(뒤 쪽)

2) 평면직교좌표계

| 순번 | 점명 | 변환좌표 (x,y,H) | 지역좌표 (x,y,H) | 변환-지역 | 비 고 |
|---|---|---|---|---|---|
| 1 | | | | | |
| | | | | | |
| | | | | | |
| 2 | | | | | |
| | | | | | |
| | | | | | |
| 3 | | | | | |
| | | | | | |
| | | | | | |

3. 소구점 좌표변환 계산결과

1) 타원체면좌표계

| 순번 | 점명 | 세계좌표 (B,L,h) | 지역좌표 (B,L,H) | 비 고 |
|---|---|---|---|---|
| 1 | | | | |
| | | | | |
| | | | | |
| 2 | | | | |
| | | | | |
| | | | | |
| 3 | | | | |
| | | | | |
| | | | | |

2) 평면직교좌표계

| 순번 | 점명 | 세계좌표 (x,y,h) | 변환좌표 (x,y,H) | 지역좌표 (x,y,H) | 변환-지역 | 비 고 |
|---|---|---|---|---|---|---|
| 1 | | | | | | |
| | | | | | | |
| | | | | | | |
| 2 | | | | | | |
| | | | | | | |
| | | | | | | |
| 3 | | | | | | |
| | | | | | | |
| | | | | | | |

210mm×297mm[백상지(80g/㎡) 또는 중질지(80g/㎡)]

■ GNSS에 의한 지적측량 규정 [별지 제1호서식-붙임 10] 〈개정 2017. 7. 1〉

# 조정계산부

1) 사용S/W

| 사용 소프트웨어 | |
|---|---|

2) 고정점 성과

| 고정점 명칭 | 등 급 | 원점 | 평면좌표 | | | | 표 고 |
|---|---|---|---|---|---|---|---|
| | | | B | | L | | |
| | | | X | | Y | | |
| | | | B | | L | | |
| | | | X | | Y | | |

3) X,Y 조정성과

| 순번 | 점명 | 등록좌표 | | 조정치 | | 조정좌표 | | 비고 | |
|---|---|---|---|---|---|---|---|---|---|
| | | X | | $\Delta X$ | | $X_A$ | | $S_X$ | |
| | | Y | | $\Delta Y$ | | $Y_A$ | | $S_Y$ | |
| | | X | | $\Delta X$ | | $X_A$ | | $S_X$ | |
| | | Y | | $\Delta Y$ | | $Y_A$ | | $S_Y$ | |
| | | X | | $\Delta X$ | | $X_A$ | | $S_X$ | |
| | | Y | | $\Delta Y$ | | $Y_A$ | | $S_Y$ | |

※ 비고란에는 등록좌표와 조정좌표의 오차 기록

4) B,L 조정성과

| 순번 | 점명 | 등록경위도 | | 조정경위도 | | 보정치 | |
|---|---|---|---|---|---|---|---|
| | | B | | $B_A$ | | $S_B$ | |
| | | L | | $L_A$ | | $S_L$ | |
| | | B | | $B_A$ | | $S_B$ | |
| | | L | | $L_A$ | | $S_L$ | |
| | | B | | $B_A$ | | $S_B$ | |
| | | L | | $L_A$ | | $S_L$ | |

※ 부속 소프트웨어의 출력물이 있을 경우 출력물로 대체 가능

210mm×297mm[백상지(80g/㎡) 또는 중질지(80g/㎡)]

■ GNSS에 의한 지적측량 규정 [별지 제1호서식-붙임 11] 〈개정 2017. 7. 1〉

# 지적기준점 위성측량 성과표

1. 지 구 명 : (시군구) (읍면) (동리) 번지 지구
2. 관측일자 :
3. 관 측 자 :
4. 측량성과

| 순번 | 점명 | 세계좌표/지역좌표 | | | 세계좌표/지역좌표 | | | 투영원점 | 관측(설치) 일 자 | 비 고 |
|---|---|---|---|---|---|---|---|---|---|---|
| | | 위도 | 경도 | 타원체고 | X | Y | 표고 | | | |
| | | | | | | | | | | |
| | | | | | | | | | | |
| | | | | | | | | | | |
| | | | | | | | | | | |
| | | | | | | | | | | |
| | | | | | | | | | | |
| | | | | | | | | | | |
| | | | | | | | | | | |
| | | | | | | | | | | |
| | | | | | | | | | | |
| | | | | | | | | | | |
| | | | | | | | | | | |

※ 기지점의 경우에는 비고란에 코드번호를 병기한다.

※ 관측(설치)일자 란에는, 소구점의 경우 표지 매설 유무 등을 기록한다.

※ 부속 소프트웨어의 출력물이 있을 경우 출력물로 대체 가능

210mm × 297mm[백상지(80g/㎡) 또는 중질지(80g/㎡)]

## 서식 2 지적위성측량 성과검사부

■ GNSS에 의한 지적측량 규정 [별지 제2호서식] 〈개정 2017. 7. 1〉

# 지적위성측량 성과검사부

1. 측량 및 검사개요

| 측 량 작업명 | 지구 측량 | 측량기관 | | 측량자 | |
|---|---|---|---|---|---|
| 작 업 량 | 기지점 점<br>소구점 점 | 작업방법 | | 사용기기 | |
| 접수일자 | | 검사기관 | | 검사자 | (서명 또는 인) |

2. 검사내용

| 대 상 | 점검항목 | 점 검 내 용 | 판 정 | 비 고 |
|---|---|---|---|---|
| 지적위성 기준측량 관 측 부 | 관측망도 | 기지점 배치, 세션구성의 적합성 | | |
| | 관측기록부 | 데이터취득간격, 최저고도각, 수신위성수, 안테나고 | | |
| 계 산 부 | 기선해석 | 입력데이터 및 각종 입력변수의 양호 여부 및 오차 허용범위 확인 | | |
| | 수평폐합차 점검 | 오차 허용범위 | | |
| | 좌표변환 | 입력데이터, 각종 입력변수 및 오차 허용범위 확인 | | |
| 측량성과 정 리 | 성과표 | 코드번호 등 기재사항 양호 여부 | | |
| | 성과수치 데이터 | | | |
| 관리자료 정 리 | 관측데이터 | 원시데이터, RINEX데이터 | | |
| 기 타 | | | | |
| 총 평 | | | | |

210mm×297mm[백상지(80g/㎡) 또는 중질지(80g/㎡)]

■ GNSS에 의한 지적측량 규정 [별지 제3호서식] 〈개정 2017. 7. 1〉

# 지적위성측량기점검기록부

기관명 :

| 점검년월일 | 년 월 일 | |
|---|---|---|
| 기 종 번 호 | 측량기 | 기종 : No |
| | 안테나 | 기종 : No |
| | 콘트롤러 | - |
| 지적위성기준측량 비교기선장명 | | |

〈기능점검의 실시〉

| 검 정 항 목 | | 결 과 |
|---|---|---|
| 외관 | | |
| 구조 및 기능 | ① 광학구심장치가 정상작동 되고 있는가 | |
| | ② 디지털 표시가 정상인가 | |
| | ③ 연직축의 가동부분은 회전 및 작동이 원할하게 되는가 | |
| | ④ 수신기 및 안테나 케이블이 정상적으로 연결되는가 | |
| | ⑤ 정준기구 및 고정장치는 정확확실하고 취급이 용이한가 | |
| | ⑥ 전원의 전압이 규정치에 적합한가 | |
| 해석소프트웨어의 기능상황 | | |

점검자 : 지적○○ (서명 또는 인)

210mm×297mm[백상지(80g/㎡) 또는 중질지(80g/㎡)]

## 차. GPS 상시관측소 정보 [국토지리정보원 고시 2017.2.1]

### 고 시

국토지리정보원 고시 제2017 - 443호

「공간정보의 구축 및 관리 등에 관한 법률」 제13조 및 같은 법 시행령 제13조에 의하여 기본측량성과를 고시합니다.

2017. 2. 1.

국토지리정보원장

**1. 고시사유**

○ 위성기준점 이전 및 장비개량 공사로 3개소 성과 재계산

- 서울 위성기준점 이전
- 무주, 영주 등 2개소 정준대 설치 및 GNSS 수신기·안테나 교체

**2. 측량의 종류** : 기본측량(위성기준점)

**3. 정확도**

○ 평면 : ±5mm + 0.5PPM RMS

○ 수직(타원체고) : ±5mm + 1PPM RMS

**4. 측량 실시시기** : ‘16. 9. 1 ~ ‘16. 12. 31

**5. 측량성과의 보관 장소** : 국토지리정보원, 국립해양측위정보원

**6. 기본측량성과 고시내역** : 별첨

# 별첨 기본측량(위성기준점)성과 고시 내역

## 1. 위성기준점 3개소 성과변경

| 번호 | 기준점 명칭 | ITRF2000 (m) | GRS80타원체<br>위 도 (도-분-초)<br>경 도 (도-분-초)<br>타원체고 (m) | 평면직각좌표 (m) | 투영원점 | 표고 (m)<br>H1 : ARP<br>H2 : 금속표 | 안테나 옵셋 (m)<br>U : 높이방향 | 소재지 |
|---|---|---|---|---|---|---|---|---|
| 1 | SOUL<br>(서울) | X = -3,051,176.602 m<br>Y = 4,034,620.404 m<br>Z = 3,872,039.748 m | 위도= 37 ° 37 ′ 6.7871 ″<br>경도= 127 ° 5 ′ 54.0534 ″<br>타원체고 = 73.901 m | X = 557,666.535 m<br>Y = 208,682.715 m | 중부 | H1=<br>H2= | U= | 서울 노원구<br>공릉동 1-1 |
| 2 | MOOJ<br>(무주)<br>RS1_ANT | X = -3,154,854.789 m<br>Y = 4,099,170.460 m<br>Z = 3,719,782.814 m | 위도= 35 ° 54 ′ 12.4654 ″<br>경도= 127 ° 34 ′ 58.9794 ″<br>타원체고 = 447.307 m | X = 367,490.095 m<br>Y = 252,634.206 m | 중부 | H1=<br>H2= | U= | 전북 무주군<br>부남면 장안리<br>1109번지 |
| 3 | YNJU<br>(영주)<br>RS1_ANT | X = -3,183,643.862 m<br>Y = 3,995,960.371 m<br>Z = 3,805,622.027 m | 위도= 36 ° 51 ′ 56.5365 ″<br>경도= 128 ° 32 ′ 41.5611 ″<br>타원체고 = 236.570 m | X = 474,206.035 m<br>Y = 159,417.583 m | 동부 | H1=<br>H2= | U= | 경북 영주시<br>풍기읍 산법리<br>산106-17 |

## 2. 미 변경 위성기준점

| 번호 | 기준점 명칭 | ITRF2000 (m) | GRS80타원체<br>위 도 (도-분-초)<br>경 도 (도-분-초)<br>타원체고 (m) | 평면직각좌표 (m) | 투영원점 | 표고 (m)<br>H1 : ARP<br>H2 : 금속표 | 안테나 옵셋 (m)<br>U : 높이방향 | 소재지 |
|---|---|---|---|---|---|---|---|---|
| 1 | SUWN<br>(수원) | X = -3,062,023.563 m<br>Y = 4,055,449.033 m<br>Z = 3,841,819.213 m | 위도= 37 ° 16 ′ 31.8529 ″<br>경도= 127 ° 3 ′ 15.2647 ″<br>타원체고 = 83.819 m | X = 519,591.018 m<br>Y = 204,810.534 m | 중부 | H1= 60.114<br>H2= 58.544 | U= | 국토지리<br>정보원 |
| 2 | KANR<br>(강릉) | X = -3,167,833.741 m<br>Y = 3,930,397.113 m<br>Z = 3,885,411.918 m | 위도= 37 ° 46 ′ 15.3394 ″<br>경도= 128 ° 52 ′ 5.6213 ″<br>타원체고 = 57.043 m | X = 574,582.445 m<br>Y = 188,390.241 m | 동부 | H1= 29.826<br>H2= 24.769 | U= | 강릉원주<br>대학교<br>강릉 캠퍼스 |
| 3 | GANH<br>(강화) | X = -2,997,010.170 m<br>Y = 4,066,495.724 m<br>Z = 3,880,879.371 m | 위도= 37 ° 43 ′ 9.7635 ″<br>경도= 126 ° 23 ′ 24.8656 ″<br>타원체고 = 43.501 m | X = 569,027.792 m<br>Y = 146,239.621 m | 중부 | H1= 21.6384<br>H2= | U= | |
| 4 | GOJE<br>(거제도) | X = -3,273,540.834 m<br>Y = 4,102,034.341 m<br>Z = 3,612,576.536 m | 위도= 34 ° 43 ′ 18.4329 ″<br>경도= 128 ° 35 ′ 27.1292 ″<br>타원체고 = 61.720 m | X = 236,306.681 m<br>Y = 162,525.114 m | 동부 | H1= 32.7113<br>H2= 30.0957 | U= | 거제<br>기상관측소 |
| 5 | GOCH<br>(거창) | X = -3,189,851.522 m<br>Y = 4,091,157.875 m<br>Z = 3,698,444.786 m | 위도= 35 ° 40 ′ 4.4439 ″<br>경도= 127 ° 56 ′ 35.9918 ″<br>타원체고 = 217.203 m | X = 341,606.304 m<br>Y = 285,410.625 m | 중부 | H1= 189.5717<br>H2= 184.5787 | U= 0.035 | 거창군<br>남하면사무소 |
| 6 | GOSG<br>(고성) | X = -3,243,049.245 m<br>Y = 4,105,277.431 m<br>Z = 3,636,138.673 m | 위도= 34 ° 58 ′ 50.3894 ″<br>경도= 128 ° 18 ′ 27.7379 ″<br>타원체고 = 50.925 m | X = 265,168.658 m<br>Y = 136,786.260 m | 동부 | H1=<br>H2= | U= | 고성군<br>종합운동장 |

| 번호 | 기준점 명칭 | ITRF2000 (m) | GRS80타원체<br>위 도 (도-분-초)<br>경 도 (도-분-초)<br>타원체고 (m) | GRS80타원체<br>평면직각좌표 (m) | 투영원점 | 표고 (m)<br>H1 : ARP<br>H2 : 금속표 | 안테나 옵셋 (m)<br>U : 높이방향 | 소재지 |
|---|---|---|---|---|---|---|---|---|
| 7 | KWNJ<br>(광주) | X = −3,134,404.514 m<br>Y = 4,173,081.822 m<br>Z = 3,654,100.973 m | 위도= 35 ° 10 ′ 42.1514 ″<br>경도= 126 ° 54 ′ 36.8524 ″<br>타원체고 = 71.626 m | X = 286,887.932 m<br>Y = 191,823.502 m | 중부 | H1= 46.484<br>H2= 41.453 | U= | 전남대학교 |
| 8 | GSAN<br>(괴산) | X = −3,132,489.273 m<br>Y = 4,040,303.988 m<br>Z = 3,801,190.123 m | 위도= 36 ° 48 ′ 58.1955 ″<br>경도= 127 ° 47 ′ 12.4436 ″<br>타원체고 = 183.171 m | X = 468,900.598 m<br>Y = 270,202.350 m | 중부 | H1= 157.142<br>H2= 152.170 | U= 0.034 | 괴산군청 |
| 9 | KUSN<br>(군산) | X = −3,091,588.735 m<br>Y = 4,138,398.911 m<br>Z = 3,728,711.679 m | 위도= 36 ° 0 ′ 19.6975 ″<br>경도= 126 ° 45 ′ 41.5823 ″<br>타원체고 = 49.082 m | X = 378,678.065 m<br>Y = 178,501.993 m | 중부 | H1= 25.0821<br>H2= 22.4415 | U= | 군산기상대 |
| 10 | KUNW<br>(군위) | X = −3,211,712.129 m<br>Y = 4,026,954.298 m<br>Z = 3,749,223.330 m | 위도= 36 ° 14 ′ 0.5257 ″<br>경도= 128 ° 34 ′ 27.2629 ″<br>타원체고 = 174.970 m | X = 404,035.850 m<br>Y = 161,725.246 m | 동부 | H1= 146.458<br>H2= 141.592 | U= 0.019 | 군위군<br>정수장 |
| 11 | KIMC<br>(김천) | X = −3,185,109.947 m<br>Y = 4,055,952.033 m<br>Z = 3,740,570.810 m | 위도= 36 ° 8 ′ 14.6338 ″<br>경도= 128 ° 8 ′ 32.2520 ″<br>타원체고 = 94.652 m | X = 393,631.184 m<br>Y = 122,799.388 m | 동부 | H1= 67.2527<br>H2= 62.3320 | U= 0.015 | 김천시<br>환경사업소 |
| 12 | NAMW<br>(남원) | X = −3,160,210.859 m<br>Y = 4,133,956.339 m<br>Z = 3,676,318.030 m | 위도= 35 ° 25 ′ 22.9670 ″<br>경도= 127 ° 23 ′ 46.2256 ″<br>타원체고 = 179.845 m | X = 314,101.631 m<br>Y = 235,978.949 m | 중부 | H1= 153.465<br>H2= 148.617 | U= 0.015 | 남원시<br>배수장 |
| 13 | NONS<br>(논산) | X = −3,108,785.014 m<br>Y = 4,110,681.177 m<br>Z = 3,744,932.136 m | 위도= 36 ° 11 ′ 10.9346 ″<br>경도= 127 ° 5 ′ 56.8481 ″<br>타원체고 = 50.684 m | X = 398,729.036 m<br>Y = 208,916.353 m | 중부 | H1= 26.088<br>H2= 21.227 | U= 0.046 | 논산시청 |
| 14 | DANJ<br>(당진) | X = −3,060,974.710 m<br>Y = 4,088,259.964 m<br>Z = 3,807,870.617 m | 위도= 36 ° 53 ′ 32.7112 ″<br>경도= 126 ° 49 ′ 22.9665 ″<br>타원체고 = 31.682 m | X = 477,088.686 m<br>Y = 184,226.880 m | 중부 | H1=<br>H2= | U= | 당진시<br>바다공원 |
| 15 | TEGN<br>(대구) | X = −3,241,051.567 m<br>Y = 4,030,771.731 m<br>Z = 3,719,838.489 m | 위도= 35 ° 54 ′ 22.7036 ″<br>경도= 128 ° 48 ′ 7.0828 ″<br>타원체고 = 106.377 m | X = 367,666.720 m<br>Y = 182,123.545 m | 동부 | H1= 77.165<br>H2= 72.109 | U= | 경일대학교 |
| 16 | DOND<br>(동두천) | X = −3,036,946.725 m<br>Y = 4,021,287.691 m<br>Z = 3,896,957.504 m | 위도= 37 ° 54 ′ 7.3892 ″<br>경도= 127 ° 3 ′ 38.6642 ″<br>타원체고 = 140.471 m | X = 589,130.009 m<br>Y = 205,342.036 m | 중부 | H1= 117.0565<br>H2= 112.1859 | U= 0.038 | 동두천<br>기상대 |
| 17 | DONH<br>(동해) | X = −3,196,656.700 m<br>Y = 3,930,091.958 m<br>Z = 3,862,221.719 m | 위도= 37 ° 30 ′ 25.1469 ″<br>경도= 129 ° 7 ′ 27.1325 ″<br>타원체고 = 69.941 m | X = 545,286.643 m<br>Y = 210,981.727 m | 동부 | H1= 42.0276<br>H2= 39.5527 | U= | 동해시<br>기상대 |
| 18 | MUJU<br>(무주) | X = −3,156,360.179 m<br>Y = 4,089,577.257 m<br>Z = 3,728,622.131 m | 위도= 36 ° 0 ′ 11.8365 ″<br>경도= 127 ° 39 ′ 40.2285 ″<br>타원체고 = 230.189 m | X = 378,611.666 m<br>Y = 259,611.876 m | 중부 | H1= 203.6290<br>H2= 198.7044 | U= 0.051 | 무주군<br>등나무운동장 |

| 번호 | 기준점 명칭 | ITRF2000 (m) | GRS80타원체 위 도 (도-분-초)<br>경 도 (도-분-초)<br>타원체고 (m) | 평면직각좌표 (m) | 투영원점 | 표고 (m)<br>H1 : ARP<br>H2 : 금속표 | 안테나 옵셋 (m)<br>U : 높이방향 | 소재지 |
|---|---|---|---|---|---|---|---|---|
| 19 | BOEN<br>(보은) | X = −3,141,804.936 m<br>Y = 4,060,585.550 m<br>Z = 3,772,023.107 m | 위도= 36 ° 29 ′ 18.1261 ″<br>경도= 127 ° 43 ′ 48.9608 ″<br>타원체고 = 212.238 m | X = 432,483.716 m<br>Y = 265,435.721 m | 중부 | H1= 185.9656<br>H2= 181.0941 | U= 0.028 | 보은군청 |
| 20 | BONH<br>(봉화) | X = −3,206,138.602 m<br>Y = 3,971,351.412 m<br>Z = 3,812,642.309 m | 위도= 36 ° 56 ′ 38.4378 ″<br>경도= 128 ° 54 ′ 52.2702 ″<br>타원체고 = 354.955 m | X = 482,802.816 m<br>Y = 192,385.663 m | 동부 | H1= 325.9019<br>H2= 323.3947 | U= | 봉화군<br>기상관측소 |
| 21 | PUSN<br>(부산) | X = −3,287,592.189 m<br>Y = 4,049,012.093 m<br>Z = 3,659,187.985 m | 위도= 35 ° 14 ′ 2.1752 ″<br>경도= 129 ° 4 ′ 29.4416 ″<br>타원체고 = 158.645 m | X = 293,051.119 m<br>Y = 206,812.952 m | 동부 | H1= 129.1153<br>H2= 124.1711 | U= 0.045 | 부산대학교 |
| 22 | SNJU<br>(상주) | X = −3,175,473.090 m<br>Y = 4,043,362.917 m<br>Z = 3,762,213.597 m | 위도= 36 ° 22 ′ 44.9923 ″<br>경도= 128 ° 8 ′ 40.1178 ″<br>타원체고 = 111.586 m | X = 420,457.656 m<br>Y = 123,232.991 m | 동부 | H1= 84.205<br>H2= 79.120 | U= | 경북대학교<br>상주캠퍼스 |
| 23 | SEOS<br>(서산) | X = −3,042,060.396 m<br>Y = 4,111,978.748 m<br>Z = 3,797,578.731 m | 위도= 36 ° 46 ′ 35.0728 ″<br>경도= 126 ° 29 ′ 39.1297 ″<br>타원체고 = 52.277 m | X = 464,319.157 m<br>Y = 154,846.486 m | 중부 | H1= 29.752<br>H2= 24.896 | U= | 서산기상대 |
| 24 | SEJN<br>(세종) | X = −3,110,081.533 m<br>Y = 4,082,094.098 m<br>Z = 3,775,023.595 m | 위도= 36 ° 31 ′ 19.9682 ″<br>경도= 127 ° 18 ′ 11.4836 ″<br>타원체고 = 181.196 m | X = 436,034.219 m<br>Y = 227,155.391 m | 중부 | H1= 156.2827<br>H2= 151.1014 | U= | 세종<br>우주측지<br>관측센터 |
| 25 | SONC<br>(순천) | X = −3,184,745.246 m<br>Y = 4,152,521.071 m<br>Z = 3,634,027.001 m | 위도= 34 ° 57 ′ 26.9355 ″<br>경도= 127 ° 29 ′ 10.0857 ″<br>타원체고 = 43.617 m | X = 262,485.866 m<br>Y = 244,401.493 m | 중부 | H1= 16.6386<br>H2= 11.8078 | U= 0.028 | 순천<br>시립도서관 |
| 26 | ANSG<br>(안성) | X = −3,087,667.42 m<br>Y = 4,058,167.380 m<br>Z = 3,818,526.443 m | 위도= 37 ° 0 ′ 43.7478 ″<br>경도= 127 ° 15 ′ 56.8376 ″<br>타원체고 = 93.546 m | X = 490,394.603 m<br>Y = 223,654.511 m | 중부 | H1=<br>H2= | U= | 경기도 안성시<br>중앙로 167<br>한경대학교 |
| 27 | YANP<br>(양평) | X = −3,086,544.318 m<br>Y = 4,021,645.607 m<br>Z = 3,857,572.632 m | 위도= 37 ° 27 ′ 15.0801 ″<br>경도= 127 ° 30 ′ 20.2425 ″<br>타원체고 = 71.545 m | X = 539,539.753 m<br>Y = 244,737.384 m | 중부 | H1= 46.717<br>H2= 41.863 | U= 0.035 | 양평군<br>수도사업소 |
| 28 | YONK<br>(영광) | X = −3,101,848.789 m<br>Y = 4,189,388.859 m<br>Z = 3,663,198.912 m | 위도= 35 ° 16 ′ 42.8995 ″<br>경도= 126 ° 30 ′ 59.2939 ″<br>타원체고 = 100.002 m | X = 298,108.982 m<br>Y = 156,009.428 m | 중부 | H1= 76.211<br>H2= 71.323 | U= 0.045 | 영광<br>군립도서관 |
| 29 | YODK<br>(영덕) | X = −3,257,453.365 m<br>Y = 3,964,411.658 m<br>Z = 3,775,960.777 m | 위도= 36 ° 32 ′ 0.4614 ″<br>경도= 129 ° 24 ′ 32.5830 ″<br>타원체고 = 70.576 m | X = 437,317.491 m<br>Y = 236,631.630 m | 동부 | H1= 41.2671<br>H2= 38.6119 | U= | 영덕<br>기상관측소 |
| 30 | YOWL<br>(영월) | X = −3,164,686.944 m<br>Y = 3,984,004.113 m<br>Z = 3,833,703.938 m | 위도= 37 ° 10 ′ 57.0656 ″<br>경도= 128 ° 27 ′ 42.5278 ″<br>타원체고 = 253.586 m | X = 509,404.361 m<br>Y = 152,209.655 m | 동부 | H1= 225.8321<br>H2= 220.9381 | U= 0.038 | 영월군청 |

| 번호 | 기준점 명칭 | ITRF2000 (m) | GRS80타원체 위 도 (도-분-초) 경 도 (도-분-초) 타원체고 (m) | 평면직각좌표 (m) | 투영 원점 | 표고 (m) H1 : ARP H2 : 금속표 | 안테나 옵셋 (m) U : 높이방향 | 소재지 |
|---|---|---|---|---|---|---|---|---|
| | YECH | X = −3,185,564.090 m | 위도= 36 ° 39 ′ 5.2522 ″ | X = 450,476.620 m | 동부 | H1= 108.779 | U= 0.036 | 예천군 |
| 31 | (예천) | Y = 4,012,511.004 m | 경도= 128 ° 26 ′ 46.8156 ″ | Y = 150,493.339 m | | H2= 103.844 | | 문화회관 |
| | | Z = 3,786,513.622 m | 타원체고 = 136.688 m | | | | | |
| | YOIN | X = −3,076,770.387 m | 위도= 37 ° 13 ′ 17.2575 ″ | X = 513,615.619 m | 중부 | H1= 137.7041 | U= | ~~한국국토정보공사~~ |
| 32 | (용인) | Y = 4,048,912.031 m | 경도= 127 ° 13 ′ 52.3960 ″ | Y = 220,521.550 m | | H2= | | 국토정보교육원 |
| | | Z = 3,837,091.026 m | 타원체고 = 161.917 m | | | | | |
| | WOLS | X = −3,300,601.002 m | 위도= 35 ° 30 ′ 14.2082 ″ | X = 323,084.929 m | 동부 | H1= 66.2167 | U= 0.014 | 울산광역시 |
| 33 | (울산) | Y = 4,015,928.316 m | 경도= 129 ° 24 ′ 57.6534 ″ | Y = 237,743.035 m | | H2= 61.4859 | | 동구청 |
| | | Z = 3,683,580.176 m | 타원체고 = 95.935 m | | | | | |
| | WULJ | X = −3,238,396.168 m | 위도= 36 ° 59 ′ 31.1155 ″ | X = 488,202.259 m | 동부 | H1= 52.055 | U= | 울진기상대 |
| 34 | (울진) | Y = 3,940,665.373 m | 경도= 129 ° 24 ′ 46.7839 ″ | Y = 236,765.372 m | | H2= 47.231 | | |
| | | Z = 3,816,730.579 m | 타원체고 = 80.741 m | | | | | |
| | WNJU | X = −3,122,341.173 m | 위도= 37 ° 20 ′ 13.9455 ″ | X = 526,857.203 m | 중부 | H1= 154.184 | U= | 원주기상대 |
| 35 | (원주) | Y = 4,004,030.642 m | 경도= 127 ° 56 ′ 49.5187 ″ | Y = 283,929.216 m | | H2= 149.527 | | |
| | | Z = 3,847,323.755 m | 타원체고 = 180.206 m | | | | | |
| | INJE | X = −3,107,269.639 m | 위도= 38 ° 4 ′ 10.0691 ″ | X = 608,034.941 m | 동부 | H1= 231.0327 | U= 0.043 | 인제군청 |
| 36 | (인제) | Y = 3,952,779.669 m | 경도= 128 ° 10 ′ 14.8604 ″ | Y = 127,236.983 m | | H2= 226.1308 | | |
| | | Z = 3,911,675.628 m | 타원체고 = 257.483 m | | | | | |
| | INCH | X = −3,030,123.343 m | 위도= 37 ° 25 ′ 11.4879 ″ | X = 535,655.584 m | 중부 | H1= 65.782 | U= 0.058 | 연수구 |
| 37 | (인천) | Y = 4,067,231.015 m | 경도= 126 ° 41 ′ 11.1803 ″ | Y = 172,243.584 m | | H2= 60.894 | | 대학공원 |
| | | Z = 3,854,557.436 m | 타원체고 = 88.464 m | | | | | |
| | JAHG | X = −3,152,833.472 m | 위도= 34 ° 40 ′ 31.2558 ″ | X = 231,083.449 m | 중부 | H1= 91.386 | U= 0.035 | 장흥 |
| 38 | (장흥) | Y = 4,199,245.418 m | 경도= 126 ° 53 ′ 58.4554 ″ | Y = 190,795.952 m | | H2= 86.575 | | 남산공원 |
| | | Z = 3,608,372.378 m | 타원체고 = 116.773 m | | | | | |
| | JUNJ | X = −3,124,886.946 m | 위도= 35 ° 50 ′ 36.4272 ″ | X = 360,682.898 m | 중부 | H1= 52.087 | U= | 전북대학교 |
| 39 | (전주) | Y = 4,126,580.519 m | 경도= 127 ° 8 ′ 6.4497 ″ | Y = 212,207.397 m | | H2= 47.001 | | |
| | | Z = 3,714,170.148 m | 타원체고 = 77.148 m | | | | | |
| | JUNG | X = −3,121,904.380 m | 위도= 35 ° 37 ′ 21.9584 ″ | X = 336,188.795 m | 중부 | H1= 116.6526 | U= 0.041 | 정읍시 |
| 40 | (정읍) | Y = 4,146,816.617 m | 경도= 126 ° 58 ′ 26.5025 ″ | Y = 197,647.211 m | | H2= 111.6981 | | 한국수자원공사 |
| | | Z = 3,694,330.930 m | 타원체고 = 141.387 m | | | | | 산성정수장 |
| | CHJU | X = −3,168,622.344 m | 위도= 33 ° 30 ′ 50.1352 ″ | X = 102,348.079 m | 중부 | H1= 25.0331 | U= | 제주기상청 |
| 41 | (제주) | Y = 4,277,489.593 m | 경도= 126 ° 31 ′ 47.3521 ″ | Y = 156,316.484 m | | H2= 20.0296 | | |
| | | Z = 3,501,650.023 m | 타원체고 = 50.337 m | | | | | |
| | JEJU | X = −3,198,235.508 m | 위도= 33 ° 28 ′ 4.0965 ″ | X = 97,137.651 m | 중부 | H1= 20.3167 | U= | 제주 성산 |
| 42 | (제주) | Y = 4,258,920.024 m | 경도= 126 ° 54 ′ 16.9684 ″ | Y = 191,142.452 m | | H2= 15.3912 | | 생활체육관 |
| | | Z = 3,497,381.574 m | 타원체고 = 46.343 m | | | | | |

| 번호 | 기준점 명칭 | ITRF2000 (m) | GRS80타원체<br>위 도 (도-분-초)<br>경 도 (도-분-초)<br>타원체고 (m) | GRS80타원체<br>평면직각좌표 (m) | GRS80타원체<br>투영원점 | 표고 (m)<br>H1 : ARP<br>H2 : 금속표 | 안테나 옵셋 (m)<br>U : 높이방향 | 소재지 |
|---|---|---|---|---|---|---|---|---|
| 43 | JIND<br>(진도) | X = −3,118,243.082 m<br>Y = 4,241,290.471 m<br>Z = 3,590,016.098 m | 위도= 34 ° 28 ′ 19.1783 ″<br>경도= 126 ° 19 ′ 25.4348 ″<br>타원체고 = 503.415 m | X = 208,727.675 m<br>Y = 137,870.264 m | 중부 | H1= 479.3892<br>H2= 477.2811 | U= | 진도<br>기상관측소 |
| 44 | JINJ<br>(진주) | X = −3,217,002.774 m<br>Y = 4,110,225.626 m<br>Z = 3,653,650.427 m | 위도= 35 ° 10 ′ 23.1137 ″<br>경도= 128 ° 2 ′ 58.8281 ″<br>타원체고 = 122.001 m | X = 286,711.142 m<br>Y = 113,428.253 m | 동부 | H1= 93.806<br>H2= 89.055 | U= | 진주시<br>수질검사소 |
| 45 | CHNG<br>(창녕) | X = −3,233,224.311 m<br>Y = 4,067,916.373 m<br>Z = 3,686,212.121 m | 위도= 35 ° 31 ′ 59.9205 ″<br>경도= 128 ° 28 ′ 41.0174 ″<br>타원체고 = 61.753 m | X = 326,388.654 m<br>Y = 152,664.082 m | 동부 | H1= 33.0348<br>H2= 28.0903 | U= 0.030 | 창녕군<br>하수처리장 |
| 46 | CHWN<br>(창원) | X = −3,260,411.294 m<br>Y = 4,070,678.419 m<br>Z = 3,659,345.285 m | 위도= 35 ° 14 ′ 10.0353 ″<br>경도= 128 ° 41 ′ 34.7807 ″<br>타원체고 = 88.346 m | X = 293,333.979 m<br>Y = 172,054.743 m | 동부 | H1=<br>H2= | U= | 경남 창원시<br>용호동 1<br>창원시청 |
| 47 | CHEN<br>(천안) | X = −3,085,225.308 m<br>Y = 4,071,232.711 m<br>Z = 3,806,614.166 m | 위도= 36 ° 52 ′ 40.8312 ″<br>경도= 127 ° 9 ′ 18.9096 ″<br>타원체고 = 69.545 m | X = 475,486.039 m<br>Y = 213,841.350 m | 중부 | H1= 45.434<br>H2= 40.517 | U= 0.036 | 천안시<br>서북구청 |
| 48 | CHLW<br>(철원) | X = −3,050,945.076 m<br>Y = 3,988,270.854 m<br>Z = 3,920,005.514 m | 위도= 38 ° 9 ′ 52.1371 ″<br>경도= 127 ° 24 ′ 54.8796 ″<br>타원체고 = 308.778 m | X = 618,338.721 m<br>Y = 236,390.396 m | 중부 | H1= 284.228<br>H2= 279.413 | U= 0.026 | 철원군<br>서면사무소 |
| 49 | CHUL<br>(철원) | X = −3,027,594.130 m<br>Y = 3,996,637.973 m<br>Z = 3,929,480.722 m | 위도= 38 ° 16 ′ 23.7655 ″<br>경도= 127 ° 8 ′ 42.7629 ″<br>타원체고 = 289.032 m | X = 630,342.489 m<br>Y = 212,706.850 m | 중부 | H1=<br>H2= | U= | 철원군 |
| 50 | CHSG<br>(청송) | X = −3,237,145.799 m<br>Y = 3,989,513.687 m<br>Z = 3,767,338.570 m | 위도= 36 ° 26 ′ 8.2620 ″<br>경도= 129 ° 3 ′ 22.8455 ″<br>타원체고 = 250.031 m | X = 426,384.774 m<br>Y = 205,052.274 m | 동부 | H1= 220.613<br>H2= 215.782 | U= 0.031 | 청송군청 |
| 51 | CHYG<br>(청양) | X = −3,076,700.377 m<br>Y = 4,112,486.540 m<br>Z = 3,769,348.633 m | 위도= 36 ° 27 ′ 32.0470 ″<br>경도= 126 ° 48 ′ 5.3825 ″<br>타원체고 = 136.474 m | X = 428,984.225 m<br>Y = 182,206.327 m | 중부 | H1= 112.6576<br>H2= 107.7876 | U= 0.057 | 청양군청 |
| 52 | CNJU<br>(청주) | X = −3,117,076.222 m<br>Y = 4,067,949.775 m<br>Z = 3,784,300.486 m | 위도= 36 ° 37 ′ 36.8204 ″<br>경도= 127 ° 27 ′ 40.4174 ″<br>타원체고 = 93.488 m | X = 447,706.961 m<br>Y = 241,254.442 m | 중부 | H1= 68.217<br>H2= 63.044 | U= | 충북대학교 |
| 53 | CHCN<br>(춘천) | X = −3,083,731.739 m<br>Y = 3,988,333.234 m<br>Z = 3,894,101.953 m | 위도= 37 ° 52 ′ 10.0304 ″<br>경도= 127 ° 42 ′ 38.7660 ″<br>타원체고 = 140.910 m | X = 585,748.021 m<br>Y = 262,539.436 m | 중부 | H1= 115.674<br>H2= 110.743 | U= −0.027 | 춘천<br>시립도서관 |
| 54 | TABK<br>(태백) | X = −3,202,046.387 m<br>Y = 3,956,163.038 m<br>Z = 3,832,326.512 m | 위도= 37 ° 9 ′ 49.1253 ″<br>경도= 128 ° 59 ′ 9.8828 ″<br>타원체고 = 736.192 m | X = 507,174.337 m<br>Y = 198,763.491 m | 동부 | H1= 706.8259<br>H2= 701.7645 | U= | 태백시청 |

| 번호 | 기준점 명칭 | ITRF2000 (m) | GRS80타원체 위 도 (도-분-초) 경 도 (도-분-초) 타원체고 (m) | GRS80타원체 평면직각좌표 (m) | 투영원점 | 표고 (m) H1 : ARP H2 : 금속표 | 안테나 옵셋 (m) U : 높이방향 | 소재지 |
|---|---|---|---|---|---|---|---|---|
| | PAJU | X = −3,020,545.471 m | 위도= 37 ° 44 ′ 47.0633 ″ | X = 571,884.964 m | 중부 | H1= 50.7732 | U= 0.040 | 파주 |
| 55 | (파주) | Y = 4,046,783.602 m | 경도= 126 ° 44 ′ 16.4329 ″ | Y = 176,899.870 m | | H2= 45.9234 | | 다율방과후학교 |
| | | Z = 3,883,270.253 m | 타원체고 = 73.511 m | | | | | |
| | HADG | X = −3,192,918.391 m | 위도= 35 ° 9 ′ 44.6988 ″ | X = 285,344.011 m | 중부 | H1= 48.7008 | U= 0.034 | 하동군 |
| 56 | (하동) | Y = 4,129,777.808 m | 경도= 127 ° 42 ′ 33.2453 ″ | Y = 264,617.116 m | | H2= 43.7216 | | 악양면사무소 |
| | | Z = 3,652,656.490 m | 타원체고 = 76.592 m | | | | | |
| | HONC | X = −3,124,135.831 m | 위도= 37 ° 42 ′ 32.9792 ″ | X = 568,024.214 m | 동부 | H1= 345.3844 | U= 0.048 | 홍천군 서석면 |
| 57 | (홍천) | Y = 3,970,877.723 m | 경도= 128 ° 11 ′ 39.5699 ″ | Y = 128,956.426 m | | H2= 340.5581 | | 풍암정수장 |
| | | Z = 3,880,183.260 m | 타원체고 = 372.184 m | | | | | |
| | HCHN | X = −3,063,400.632 m | 위도= 38 ° 18 ′ 29.1222 ″ | X = 634,416.242 m | 중부 | H1= | U= | 화천군 |
| 58 | (화천) | Y = 3,966,503.210 m | 경도= 127 ° 40 ′ 46.3592 ″ | Y = 259,435.799 m | | H2= | | |
| | | Z = 3,932,683.483 m | 타원체고 = 561.484 m | | | | | |
| | SMAN | X = −3,085,334.023 m | 위도= 35 ° 43 ′ 48.9891 ″ | X = 348,219.623 m | 중부 | H1= | U= | |
| 59 | (새만금) | Y = 4,165,340.220 m | 경도= 126 ° 31 ′ 40.5802 ″ | Y = 157,292.616 m | | H2= | | |
| | | Z = 3,703,961.367 m | 타원체고 = 39.526 m | | | | | |
| | MARA | X = −3,163,444.428 m | 위도= 33 ° 7 ′ 0.9524 ″ | X = 58,456.036 m | 중부 | H1= | U= | 제주도 남제주군 |
| 60 | (마라도) | Y = 4,311,372.190 m | 경도= 126 ° 16 ′ 8.9181 ″ | Y = 131,788.635 m | | H2= | | 대정읍 가파리 |
| | RS1_ANT | Z = 3,464,865.215 m | 타원체고 = 68.900 m | | | | | 642 |
| | EOCH | X = −3,029,436.976 m | 위도= 36 ° 7 ′ 30.7375 ″ | X = 392,371.838 m | 서부 | H1= 58.607 | U= | 전북 군산시 |
| 61 | (어청도) | Y = 4,174,489.853 m | 경도= 125 ° 58 ′ 6.5250 ″ | Y = 287,184.693 m | | H2= | | 옥도면 어청도리 |
| | RS1_ANT | Z = 3,739,474.655 m | 타원체고 = 88.945 m | | | | | 364 |
| | ULLE | X = −3,309,630.983 m | 위도= 37 ° 31 ′ 6.2862 ″ | X = 546,566.940 m | 동해 | H1= | U= | 경북 울릉군 |
| 62 | (울릉도) | Y = 3,834,554.872 m | 경도= 130 ° 47 ′ 51.7389 ″ | Y = 182,116.381 m | | H2= | | 서면 태하리 |
| | RS1_ANT | Z = 3,863,307.831 m | 타원체고 = 201.380 m | | | | | 99-3 |
| | JEOJ | X = −3,102,269.301 m | 위도= 38 ° 33 ′ 7.4775 ″ | X = 661,452.890 m | 동부 | H1= 81.576 | U= | 강원 고성 |
| 63 | (저진) | Y = 3,914,266.011 m | 경도= 128 ° 23 ′ 55.4783 ″ | Y = 147,588.342 m | | H2= | | 현내면 평파리 |
| | RS1_ANT | Z = 3,953,618.684 m | 타원체고 = 107.107 m | | | | | 산38-3 |
| | HOMI | X = −3,287,391.376 m | 위도= 36 ° 4 ′ 40.9623 ″ | X = 386,853.153 m | 동부 | H1= 12.813 | U= | 경북 포항 남구 |
| 64 | (호미곶) | Y = 3,978,484.605 m | 경도= 129 ° 33 ′ 59.9829 ″ | Y = 251,042.200 m | | H2= | | 대보면 대보리 |
| | RS1_ANT | Z = 3,735,219.106 m | 타원체고 = 42.323 m | | | | | 221 |
| | ANHN | X = −3,020,236.794 m | 위도= 36 ° 40 ′ 25.1591 ″ | X = 453,145.612 m | 중부 | H1= | U= | 충남 태안군 |
| 65 | (안흥) | Y = 4,136,468.525 m | 경도= 126 ° 8 ′ 5.9959 ″ | Y = 122,676.151 m | | H2= | | 근흥면 신진도리 |
| | | Z = 3,788,431.907 m | 타원체고 = 40.214 m | | | | | 75-38 |
| | GAGE | X = −3,040,228.304 m | 위도= 34 ° 5 ′ 41.6247 ″ | X = 166,693.984 m | 서부 | H1= | U= | 전남 신안군 |
| 66 | (가거도) | Y = 4,325,981.153 m | 경도= 125 ° 5 ′ 56.1007 ″ | Y = 209,128.241 m | | H2= | | 흑산면 가거도리 |
| | | Z = 3,555,224.124 m | 타원체고 = 99.667 m | | | | | 산9-2 |

| 번호 | 기준점 명칭 | ITRF2000 (m) | GRS80타원체 위 도 (도-분-초)<br>경 도 (도-분-초)<br>타원체고 (m) | GRS80타원체 평면직각좌표 (m) | 투영원점 | 표고 (m)<br>H1 : ARP<br>H2 : 금속표 | 안테나 옵셋 (m)<br>U : 높이방향 | 소재지 |
|---|---|---|---|---|---|---|---|---|
| 67 | GEOM<br>(거문도)<br>RS1_ANT | X = −3,209,052.412 m<br>Y = 4,209,084.069 m<br>Z = 3,547,202.183 m | 위도= 34 ° 0 ′ 27.4929 ″<br>경도= 127 ° 19 ′ 20.2778 ″<br>타원체고 = 95.421 m | X = 157,057.368 m<br>Y = 229,772.955 m | 중부 | H1= 68.624<br>H2= | U= | 전남 여수시<br>상산면 덕촌리<br>산1 |
| 68 | DOKD<br>(독도) | X = −3,393,317.045 m<br>Y = 3,785,917.176 m<br>Z = 3,838,651.920 m | 위도= 37 ° 14 ′ 21.5679 ″<br>경도= 131 ° 52 ′ 11.5264 ″<br>타원체고 = 132.677 m | X = 515,927.734 m<br>Y = 277,185.900 m | 동해 | H1=<br>H2= | U= | 경북 울릉군<br>울릉읍 독도리<br>산30(동도) |
| 69 | SEJU<br>(성주)<br>RS1_ANT | X = −3,196,190.389 m<br>Y = 4,064,067.819 m<br>Z = 3,722,849.923 m | 위도= 35 ° 56 ′ 17.2621 ″<br>경도= 128 ° 10 ′ 59.9433 ″<br>타원체고 = 365.427 m | X = 371,487.731 m<br>Y = 126,306.642 m | 동부 | H1= 337.643<br>H2= | U= | 경북 성주군<br>금수면 어은리<br>208번지 |
| 70 | SOCH<br>(소청도)<br>RS1_ANT | X = −2,876,283.642 m<br>Y = 4,149,428.215 m<br>Z = 3,884,508.337 m | 위도= 37 ° 45 ′ 37.2788 ″<br>경도= 124 ° 43 ′ 43.5623 ″<br>타원체고 = 96.342 m | X = 573,435.460 m<br>Y = 176,099.626 m | 서부 | H1=<br>H2= | U= | 인천시 옹진군<br>대청면 소청리 |
| 71 | YNDO<br>(영도)<br>RS1_ANT | X = −3,294,232.513 m<br>Y = 4,057,786.211 m<br>Z = 3,643,626.801 m | 위도= 35 ° 3 ′ 43.8808 ″<br>경도= 129 ° 4 ′ 14.6190 ″<br>타원체고 = 192.248 m | X = 273,996.498 m<br>Y = 206,451.694 m | 동부 | H1= 162.719<br>H2= | U= | 부산광역시<br>영도구<br>동삼2동<br>1054 |
| 72 | JUMN<br>(주문진)<br>RS1_ANT | X = −3,160,056.129 m<br>Y = 3,925,576.994 m<br>Z = 3,896,541.853 m | 위도= 37 ° 53 ′ 52.1865 ″<br>경도= 128 ° 50 ′ 1.5705 ″<br>타원체고 = 65.949 m | X = 588,672.568 m<br>Y = 185,379.335 m | 동부 | H1= 39.157<br>H2= | U= | 강원도 강릉시<br>주문진읍<br>주문진리 |
| 73 | CCHJ<br>(충주)<br>RS1_ANT | X = −3,123,433.301 m<br>Y = 4,033,298.231 m<br>Z = 3,815,900.803 m | 위도= 36 ° 58 ′ 55.6947 ″<br>경도= 127 ° 45 ′ 16.6293 ″<br>타원체고 = 151.272 m | X = 487,296.777 m<br>Y = 267,186.172 m | 중부 | H1= 125.525<br>H2= | U= | 충북 충주시<br>신니면 견학리<br>447-1번지 |
| 74 | PALM<br>(팔미도)<br>RS1_ANT | X = −3,020,139.822 m<br>Y = 4,079,807.176 m<br>Z = 3,849,130.658 m | 위도= 37 ° 21 ′ 30.0047 ″<br>경도= 126 ° 30 ′ 40.5474 ″<br>타원체고 = 85.926 m | X = 528,893.352 m<br>Y = 156,701.575 m | 중부 | H1=<br>H2= | U= | 인천광역시<br>중구 무의동<br>산산374 |
| 75 | PYCH<br>(평창)<br>RS1_ANT | X = −3,159,577.441 m<br>Y = 3,973,889.567 m<br>Z = 3,848,566.233 m | 위도= 37 ° 20 ′ 58.6721 ″<br>경도= 128 ° 29 ′ 15.5794 ″<br>타원체고 = 421.232 m | X = 527,938.474 m<br>Y = 154,605.340 m | 동부 | H1= 393.171<br>H2= | U= | 강원도 평창군<br>미탄읍 창리<br>389번지 |
| 76 | CCHN<br>(춘천) | X = −3,078,831.36 m<br>Y = 3,981,392.535 m<br>Z = 3,905,083.323 m | 위도= 37 ° 59 ′ 40.1813 ″<br>경도= 127 ° 42 ′ 53.8774 ″<br>타원체고 = 196.385 m | X = 599,630.161 m<br>Y = 262,802.310 m | 중부 | H1=<br>H2= | U= | 강원도 춘천시<br>사북면 고성리<br>414-1번지 |
| 77 | HGDO<br>(홍도) | X = −3,025,924.903 m<br>Y = 4,288,816.980 m<br>Z = 3,611,645.014 m | 위도= 34 ° 42 ′ 40.5263 ″<br>경도= 125 ° 12 ′ 15.9701 ″<br>타원체고 = 112.025 m | X = 235,081.391 m<br>Y = 218,727.936 m | 서부 | H1=<br>H2= | U= | 전남 신안군<br>흑산면 홍도리<br>5-2 |
| 78 | GASA<br>(가사도) | X = −3,097,626.960 m<br>Y = 4,256,824.462 m<br>Z = 3,588,741.421 m | 위도= 34 ° 27 ′ 38.3376 ″<br>경도= 126 ° 2 ′ 34.1413 ″<br>타원체고 = 84.502 m | X = 207,677.384 m<br>Y = 112,049.564 m | 중부 | H1=<br>H2= | U= | 전남 진도군<br>조도면<br>가사도리<br>산395-1 |

| 번호 | 기준점 명칭 | ITRF2000 (m) | GRS80타원체 위도 (도-분-초) 경도 (도-분-초) 타원체고 (m) | 평면직각좌표 (m) | 투영원점 | 표고 (m) H1 : ARP H2 : 금속표 | 안테나 옵셋 (m) U : 높이방향 | 소재지 |
|---|---|---|---|---|---|---|---|---|
| 79 | DANG (당사도) | X = −3,152,604.554 m<br>Y = 4,244,559.522 m<br>Z = 3,555,538.713 m | 위도= 34 ° 5 ′ 53.3483 ″<br>경도= 126 ° 36 ′ 9.9112 ″<br>타원체고 = 127.230 m | X = 167,122.039 m<br>Y = 163,342.586 m | 중부 | H1=<br>H2= | U= | 전남 완도군 소안면 당사도리 1 |
| 80 | SORI (소리도) | X = −3,228,667.934 m<br>Y = 4,162,214.110 m<br>Z = 3,584,296.745 m | 위도= 34 ° 24 ′ 42.7892 ″<br>경도= 127 ° 48 ′ 3.8281 ″<br>타원체고 = 114.177 m | X = 202,143.292 m<br>Y = 273,647.838 m | 중부 | H1=<br>H2= | U= | 여수시 남면 연도리 2030−2 |
| 81 | SEOI (서이말) | X = −3,281,490.574 m<br>Y = 4,090,421.637 m<br>Z = 3,618,634.196 m | 위도= 34 ° 47 ′ 15.7983 ″<br>경도= 128 ° 44 ′ 16.4449 ″<br>타원체고 = 145.794 m | X = 243,576.326 m<br>Y = 176,011.838 m | 동부 | H1=<br>H2= | U= | 경남 거제시 일운면 지세포리 산48−2 |
| 82 | JUKB (죽변) | X = −3,236,668.837 m<br>Y = 3,936,353.410 m<br>Z = 3,822,579.028 m | 위도= 37 ° 3 ′ 29.0693 ″<br>경도= 129 ° 25 ′ 43.5766 ″<br>타원체고 = 67.369 m | X = 495,543.987 m<br>Y = 238,136.700 m | 동부 | H1=<br>H2= | U= | 경북 울진군 죽변면 죽변리 1 |
| 83 | MLDO (말도) | X = −3,064,945.114 m<br>Y = 4,170,122.420 m<br>Z = 3,715,473.931 m | 위도= 35 ° 51 ′ 28.6591 ″<br>경도= 126 ° 18 ′ 54.1446 ″<br>타원체고 = 75.290 m | X = 362,500.954 m<br>Y = 138,130.473 m | 중부 | H1=<br>H2= | U= | 군산시 옥도면 말도리 |

## 카. 공공측량 작업규정 [국토지리정보원 고시 2018.3.30]

### 공공측량 작업규정

[시행 2018.3.30] [국토지리정보원고시 제2018-1076호, 2018. 3. 30., 일부개정.]

국토지리정보원(기획정책과) 031-210-2777

**제6편 네트워크 RTK 측량**

**제1장 개설**

**제165조(네트워크 RTK 측량)** "네트워크 RTK 측량"이란 법 제7조 및 같은 법 시행령 제8조에 따른 국가기준점 중 위성기준점을 이용하여 국토지리정보원에서 운영하고 있는 실시간 정밀GNSS 측량 방법으로 공공기준점 및 각종 현황을 측량하는 작업을 말한다.

**제166조(정의)** 이 측량에서 사용하는 용어의 뜻은 다음과 같다.

1. "네트워크 RTK 측량"은 3점 이상의 고정점(국토지리정보원에서 운영 중인 상시관측소)에서 관측한 자료를 이용하여 계산한 보정정보와 이동점에 설치한 GNSS 안테나를 이용해 관측한 자료를 이용하여 이동점의 위치를 결정하는 작업(이하 "네트워크 RTK"라 한다)을 말한다.
2. "1 epoch"는 GNSS 반송파 위상신호를 고정점과 이동점에서 동시에 관측되는 1회의 신호를 말한다.
3. "세션"은 네트워크 RTK 수신기를 이용하여 한 점의 좌표값을 결정하기 위해 수행하는 관측 단위를 말한다.

**제167조(운용방식)** 네트워크 RTK 측량은 다음의 순서를 따른다.

1. 이동점에 설치한 GNSS 수신기로 GNSS 위성신호를 수신한다.
2. 이동점의 대략적인 위치를 결정하여 네트워크 RTK 서버로 전송한다.
3. 네트워크 RTK 서버는 이동점의 대략적인 위치 주변의 상시관측소를 이용해 보정정보를 생성하고 이동점에 송신한다.
4. 이동점의 대략적인 위치와 수신된 보정정보를 이용하여 이동점의 위치를 결정한다.

**제168조(적용)** ① 이 규정은 3급, 4급 공공삼각점측량에 적용한다.

② 단, 공공수준점측량(표고)에는 적용할 수 없다.

③ 이 규정은 다음 각 호의 현황측량에 적용한다.

1. 지상현황측량
2. 노선측량

3. 하천 및 연안측량　　　　　　　4. 용지측량
5. 토지구획정리측량　　　　　　　6. 지하시설물측량

④ 현황측량에서 네트워크 RTK를 이용한 높이(표고) 측량 시 다음 방법을 적용한다.

1. 작업지역에 균등하게 분포하는 최소 5개(5㎢x5㎢ 기준)의 수준점에서 네트워크 RTK 측량을 통한 타원체고를 산출한다.
2. 산출된 타원체고에서 수준점의 표고를 감산하여 각 지점에서의 기하학적 지역 지오이드고를 산정한다.
3. 이동점에서의 높이는 위에서 산정한 5개 지점에서의 지오이드고에서 내삽한 지오이드고를 이용하여 타원체고에서 감산함으로써 결정한다.

## 제2장 작업계획

**제169조(작업구분 및 순서)** 공정별 작업구분과 순서는 다음과 같으며, 공공측량시행자가 지시 또는 승인한 경우에는 일부를 생략할 수 있다.

1. 작업계획　　　　　　　2. 선점
3. 측량표 설치　　　　　　4. 관측
5. 계산　　　　　　　　　6. 성과 등의 정리

**제170조(작업계획)** ① 공공측량수행자는 작업계획을 수립하고 이를 공공측량시행자에게 제출하여 승인을 받아야 하며, 작업계획을 변경하고자 할 때도 동일한 절차를 따른다.

② 네트워크 RTK 측량의 특징을 고려하여 지형도 상에 고정점 및 새로운 점의 대략적인 위치를 1/50,000 이상의 도상에 작업위치도를 작성한다.

③ 작업계획서에는 다음 각 호의 사항이 포함되어야 한다.

1. 측량 개요　　　　　　　　　　2. 사용할 측량기계의 종류 및 성능
3. 사용할 측량성과의 종류 및 내용　4. 측량방법
5. 준용할 규정　　　　　　　　　6. 측량결과물 또는 성과품
7. 그 밖에 작업에 필요한 사항　　　8. 사용할 장비의 성능검사서
9. 현장대리인계 및 건설기술자 경력증명서　　10. 작업위치도

## 제3장 선점

**제171조(작업방법 결정)** 작업위치도를 기초로 지형, 식생, 지물, GNSS 위성에서 신호 수신조건 및 그 밖의 현지 상황에 적합한 최선의 작업방법을 결정한다.

**제172조(선점)** ① "선점"이란 현지에서 기지점 현황을 조사하여 새로운 점의 위치를 선정하고 선점도를 작성하는 작업을 말한다.

② 새로운 점은 향후 활용성, 안정성, 배점 밀도 등을 고려하여 가장 적합한 위치에 선정한다.

③ 새로운 점에서 위성관측을 위한 상공의 시계는 15° 이상을 표준으로 확보한다.

④ 나무, 건물, 수면 등에 의한 다중경로의 영향이 최소화되는 지점을 선정한다.

⑤ 나무 또는 구조물 등 때문에 수신이 불가능한 경우에는 선점하지 않는다.

**제173조(도면작성)** ① 선점된 결과를 기초로 새로운 점의 위치, 노선 및 주위 상황 등을 지형도에 기입하여 선점도를 작성한다.

② 현황측량의 경우에는 측정 목적에 따라 선정된 측점을 지형도 상에 표시한다.

## 제4장 측량표의 설치

**제174조(측량표 설치)** ① 공공측량기준점을 설치하고자 하는 경우 법 제172조에 따른 측량기준점표지 형상으로 설치하여야 한다.

② 설치한 측량표에 대해 점의 조서를 작성한다.

## 제5장 관측

**제175조(관측)** 관측은 선점도를 기초로 이동점에 GNSS 안테나를 정확히 설치하고 GNSS 위성에서 신호를 수신함과 동시에 네트워크 RTK 서버에서 수신한 보정정보를 이용하여 이동점의 좌표를 결정하고 기록하는 작업이다.

**제176조(기기 성능 및 장비구성)** ① 네트워크 RTK 측량에 사용하는 GNSS 수신기는 1급 GNSS 수신기로서 다음의 성능 이상의 것으로 한다.

| 구 분 | 수신주파수 | 성능 |
|---|---|---|
| GNSS 기준점 측량<br>GNSS 현황 측량 | L1, L2 (2주파) | ±(5mm+1PPM×D)<br>D=거리(km) |

② 관측을 위한 수신기 이외의 장비는 다음을 포함한다.

1. 내장 배터리
2. 높이 2m 이상의 고정 가능한 안테나 폴(직선이며 휘지 않는 재질)
3. 안테나 폴 고정용 지지대
4. 안테나 폴 수평 유지를 위한 원형기포관
5. 측정작업 제어 및 자료저장을 위한 별도의 컨트롤러 혹은 내장형 컨트롤러 모듈
6. 수신기와 컨트롤러 데이터 전송용 케이블 또는 무선 연결
7. 컨트롤러와 네트워크 RTK 서버 간의 통신을 위한 통신장비
8. 삭제

**제177조(기기 점검)** ① 관측에 사용하는 기기는 사용을 위해 점검 및 조정을 실시한다.

② 네트워크 RTK 측량에 사용하는 측량장비는 법 제92조에 따른 측량기기 검사를 받은 장비이어야 한다.

③ GNSS 수신기 이외의 기기 점검항목은 다음 각 호의 사항이 포함되어야 한다.

1. GNSS 위성신호 수신이 정상일 것
2. 보정정보 수신용 통신장비의 동작과 통신상태가 정상일 것
3. 수신기, 컨트롤러, 통신장비 간 유선·무선 연결이 정상일 것
4. GNSS 수신기, 컨트롤러 및 통신장비의 배터리가 완충되어 있을 것
5. 장비의 펌웨어는 항상 최신 버전으로 업데이트 할 것
6. GNSS 안테나는 참조점(ARP, Antenna Reference Point) 높이 정보와 캘리브레이션 정보가 제공되는 것이어야 하며 컨트롤러에 관련 정보가 올바르게 설정되어 있을 것

④ 네트워크 RTK 관측 정밀도 점검을 위해 좌표값을 알고 있는 점을 재측정하여 비교한다. 단, 주변에 기지점이 없는 경우에는 임의의 점을 제178조에 따라 중복 측정하여 점검한다. 측정 정밀도 점검은 실제 관측대상 지역에서 수행하되 다음의 각 경우에 실시한다.

1. 작업시작 전
2. 서버와의 통신 단절 후 재연결된 경우
3. 장비에서 표시하는 정밀도가 허용범위를 초과하는 경우
4. 작업종료 후

**제178조(중복관측 점검)** 정밀도 점검을 위해 같은 지점을 중복 관측하는 경우는 다음의 순서로 수행한다.

1. 최소 30m 이상 이동 후 모든 관측위성을 초기화한다.
2. 점검하고자하는 위치로 다시 이동하여 고정해를 얻을 때까지 기다린다.
3. 재측정한 좌표값이 제183조제3항의 요구정밀도를 만족하는지 점검한다.
4. 정밀도가 허용범위 초과시 최초 관측 후 재 관측까지 20분 이상의 시간차를 둔다.

**제179조(관측 실시)** ① 네트워크 RTK 관측은 선점도를 기초로 이동점에 GNSS 수신기를 설치하고 GNSS 위성에서 반송파 위상신호를 수신함과 동시에 서버에서 수신한 보정정보를 이용하여 기선해석을 수행함으로써 이동점의 좌표를 결정한다.

② 안테나 폴은 선점한 측점 위에 정확히 위치시킨다.

③ 안테나 폴은 지지대를 이용하여 고정하고 연직방향으로 조정한다.

④ 고정된 안테나의 높이를 mm까지 측정하여 수신기에 입력한다.

⑤ 위성의 최저 고도각은 15° 설정을 기본으로 하되 지장물이 많은 지역에서는 20°로 설정한다.

⑥ 사용가능하지 않은 상태이거나 장애물 때문에 수신불가 또는 다중경로 가능성이 있는 위성신호 및 신호대 잡음비가 비정상인 위성신호는 위치결정에 사용되지 않도록 한다.

⑦ 동시 수신 위성 수는 5개 이상이 되도록 한다.

⑧ 통신장비를 이용하여 네트워크 RTK 서버로 부터 보정정보를 수신한다.

⑨ 고정해를 얻고 나서 20초 이상 경과 후 제177조제4항에 따라 기기의 관측 정밀도를 점검한다.

⑩ 장비에서 표시하는 정밀도가 허용정밀도(수평 5cm, 수직 10cm) 이내이고, 보정정보의 전송지연시간이 2초 이내인 경우 실제 관측을 실시한다.

⑪ 네트워크 RTK 관측은 다음에 따른다.

| 구 분 | 공공기준점 측량 | 현황 측량 |
|---|---|---|
| 세션 수 | 3회 | 1회 |
| 세션 관측시간 | 고정해를 얻고 나서 10초 이상 | 고정해를 얻고 나서 5초 이상 |
| 데이터 취득간격 | 1초 | 1초 |

⑫ 공공기준점측량 시 모든 점에 대해 관측 실시 전후 및 관측 중 점검사항을 별표 47의 네트워크 RTK 체크리스트로 확인한다.

**제180조(관측 시 주의사항)** ① 고정점과 이동점의 기상환경이 크게 다른 경우에는 관측을 수행하지 않는다.

② 장비에서 표시하는 PDOP이 3 이상인 경우 관측을 수행하지 않는다.

③ 장비에서 표시하는 정밀도가 수평 5㎝ 이상 또는 수직 10cm 이상인 경우 관측에서 제외한다.

④ 관측기간 중 네트워크 RTK 결과는 계속 고정해를 유지해야 한다.

⑤ GNSS 안테나 주위 10m 이내에는 자동차 등의 접근을 막는다.

⑥ 관측 중에는 수신기 인근에서 무전기 등 전자기파를 발생하는 장비의 사용을 금한다.

⑦ 관측 중의 특이사항(날씨, 상공의 시계확보, 주위상황 및 기타)을 별표48의 네트워크 RTK 관측기록부에 명시한다.

⑧ 장비에서 표시하는 보정정보 전송지연시간이 2초를 초과하는 경우 관측에서 제외한다.

⑨ 관측 중 네트워크 RTK 서버 이상이나, 태양폭풍 등 우주기상재난, 또는 장비이상 등이 발생하면 관측을 중단한다.

## 제6장 계산

**제181조(계산)** ① 계산은 새로운 점의 좌표와 관련한 모든 요소의 계산을 실시하여 성과표 등

을 작성하는 작업이다.

② 세션의 수가 1회 이상인 경우 장비에서 제공하는 정밀도를 이용하여 가중평균한 결과를 최종 성과로 제출한다. 단, 공공측량시행자가 지시 또는 승인한 경우에는 산술평균을 적용할 수 있다.

③ 새로운 측점의 좌표는 mm단위까지 기록한다.

④ 최종 성과로 제출하는 별표49의 성과표에 다음 정보를 정리한다.

1. 측지좌표 : 위도, 경도, 타원체고
2. 투영 평면좌표 : X(N), Y(E)

**제182조(세션평균)** ① 관측 세션이 1회 이상인 경우 평균 계산은 다음 순서로 한다.

② 관측기기에서 취득한 결과가 측지좌표로 주어진 경우에는 각 요소별로 가중평균한다. 측지위도의 가중평균은 다음 식으로 구할 수 있다.

$$\phi_m = \frac{p_1\phi_1 + p_2\phi_2 + \cdots + p_N\phi_N}{p_1 + p_2 + \cdots + p_N}$$

여기서, $N$은 전체 세션 수를 나타내며

$\phi_i$는 각 세션에서 취득한 측지위도를 나타낸다. 각 세션의 가중 값 $p_1, p_2, \cdots, p_N$은 수평위치 분산의 역수로 다음과 같이 나타낼 수 있다.

$$p_i = \frac{1}{\left(\sigma_\phi^2\right)_i}$$

동일한 방법으로 측지경도 및 타원체고의 평균값을 계산하며, 가중값 계산을 위해서는 각각 수평위치 및 수직위치 분산을 이용한다.

$$\lambda_m = \frac{p_1\lambda_1 + p_2\lambda_2 + \cdots + p_N\lambda_N}{p_1 + p_2 + \cdots + p_N}, \quad p_i = \frac{1}{\left(\sigma_\lambda^2\right)_i}$$

$$h_m = \frac{p_1h_1 + p_2h_2 + \cdots + p_Nh_N}{p_1 + p_2 + \cdots + p_N}, \quad p_i = \frac{1}{\left(\sigma_V^2\right)_i}$$

③ 관측기기에서 취득한 결과가 평면좌표로 주어진 경우에는 제2항에서 정의한 바와 같이 각 요소별로 가중평균한다.

$$X_m = \frac{p_1X_1 + p_2X_2 + \cdots + p_NX_N}{p_1 + p_2 + \cdots + p_N}, \quad p_i = \frac{1}{\left(\sigma_X^2\right)_i}$$

$$Y_m = \frac{p_1Y_1 + p_2Y_2 + \cdots + p_NY_N}{p_1 + p_2 + \cdots + p_N}, \quad p_i = \frac{1}{\left(\sigma_Y^2\right)_i}$$

$$h_m = \frac{p_1 h_1 + p_2 h_2 + \cdots + p_N h_N}{p_1 + p_2 + \cdots + p_N}, \quad p_i = \frac{1}{\left(\sigma_V^2\right)_i}$$

④ 관측기기에서 취득한 결과가 임의의 점에 대한 기선벡터로 주어진 경우에는 분산·공분산 행렬을 이용하여 기선벡터에 대해 가중평균한다.

$$\Delta X_m = \left(\Sigma_1^{-1} + \Sigma_2^{-1} + \cdots + \Sigma_N^{-1}\right)^{-1}\left(\Sigma_1^{-1}(\Delta X_1) + \Sigma_2^{-1}(\Delta X_2) + \cdots + \Sigma_N^{-1}(\Delta X_N)\right)$$

여기서 $\Delta X_i$는 각 세션에서 취득한 기선벡터이며, $\Sigma_i^{-1}$는 해당 세션의 분산·공분산 행렬의 역행렬이다.

$$\Delta X_i = \begin{bmatrix} dX_i \\ dY_i \\ dZ_i \end{bmatrix}, \quad \Sigma_i = \begin{bmatrix} \sigma_x^2 & \sigma_{xy} & \sigma_{xz} \\ \sigma_{xy} & \sigma_x^2 & \sigma_{yx} \\ \sigma_{zx} & \sigma_{yx} & \sigma_z^2 \end{bmatrix}$$

⑤ 제4항에 다라 임의의 점에 대한 기선벡터 평균값을 계산하고 해당 측점에 대한 3차원 직각좌표 ($x$, $y$, $z$)를 구한 경우에는 다음 식을 이용하여 측지좌표로 변환한다.

$$\lambda = \tan^{-1}\frac{y}{x}$$

$$\phi = \tan^{-1}\left(\frac{z + Ne^2\sin\phi}{\sqrt{x^2+y^2}}\right)$$

$$h = \begin{cases} \dfrac{\sqrt{x^2+y^2}}{\cos\phi} - N & (\phi \neq 90^\circ) \\ \dfrac{z}{\sin\phi} - N(1-e^2) & (\phi \neq 0^\circ) \end{cases}$$

여기서 측지위도는 다음 값을 초기값으로 하여 측지위도의 변화가 $10^{-12}$라디안 이내가 될 때까지 반복계산한다.

$$\phi^{(0)} = \tan^{-1}\left(\frac{z}{\sqrt{x^2+y^2}}\frac{1}{1-e^2}\right)$$

위 식에서 $N$은 묘유선 곡률반경이고, $e$는 제1이심율로서 다음 식으로 계산한다.

$$N = \frac{a}{\sqrt{1-e^2\sin^2\phi}}$$

$$e = \sqrt{2f - f^2}$$

⑥ 제2항 및 제5항에 따라 계산된 측지경위도는 별표50의 투영변환식 (1)에 따라 평면직각좌표로 변환한다.

⑦ 제4항에 따라 계산된 평면직각좌표는 별표50의 투영변환식 (2)에 따라 측지경위도 좌표로 변환한다.

⑧ GRS80 타원체의 장반경(a) 및 편평률(f)의 역수는 다음과 같다.

$a = 6378137m$

$1/f = 298.257222101$

⑨ 계산된 성과 및 관측 시 위성 관련 정보는 별표48의 네트워크 RTK 관측기록부에 정리한다.

**제183조(점검계산 및 재측)** ① 관측 종료 후에는 신속하게 정해진 점검을 실시한다.

② 점검계산에서 정해진 허용범위를 초과한 경우에는 재측량하거나 공공측량시행자 지시에 따라 적절한 조치를 취한다.

③ 네트워크 RTK 관측의 세션 간 교차 및 허용 정밀도는 다음과 같다.

1. 수평위치 세션 간 교차 및 표준편차($1\sigma$) : 5cm
2. 수직위치(타원체고) 세션 간 교차 및 표준편차($1\sigma$) : 10cm

## 제7장 성과 등의 정리

**제184조(정리)** ① 측량성과 및 측량기록은 다음과 같으며, 공공측량시행자가 지시 또는 승인한 경우에는 일부를 생략, 변경하는 것이 가능하다.

1. 작업계획서
2. 점의 조서
3. 네트워크 RTK 체크리스트
4. 네트워크 RTK 관측기록부
5. 성과표
6. 네트워크 RTK 서버 접속자 로그파일
7. 그 밖의 관측 중 취득, 생성한 자료 및 메타데이터

② 성과표 및 성과수치데이터는 표준양식에 따라 정리한다. 표준양식이 없는 경우 제8조제3항의 양식을 준용한다.

③ 관측자료 및 그 밖의 저장 가능한 자료는 전자파일로 제출한다.

**제185조(재검토기한)** 「훈령·예규 등의 발령 및 관리에 관한 규정」(대통령훈령 제334호)에 따라 이 고시에 대하여 2017년 1월 1일을 기준으로 매 3년이 되는 시점(매 3년째의 12월 31일까지를 말한다)마다 그 타당성을 검토하여 개선 등의 조치를 하여야 한다.

### 부칙 〈제2018-1076호, 2018. 3. 30.〉

제1조(시행일) 이 고시는 발령한 날부터 시행한다.

## 별표 47 네트워크 RTK 체크리스트 (제179조 12항 및 제184조 관련)

| 측점번호 | | | | |
|---|---|---|---|---|
| 관측시작시간 | | 관측종료시간 | | |
| **번호** | **항 목** | | **확인** | **비고** |
| 1 | 네트워크 RTK 서버 접속은 정상적으로 이루어 졌는가? | | | |
| 2 | 측정지역에서 GNSS 신호 수신이 정상적으로 이루어질 수 있도록 상공시계가 확보되어 있는가? | | | |
| 3 | 주변에 다중경로 및 전자기적 방해 요소가 제거 되었는가? | | | |
| 4 | 이동점 안테나의 높이 측정방법(사거리/수직거리)을 확인하고 정확히 측정한 후 GNSS 수신기에 정상적으로 입력했는가? | | | |
| 5 | 서버로부터 정상적인 보정신호를 지속적으로 수신하고 있는가? | | | |
| 6 | 최소 5개 이상의 GNSS 위성으로부터 신호를 수신하고 있는가? | | | |
| 7 | PDOP은 3.0 이하인가? | | | |
| 8 | 수신한 GNSS 신호와 서버로부터 전송한 보정신호를 이용하여 측정 위치에 고정해를 결정하는가? | | | |
| 9 | 중복관측 점검시 네트워크 RTK 시스템을 초기화하고 재측정한 결과가 요구사항을 만족하는가? | | | |
| 10 | 위성 수, PDOP, 관측시간, Epoch 수, 측량정밀도 등을 명확히 관측기록부에 입력했는가? | | | |
| 11 | 전체 작업 중 네트워크 RTK의 해가 지속적으로 고정해로 표시되었는가? | | | |
| 12 | 전체 측정시간 동안 측량정밀도의 품질이 요구수준 이내를 유지했는가? | | | |

## 별표 48 네트워크 RTK 관측기록부 (제182조 9항 및 제184조 관련)

| 작업명 | | | | | |
|---|---|---|---|---|---|
| 관측일자 | 20 . . | GNSS 수신기 제조사/모델 | | | |
| 관측자 | | GNSS 수신기 일련번호 | | 펌웨어Ver. | |
| 관측지점명 | | 안테나 제조사/모델 | | | |
| 작업시작시간 | | 안테나 일련번호 | | | |
| 작업종료시간 | | 안테나고 | □ 수직 □ 사거리 ( m) | | |
| 비고 | | | | | |

| 관측 ID | 세션 번호 | 관측 시작 | 관측 종료 | PDOP | Epoch 수 | 위성 수 | 정밀도(cm) | | | 관측값(m) ENh/BLh/dXYZ | 세션평균(m) ENh/BLh/dXYZ | 비고 |
|---|---|---|---|---|---|---|---|---|---|---|---|---|
| | | | | | | | E/X | N/Y | H/Z | | | |
| | | | | | | | | | | | | |
| | | | | | | | | | | | | |
| | | | | | | | | | | | | |
| | | | | | | | | | | | | |
| | | | | | | | | | | | | |
| | | | | | | | | | | | | |

# 찾아보기

## 저자 소개

**오재홍**
- 서울대학교 공학사, 공학석사
- 오하이오주립대 공학박사
- 한국전자통신연구원 선임연구원
- 한국측량학회 편집위원
- 대한원격탐사학회 이사
- (전) 전남대학교 토목공학과 교수
- (현) 한국해양대학교 건설공학과 교수

(수상)

2010 the Annual BAE Systems Award (ASPRS 최우수논문상)

2010~2011 The Presidential Fellowship
(The Ohio State University Graduate School)

2011 the ASPRS Robert E. Altenhofen Memorial Scholarship

2011 한국측량학회 논문상

2012 the ASPRS Talbert Abram Award (PE&RS 우수논문상)

2014 한국측량학회 논문상

2017 국토교통부 장관상

2018 한국측량학회 논문상

**제2판 알기 쉬운 GPS 측량** 정가 17,000원

저자 : 오재홍

발행인 : 임해진
발행처 : 도서출판 구미서관

발행 : 2017년 11월 28일 초 판
2019년 7월 18일 제2판

등록 : 1979년 6월 29일 No.9-6호
주소 : 서울시 마포구 신촌로 2길 5-15 구미빌딩
전화 : 02-333-1101
팩스 : 02-335-2201
http://www.goomibook.com

ISBN 979-11-6257-075-3 (93530)